砥砺奋进兴水文

——陕西“大水文”发展实践与探索

陕西省水文水资源勘测局　编

黄河水利出版社

图书在版编目（CIP）数据

砥砺奋进兴水文：陕西“大水文”发展实践与探索 / 陕西省水文水资源勘测局编. — 郑州：黄河水利出版社，2019.5
ISBN 978 - 7 - 5509 - 2345 - 4

Ⅰ. ①砥…　Ⅱ. ①陕…　Ⅲ. ①区域水文学 - 研究 - 陕西　Ⅳ. ①P344.241

中国版本图书馆 CIP 数据核字（2019）第077795号

组稿编辑：张　倩　　电话：13837183135　　QQ：995858488

出 版 社：黄河水利出版社　　网址：www.yrcp.com
地址：河南省郑州市顺河路黄委会综合楼14层　　邮编：450003
发行单位：黄河水利出版社
发行部电话：0371-66026940、66020550、66028024、66022620（传真）
E-mail：hhslcbs@126.com
承印单位：河南瑞之光印刷股份有限公司
开本：787 mm×1 092 mm　1 / 16
印张：25.75　　插页：28
字数：380 千字　　印数：1—1 000
版次：2019 年 5 月第 1 版　　印次：2019 年 5 月第 1 次印刷

定价：90.00 元

本书编委会

主　　任　杨汉明

副 主 任　师光玉

委　　员　巨兴顺　赵　洁　王高英　姚胜利　庞　雷　王建军　张一丰

策　　划　王建军

编　　辑　程文利　张留军　李　黎　张　刚　杨永平

整理校核　李建武　延喜福　宋安利　张　艳　胡建斌　韩永昌　刘平贵　吴　昊　马永琴

摄　　影　除署名外，均为程文利摄影。

序

《砥砺奋进兴水文——陕西“大水文”发展实践与探索》一书收集了杨汉明等同志在陕西省水文水资源勘测局的工作实践中，按照水利部提出的“大水文”发展理念，围绕省委、省政府“水润三秦、水美三秦、水兴三秦”的治水目标，结合陕西省水利厅党组的安排部署，在全局提出的“业务立局、科技兴局、人才强局，开放办水文”“加强人才培养，注重能力建设，认真履行职责，提高服务水平”“服务防汛抗旱是水文的安身立命之本，参与水资源管理是水文发展壮大之源”“创新引领，巡测优先，驻巡结合，测报自动，应急补充，科学规范”一系列发展思路。这些思路贯穿于他们的讲话、文章和调研报告中，落实在水文工作的具体实践中，为陕西水文追赶超越，引领水文实现信息化、现代化提供了很好的理论支撑与实践指导，创造了陕西水文发展历史上投入资金、发展速度、职工收入等多个之最，值得回顾与总结。

编印他们的讲话、文章和调研报告形成此书，旨在进一步激发全省水文局干部职工，在贯彻新时代“节水优先、空间均衡、系统治理、两手发力”的治水思路中，坚持“水利工程补短板、水利行业强监管”的总基调，不忘初心，牢记使命，统一思想，凝聚力量，攻坚克难，扎实工作，奋力开创新时代陕西水文工作新局面。

陕西省水文水资源勘测局

2019 年 2 月

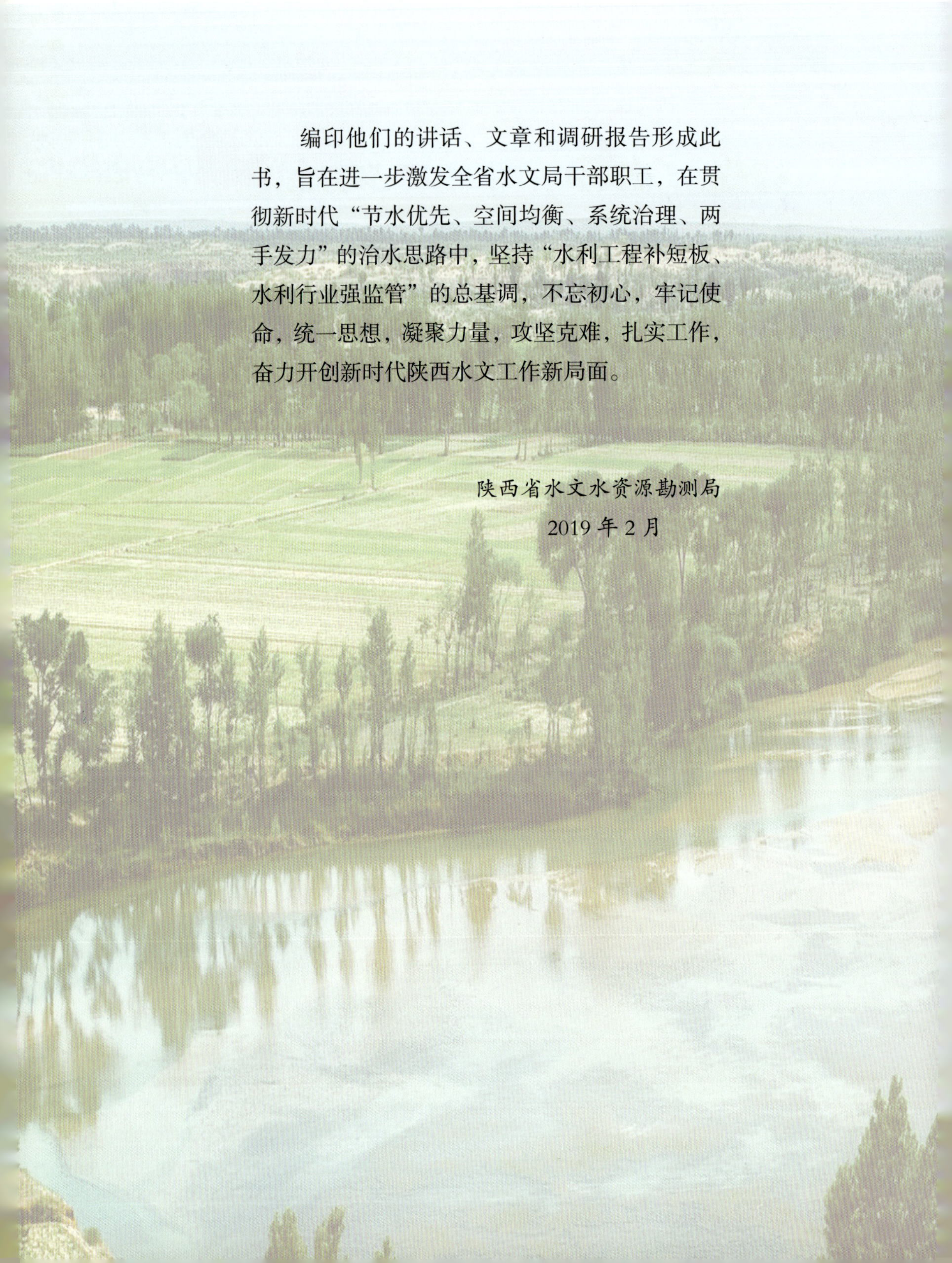

目录

■ 领导班子建设

■ 思想政治工作

■ 业务立局

■ 法规建设

■ 宣传与水文文化工作

■ 改革与发展

■ 职工教育与人才培养

■ 工作调研

■ 开放办水文

■ 会议讲话

水润三秦

水美三秦

水兴三秦

党建工作

DANGJIAN GONGZUO

省水文局党风廉政建设工作会议

中国共产党陕西省水文水资源勘测局第六次代表大会

知大势 警钟长鸣
守规矩 廉洁勤政

習仲勳
1913—2002

西安水文局
测站党支部
“两学一做”党员公开承诺会

共青团陕西省水文水资源勘测局第四届团代会

统一思想 提高认识 增强做好党风廉政责任感

——在全局党风廉政暨精神文明建设视频会议上的总结讲话

（2009年3月30日）

这次党风廉政暨精神文明建设视频会议，是一次十分重要的会议，对于促进全局党风廉政建设和精神文明建设工作深入开展，确保全年各项水文工作顺利进行有着十分重要的意义。

下面，我再强调几点。

一、统一思想，提高认识，进一步增强做好全局党风廉政建设和精神文明建设的责任感和紧迫感

水文是水利工作的重要基础，是防汛抗洪的“耳目”和“尖兵”，是关系经济发展和构建和谐社会的一项公益事业。在全面建设小康社会和建设西部强省的新时期，水文工作肩负着重要职责。最近，中央、省出台扩大内需保持经济增长的政策措施，把以水利为重点的农村民生工程和基础设施建设摆在了更加突出的位置，这对我们是一次十分难得的机遇，水文事业也将迎来基础设施建设和加快发展的春天。水文工作面临的新机遇、新任务，对进一步加强全局党风廉政和精神文明建设提出了新的更高的要求。我们一定要认清形势，从加快推进水文事业又好又快发展、全面实现2009年各项目标任务的高度出发，深刻认识加强党风廉政建设和精神文明建设的重大意义。

第一，加强党风廉政建设和精神文明建设，是深入贯彻科学发展观的必然要求。科学发展观是发展中国特色社会主义必须始终坚持和贯彻的重大战略思想，也是我们进一步做好水文工作的根本指导方针。2008 年 9 月以来，按照水利厅党组统一部署，全系统深入开展了学习实践科学发展观活动，围绕推进科学发展上水平，认真分析查找影响水文科学发展的突出矛盾和问题，梳理出水文系统仍存在一些不适应不符合科学发展观的思想观念和工作方式，水文在服务经济社会发展中还存在一些突出问题和薄弱环节。存在以上问题有客观原因也有主观原因，重要的是，我们一些干部职工思想观念和工作作风不能适应科学发展观的要求。只有加强党风廉政建设和精神文明建设，才能有效地帮助党员干部深刻领会、准确把握科学发展观的科学内涵、精神实质和根本要求，提高贯彻落实科学发展观的自觉性和坚定性，着力构建充满活力、富有效率、更加开放、有利于科学发展的体制机制，把科学发展观贯彻落实到水文发展与改革的各个方面，加快推进传统水文向现代水文、可持续发展水文转变。

第二，加强党风廉政建设和精神文明建设，是确保水文各项目标顺利实现的重要举措。在国家扩大内需促进经济平稳较快增长政策的有利推动下，在水利厅党组的高度重视和正确领导下，全省水文建设将会迎来新的战略机遇期。当前和今后几年，全省水文基础设施建设、水文技术咨询服务、水文现代化建设、防汛水文测报工作、水资源监测分析评价等工作，将会迎来一个发展与建设的好时期。面对这样的形势和机遇，需要一大批政治素质高、业务能力强、工作作风实的水文干部，需要我们全神贯注投入、全力以赴参与其中。但是，在我们的干部队伍里，却有一些干部宗旨意识淡薄，精神萎靡不振，发展思路不清，工作干劲不足等，这样的精神面貌和状态怎能推进水文事业发展？怎能带领职工完成繁重的基础设施建设和水文测报工作任务？因此，只有加强党风廉政建设和精神文明建设，才能教育引导广大党员干部以更加奋发有为的状态，更加扎实有力的措施，更加务实高效的作风，完成各项水文工作任务，实现水文事业又好又快发展。

第三，加强党风廉政建设和精神文明建设，是转变干部作风提高干部队伍素质的有效方法。水文事业要发展，必须要有一支勤政廉政和素质过硬的干部队伍作支撑。近年来，全系统围绕加强党风廉政建设和精神文明建设，深入开展了向优秀共产党员郭孝仪同志学习、“讲党性、重品行、作表率，树组工干部新形象”“创佳评差”、警示教育和学习实践科学发展观等活动，全系统各级党组织的创造力、凝聚力和战斗力不断增强，广大党员干部的廉政意识有所增强，干部的思想作风和工作作风发生了可喜变化。但也要看到，在我们干部队伍中特别是一些部门的负责同志，还存在一些不容忽视的问题，在一些群众关注的热点、敏感问题上，不能按原则、按程序办事，有的党员干部思想观念、能力素质、创新能力还不适应新形势新任务的要求，解决好这些问题，要求我们始终把提高党员干部素质作为党风廉政和精神文明建设的重要任务，常抓不懈，抓出成效，才能为水文发展与改革提供坚强的干部队伍。

总之，全系统各级干部要从全局和战略的高度，充分认识加强党风廉政建设和精神文明建设的极端重要性，进一步增强责任感和紧迫感，采取有力措施，扎扎实实推进，不断开创全局党风廉政建设和精神文明建设的新局面。

二、把握重点，扎实工作，努力推进全局党风廉政和精神文明建设深入开展

关于今年全局系统党风廉政和精神文明建设工作，郑生民书记已经进行了全面部署，各局、各部门要紧密结合实际，明确重点，抓好落实，务求取得扎扎实实的成效。

一要加强党员领导干部作风建设，努力实现领导干部作风的进一步转变。最近，胡锦涛总书记在中纪委十七届三次全会上强调指出：必须坚持不懈地加强领导干部党性修养，使各级领导干部始终保持共产党人的政治本色，发扬党的光荣传统和优良作风，树立和坚持正确的事业观、工作观、政绩观，以优良作风带领广大党员、群众迎难而上、锐意改革、共克时艰。这一要求有很强的针对性，为进一步加强领导干部作风建设指明了方向。全局各级干部要以此为指导，全面加强领导干部思想作风、学习作风、工作作风、领导作风和生活作风建设，教育、引导各级领导干部增强宗旨观念、提高实践能力、强化责任意识，树立正确的政绩观、利益观、价值观，认真落实“八个坚持，八个反对”的要求，大力倡导胡锦涛总书记提出的八个方面良好风气，促进全局各级干部作风取得明显转变。

二要贯彻落实《工作规划》，努力推进惩防体系和警示训诫防线构建工作。一是抓住制度建设这个根本，为反腐倡廉提供保障。要把反腐倡廉制度建设贯穿于水文改革、发展和管理的各个方面，体现在反腐倡廉工作的各个环节，用制度规范权力运行、约束干部的从政行为，有效防止权力失控、决策失误和行为失范。直属各局要修订完善各自的工作规则，健全和完善重大事项向职代会报告制度，大力推进政务公开、事务公开、局务公开；严格执行中央关于干部选拔任用的各项制度，深化人事制度改革，认真执行领导干部经济责任审计制度，坚持开展廉政谈话和诫勉谈话，为干部健康成长创造良好的环境。二是抓住监督这个重点，确保权力的正确行使。强化监督，是建立健全惩治和预防腐败体系的重要环节。全局广大党员干部要充分认识加强监督、严肃纪律的重要性，正确对待监督，主动接受监督。要加强内部审计工作，对重点部门、重点岗位实行有效监督，特别是对掌握决策权力的部门和岗位，如项目审批、资金安排、工程招投标、干部选拔任用、职称评定等，要作为监督的重点，做到用好权、管好人、管好事、管好钱。三是坚持惩防并举，进一步从源头上预防和治理腐败。惩治和预防，是反腐倡廉相辅相成、相互促进的两个方面。只有严厉惩治腐败，才能增强教育的说服力、制度的约束力和监督的威慑力。加强对中、省投资的水文建设资金的监督管理，开展经常性的财务检查、资金监管工作，坚决杜绝截留、挪用、挤占行为；继续严格行政事业性收费“收支两条线”管理，严肃查处小金库、账外账；加强水文工程建设管理，健全水文工程建设项目招投标等“三项制度”，不断理顺对重大水文工程项目从立项、招投标、开工到工程验收等环节的全过程监督，努力做到“工程优良，干部优秀”。

三要大力加强精神文明建设，为水文事业发展提供强大精神动力。围绕中华人民共和国成立60周年，深入开展革命历史和革命传统教育，进行爱国主义、理想信念和改革开放教育，进一步唱响时代主旋律。要在全局干部职工中大力倡导社会主义荣辱观，大力倡导爱国、敬业、诚实、友善的基本道德规范，加强社会公德、职业道德、家庭美德、个人品德建设。要积极组织开展丰富多彩和健康向上的文化娱乐活动，积极开展向先进人物学习活动，增强干部职工的凝聚力和向心力，努力创建富有活力、风正气顺、团结和谐、协调发展的良好氛围。要把群众性文明创建活动作为精神文明建设的重要内容，以“创佳评差”为主要内容，坚持“以人为本，重在建设”的方针，按照“完善制度，提高素质，强化管理，注重实效”的思路，推进文明单位创建工作深入开展。继续深入开展“优秀站长”“优秀职工”评选表彰活动，树立典型，弘扬正气，激励职工为水文事业发展建功立业，不断提高水文行业文明水平，努力争创水利系统最佳单位。

三、切实加强对党风廉政建设和精神文明建设的领导

加强党风廉政建设和精神文明建设工作，是增强和提高各级党

组织工作水平和工作能力的一个重要手段。全系统各级党组织要努力改进方法，积极推进工作创新，全面落实各项措施，不断提高领导水平，推动党风廉政建设和精神文明建设迈上新台阶。

一要提高思想认识，把党风廉政建设和精神文明建设放在更加重要的位置。全局党风廉政建设和精神文明建设关系着水文发展与改革大局。各级党组织和纪检监察部门要充分认识加强党风廉政建设和精神文明建设的极端重要性，进一步增强做好党风廉政建设和精神文明建设的责任感和紧迫感。要始终坚持“两手抓、两手都要硬”的方针，把党风廉政建设和精神文明建设摆上重要议事日程，立足各单位、各部门实际，制订切实可行的工作计划，明确工作目标和重点，创新手段，注重实效，努力推进党风廉政建设和精神文明建设取得新的成效。

二要健全体制机制，构建协调推进党风廉政建设和精神文明建设的良好工作格局。要建立健全党委统一领导、党政群齐抓共管、部门各负其责、各方积极参与的领导体制和工作机制，把各方面力量动员起来，形成党风廉政建设和精神文明建设的强大合力。纪检监察部门要切实履行职责，增强工作主动性，积极开展工作，发挥应有作用。要建立健全规范的监督管理机制，切实发挥廉政监督员的作用，加强群众监督，确保各项任务落到实处。建立健全科学的督促检查、成效测评、表彰评比机制，注重经常性开展工作，推动全局党风廉政建设和精神文明建设迈上科学化、制度化、规范化轨道。

三要坚持求真务实，推动党风廉政建设和精神文明建设取得新进展。大力弘扬求真务实精神，大兴调查研究之风，深入实际，了解实情，认真摸清当前影响党风廉政建设和精神文明建设存在的突出问题，加强学习，增强本领，不断提高搞好党风廉政和精神文明建设工作的能力与水平，有针对性地开展工作，使党风廉政建设和精神文明建设更加符合党员干部思想实际、符合水文工作实际、符合基层组织实际。坚持说实话、鼓实劲、办实事、求实效，坚决反对形式主义和弄虚作假，持之以恒、扎扎实实地做好每项工作，不断把全局党风廉政建设和精神文明建设推向新的台阶。

同志们，今年水文工作的任务十分艰巨，做好党风廉政建设和精神文明建设工作责任重大。我们要全面贯彻党的十七大和十七届三中全会精神，全面贯彻科学发展观，勇于创新，扎实工作，为全面完成今年各项目标任务提供坚强保障和精神动力，促进陕西水文事业又好又快发展和构建和谐水文做出新的更大的贡献！

（杨汉明）

增强工会桥梁纽带意识
为水文发展凝聚正能量

——在全局工会工作会议上的总结讲话

（2009 年 4 月 18 日）

工会是职工的群众组织，是各级党政组织团结职工、凝聚力量的桥梁和纽带，在水文事业发展中发挥着十分重要的作用。今天我局召开这次工会工作会议，充分说明了我们对工会工作的高度重视。

下面，我再强调几点。

一、要不断提高搞好工会工作重要性的认识

在我国经济体制深刻变革和社会结构、利益格局、思想观念等发生深刻变化的今天，社会群体更加多元化，工人阶级队伍内部结构和利益需求更加复杂，和谐的劳动关系与稳定的职工队伍成为社会和谐稳定的重要因素。在新的形势和任务面前，工会的任务更加繁重，工会的作用更加重要。因此，希望全局各级党政领导要深刻认识加强和重视工会工作的重要性，切实贯彻省委《关于进一步加强和改进工会工作的意见》，增强搞好工会工作的责任心和使命感，将加强和改进工会工作，作为水文改革发展稳定工作大局中的一项重要任务来抓。工会在团结职工、维护大局和促进发展中具有独特的优势，各级党政领导要有清醒的认识，要充分发挥工会在组织职工、引导职工、服务职工和维护职工合法权益方面的作用，把共同建设、共同享有和谐社会贯穿于和谐建

设的全过程，推动全局工会工作深入发展。

二、工会组织要积极创造性地开展工作

当前，工会工作既面临着良好的发展机遇，又面临着新的严峻挑战。从机遇来看，中国工会十五大明确了今后五年工会工作的目标任务，为做好新时期工会工作提供了行动指南；省委适时下发的《关于进一步加强和改进工会工作的意见》，必将为工会突出地位作用、扩大社会影响、依法开展工作创造更加有利的条件；国家应对金融危机、扩大内需的政策，加大了水利建设的投入，为工会组织广大水文职工服务水文中心工作提供了广阔舞台。从挑战来看，国际金融危机的影响仍在继续，工会组织职工增强应对危机的信心，促进水文又好又快发展的任务更加紧迫；随着市场竞争越来越激烈，提升职工素质的工作更加重要；随着经济危机对水文职工生活带来的各种影响，维权与帮困的任务更加艰巨。因此，我们的各级工会组织和工会干部一定要认清形势，抓住机遇，迎接挑战，充分认识肩负的职责，要不断增强搞好工会工作的责任感和使命感，增强工作责任心和主动性，加强学习，增强本领，不断提高工会工作的能力和组织协调的能力，为促进水文事业发展和构建和谐单位做出新的贡献。

三、不断推进全局工会工作上新水平

做好新形势下的工会工作，要求全局各级工会组织和广大工会干部进一步理清工作思路，突出工作重点，与时俱进，开拓创新，不断提高工会工作水平。一要加强工会干部队伍建设。各级党组织要按照干部“四化”方针和德才兼备原则，把政治立场坚定、热爱工会工作、群众观点牢固、年富力强的高素质干部，选配和充实到工会领导岗位上来。同时，要关心工会干部的培养、交流和使用，切实解决工会干部存在的实际问题，以调动工会干部安

心工作和积极工作的热情与积极性。二要健全工会开展工作的良好机制。要按照制度健全、维权到位、工作活跃、作用明显、职工信赖的要求坚持不懈地开展工作，进一步完善基层工会组织体制，发挥工会小组、职工代表的作用。结合全局中心工作，多组织开展有意义的各类活动，以活动为牵引，推动工会组织吸引力、凝聚力、影响力提升。三要在创特色上下功夫。各级工会和广大工会干部，要积极向党政领导争取更多的资源和手段，多设计一些“党政所需、职工所急、工会所能”的活动载体，一年办几件有影响的大事、实事，省局工会及时总结宣传基层工会的特色工作，鼓励各级工会在创新中求发展，努力形成工会创新的良好格局。四要在真抓实干上见成效。对于今年的工会工作任务，赵洁同志在报告中已经进行具体安排，希望各级工会要结合各自实际，进行分解细化，制订出详细的计划和完成措施。我这里着重强调在各级工会干部中，要大兴调查研究之风，深入基层、深入职工，做职工的贴心人，了解职工的心声和需求，发现工作中存在的问题，探讨解决问题的办法，为党政领导决策当好参谋。要结合本单位实际，找准促进水文事业发展的切入点，广泛深入开展劳动竞赛、合理化建议、技术革新、发明创造等群众性业务技术创新活动，切实发挥职工群众的积极性、主动性和创造性。要大力宣扬一线职工中的先进事迹和奉献精神，努力营造学先进、赶先进、争做贡献的良好氛围。

同志们，工会组织十分重要，工会作用更加明显。希望各级工会干部振奋精神，锐意进取，扎实工作，团结动员广大水文职工，为促进水文事业又好又快发展做出新的更大的贡献，以优异的工会工作业绩迎接中华人民共和国成立60周年。

（杨汉明）

珍惜时光　努力学习
为陕西水文现代化建设贡献力量

——在陕西省水文局团委纪念“五四”青年节会议上的讲话

（2009 年 5 月 4 日）

同志们、青年朋友们：

今天，是纪念伟大的“五四”爱国主义运动 90 周年的日子，在此，我谨代表省水文局领导班子向参加座谈会的团员青年们致以节日的祝贺，并通过你们向奋战在基层的广大团员青年朋友们表示衷心的问候！

九十年前爆发的“五四”运动，是一批以先进青年知识分子为先锋，广大人民群众积极参加的彻底的反帝反封建运动，它标志着中国民主革命进入了一个崭新的阶段。“五四”运动促进了马克思主义思想在中国的传播，成了现代中国青年运动的起源和发端，为中国共产党的创立做好了思想上和组织上的准备。从此以后，中国青年在中国共产党的正确领导下，在鲜艳团旗的召唤下，以强烈的报国之志和锐意进取的创新精神，积极投身早期革命、社会主义革命、建设和改革的伟大实践，矢志不移，不懈奋斗，绘就了一幅幅壮美的画卷。

近年来，我局各级团组织紧紧围绕全局的中心工作，服务水文发展大局，发挥自身优势，积极开拓进取，全面开展青年的理想教育、思想道德教育和局情教育，团组织的号召力、凝聚力、战斗力、创造力、影响力得到增强。广大水文青年在防汛测报、抵御“非典”“冰冻”灾害以及抗震救灾活动中，不怕困难，不畏艰险，冲锋在前，勇挑重担，充分展现了新时期团员青年的青春风采和精神风貌。随着时代的进步和水文事业的不断发展，在我们青年职工身上也呈现出许多新的特点：思想活跃，思维超前，敢于创新，勇于实践；注重学习，自我加压，文化程度和整体素质比较高；岗位奉献、岗位成才的愿望强烈。这些都是你们的极大优势，也是你们迈向未来的基础。我想，在不久的将来，你们一定会成长为水文改革发展的骨干力量。青年有希望，水文未来的发展就有希望。只有赢得青年，才能赢得水文的美好未来。

当前和今后一个时期，是传统水文向现代水文、可持续发展水文加快转变的关键时期，机遇与挑战并存，水文系统广大团员青年要肩负起时代赋予的崇高责任，增强历史使命感，发扬伟大的“五四”精神，为推进水文发展与改革不断建功立业，为推进技术强局、科技强局努力奋斗。借此机会，我向团员青年朋友们提几点希望。

一、要坚定信念，树立远大目标

青年时期是确立正确世界观、人生观的关键时期。正确的世界观、人生观是我们干好工作、创造美好未来的强大精神支柱和前进动力。团员青年作为人民群众的先进团体，要进一步解放思想，用科学发展观武装自己的思想，并深刻理解其本质和内涵，把握灵魂，抓住精髓，以理论带行动，用行动实现目标，将智慧和力量凝聚到技术强局、科技强局以及水文事业发展上来，牢牢把握我局面临的形势和任务，树立“大水文”观，为拓宽水文服务领域，履行水文职能，凝聚智慧，贡献力量，把树立远大理想和实现个人价值统一到我局改革与发展上来，把岗位成才与爱岗敬业结合起来，立足于从实际出发，从岗位开始，从小事开始，从基础开始，埋头苦干，用扎实的成绩，优秀的成果，努力实现自己的人生价值。

二、要加强学习，练就过硬本领

学习可以改变未来，学习可以实现理想。青年时期是学习的黄金时期，不学习就要被淘汰。广大青年朋友们要把学习知识、提升自身素质作为最紧迫的任务和毕生的追求。当今，社会飞速发展，知识爆炸令我们应接不暇，各行各业知识不断扩大，新知识新技术不断涌现。而水文局作为服务于社会的技术事业单位，在知识经济时代，在竞争白热化的时代，技术是立局之本，是强局之基，水文行业的发展快慢，生存空间的大小，都依赖于业务技术素质高低，谁的业务能力强，谁的技术水平高，谁就拥有了竞争的资本，就能在竞争中赢得主动，就会在竞争中不被吞噬。团员青年是职工队伍中的新生力量、中坚力量、基础力量。“基础不牢，地动山摇”。你们要珍惜美好的时光，增强学习业务技术的紧迫感和责任感，要善于利用时间，要善于挤时间，在全局上下形成一个青年人爱学习、爱钻研、练硬功、树正气的良好习惯和氛围，要树立终身学习的观念，努力成为全局改革发展所需要的拔尖人才、有突出贡献的专业人才，为水文发展夯实基础。

三、要勇于创新，不断超越自我

创新是一个民族进步的灵魂，是一个国家兴旺发达的不竭动力，而发展的希望在创新，创新的希望在青年。在全局各项改革稳步推进的情况下，你们要树立创新意识，培养创新精神，提高创新能力，希望大家充分发扬敢为天下先的精神，努力培养自己的创新能力，不断研究新技术，解决新问题，形成新认识，开辟新境界，为水文事业又好又快发展贡献自己的青春、才智和力量。要在结合《陕西省水文管理条例》赋予我们职能，去学习，去创新，去思考，去发展；要结合全局最近新开展的几项业务活动去钻研，去努力，去总结。要在全局技术创新中发挥积极作用，通过创新实现发展。你们分布在全局各岗位，要立足本职岗位，敢于超越习惯思维和传统做法，把蕴藏的热情和潜能转化为做好工作的强大动力，争取在很短的时间里，能够看到你们中间有更多的人成为我局乃至省西北、全国的水文权威、专家。为我科技强局、为陕西的“大水文”发展做出贡献。

四、要立足岗位，努力奋斗拼搏

“天下大事必做于细，古今事业必做于实”。年轻人有活力，充满朝气，但也要清醒地认识到，部分青年职工中也存在着眼高手低、好高骛远的情况，存在着浮躁的情绪。对单位不满意，职业不满意；对自己的工作、岗位不满意；大事做不来，小事不愿做。要知道，我们单位之外，我们行业之外，国内国外，又有多少人在经济危机中找不到工作，离开了自己心爱的职业与岗位。我们的一些人是体会不到，也是感受不到的。所以，希望我们广大团员青年，要珍惜自己来之不易的工作岗位，要珍惜这样美好的工作、生活环境，在岗位上去努力、去奋斗。任何一个人的成功都是从点滴小事做起的。要继承和发扬“团结拼搏、求实奉献”的水文行业精神，扎扎实实的工作，认认真真干事，时刻“自重、自警、自醒、自励”，勤恳做事，老实做人；扎实钻研，努力工作，脚踏实地，永不懈怠。

（杨汉明）

转变作风抓落实　齐心协力促发展

——在全局党风廉政、党建暨精神文明建设视频会议上的讲话

（2010 年 3 月 17 日）

省局研究决定，召开这次全局党风廉政、党建暨精神文明建设视频会议，是传达贯彻落实省水利厅直系统党风廉政、党建暨精神文明建设工作会议精神安排部署的重要会议，也是我们系统春节过后召开的一次十分重要的会议。党风廉政和党建、精神文明建设在水文事业发展中发挥着监督保障、教育引导、塑造激励、凝聚人心的重要作用，对于促进我省水文事业又好又快发展以及完成 2010 年各项目标任务有着重要的现实意义。因此，希望同志们要高度重视。上面，纪委书记姚胜利同志传达了水利系统党风廉政建设会议精神并对我局 2010 年党风廉政建设和反腐败工作进行了安排；工会主席池文炳同志传达了水利系统党建和精神文明建设会议精神；郑生民书记总结了我局 2009 年党建和精神文明建设工作，对做好 2010 年党建、精神文明建设和纪检监察工作做了安排部署。前面几位领导传达会议精神并结合我局实际提出了很好的贯彻落实意见，我都完全同意。同时，这次会议水利厅党组十分重视，水利厅党组成员、驻厅纪检组廉泾南组长，监察室刘恒福主任、机关党委干部狄新强同志莅临会议，后面还要作讲话，希望大家要结合各自实际，认真抓好贯彻落实。下面，围绕全局党风廉政和党建、精神文明建设工作，再强调几点。

一、充分认识新形势下加强党风廉政建设和党建、精神文明建设的重要性和紧迫性

加强党风廉政建设和党建、精神文明建设，是水文工作的重要组成部分。特别是在当前水文事业发展面临的大好机遇和发展任务艰巨繁重的情况下，加强党风廉政建设和党建、精神文明建设工作尤为重要。因此，全局各级领导和干部要从深入贯彻落实科学发展观、推进水文事业可持续发展的高度，深刻认识加强水文系统党风廉政和党建、精神文明建设的重大意义，把党风廉政和党建、精神文明建设工作作为促发展、保稳定、构和谐的一项重要工作来抓，加强领导，提高认识，强化措施，狠抓落实，促进全局党风廉政和党建、精神文明建设深入开展。

第一，加强党风廉政建设是促发展、保稳定、构和谐的重要工作。党风廉政建设关系水文事业发展的成败，关系各级领导和干部在职工中的威望和形象，关系全局稳定与和谐。胡锦涛总书记在十七届中纪委第五次全会上明确指出，党同各种消极腐败现象水火不容，以更加坚定的信心、更加坚决的态度、更加有力的措施、更加扎实的工作，坚定不移把党风廉政建设和反腐败工作推向前进。胡总书记的讲话，给我们进一步阐述了加强党风廉政建设和反腐败工作的重要性以及决心和勇气。因此，在面对经济快速发展和水文事业发展任务艰巨繁重的情况下，党风廉政建设只能加强，不能削弱。我们各级领导和全局干部要有清醒的认识，要从保持党同人民群众血肉联系的高度，从提高党的执政能力和保持党的先进性的高度，充分认识加强反腐倡廉建设的极端重要性，深入推进全局党风廉政建设扎实开展，为水文事业发展和全局稳定与和谐提供监督保障和有力支持。

第二，加强党建是贯彻落实党的十七届四中全会精神的重要体现。党的十七届四中全会做出了《关于加强和改进新形势下党

的建设若干重大问题的决定》，从党和国家事业发展全局的战略高度，全面分析了世情、国情、党情的深刻变化对党的建设提出的新要求，科学总结了我们党作为马克思主义政党进行自身建设的基本经验，全面部署了新形势下建设马克思主义学习型政党、坚持民主集中制、深化干部人事制度改革、做好抓基层打基础工作、弘扬党的优良作风、加快推进惩治和预防腐败体系建设等六项主要任务，赋予了新时期党的建设和精神文明建设新的内涵、任务和要求。要搞好和推进全局党的建设，首先要学习好、贯彻好十七届四中全会精神，把学习好、贯彻好四中全会精神作为搞好全局党建工作的重要任务来抓，精心组织，认真安排，推动学习深入开展，切实发挥党建特别是基层党组织在水文事业发展中的先进性和战斗堡垒作用，用党的先进理论武装干部和职工的思想，为促进全省水文事业发展提供强大的思想保证和坚实的思想基础。

第三，加强精神文明建设是推动水文事业发展的重要举措。精神文明建设涵盖着水文工作的各个方面，它在水文事业发展中有着教育引导、塑造激励、提高修养、凝聚力量的作用，是促进发展、凝聚人心、构建和谐水文的一项重要基础工作，我们全局干部职工要有清醒的思想认识。不重视精神文明建设或者弱化这项工作，我们水文系统将会是一盘散沙，缺乏朝气，干部职工精神恍惚、无斗志，各项工作就会死气沉沉、无章法。因此，我们一定要坚持“两手抓、两手都要硬”的方针，下大力气抓好精神文明建设这项鼓舞士气、凝聚人心、激发力量的工作，把文明单位创建、模范人物学习、文化娱乐活动、加强管理和制度建设等方面有机结合起来。通过精神文明建设活动的有效开展，把广大干部职工的热情和积极性激发出来，把大家的力量凝聚起来，做到静下心来谋发展、一心一意搞建设，为推动水文事业发展提供坚强的精神动力和智力支持。

二、以良好的干部作风，推动党建和精神文明建设深入开展

关于今年全局党建和精神文明建设工作，郑书记已经讲得很全面了，这里我着重强调干部作风问题。

一要勤奋学习、学以致用。学习是增长知识、提高能力的重要途径。全局各级干部要牢固树立终身学习的思想，坚持理论联系实践的马克思主义学风，努力在建设学习型单位中走在前列，克服事务多、应酬多等不利因素，保证学习时间和学习效果，把学习理论和专业技能、各种新知识结合起来，真正做到勤学习、善积累，提高创新能力，勤思考、善动脑，提高分析能力，勤实践、善总结，提高工作能力，把学习的体会和成果转化为贯彻落实科学发展观和解决水文事业发展面临的问题上来，转化为推动全局党建和精神文明建设工作深入开展上来，切实发挥党建和精神文明建设在水文事业发展中的政治保障和教育引导作用。

二要深入实际、搞好调研。调查研究是我们做好各项工作的重要法宝。今年是完成“十一五”规划和谋划“十二五”发展承前启后的一年，今年我们面临的防汛抗旱测报和建设任务也十分繁重，在这样的情况下，我们必须要摸清水文发展面临的困难，找准薄弱环节，制订工作计划和完成任务的措施，这就要求我们紧密结合我省水文实际，认真搞好调研工作，做到有的放矢。近期水利厅决定将要在全水利系统开展以“解放思想、理清思路、加快发展”为主题的一个月大调研活动。我局积极贯彻落实，省局决定在全局系统开展“调查研究年”活动，局领导成员每个人结合分管工作都拟定了调研课题，省局将结合水利厅的通知精神对我局的调研活动要尽快下发通知，提出安排意见。希望各市水文局、机关各处室，各级干部要高度重视，精心安排，要抓好贯彻落实工作，推动“调查研究年”活动深入有效开展，务求取得

一批有深度、有见解、有质量和能够促进水文事业发展的调研成果。

三要加强班子和干部队伍建设，增强凝聚力和战斗力。团结有力的班子是水文事业发展的重要基础，良好的干部队伍素质是确保水文事业顺利发展的坚强后盾。加强领导班子思想建设，增强班子成员顾全大局、团结协作的自觉性，提高运用科学发展观干事创业水平；要发扬民主、协商共事，严格执行民主集中制的各项制度规定，自觉接受党员和群众的监督，努力形成心齐气顺、风正劲足的局面。坚持民主、公开、竞争、择优选拔使用干部原则，为科学发展选干部、配班子、建队伍、聚人才，坚持服务科学发展，促进科学发展；坚持德才兼备，以德为先；坚持注重实绩，群众公认，打造精英人才，培养有话语权、权威性的行业领军人才。积极营造求实绩、攻难题，争创一流业绩的良好氛围。把政治关怀放在首位、精神激励贯彻始终、人文关怀做在经常。增强干部的责任意识，负责任是一种义务、一种勇气、一种智慧，是做好一切工作的原动力。加强领导班子政治素质的考核，健全促进科学发展的领导班子和干部考核评价机制，强化考核结果运用，引导各级干部树立正确的政绩观，做出经得起实践、职工、历史检验的实绩。

四要求真务实，敢于负责。求真务实，是我们党的思想路线的核心内容，也是党的优良传统和共产党人应该具备的政治品格。建立健全工作责任制，营造求真务实的良好氛围，使党员、干部真正把心思用到干事业上，把功夫下到察实情、出实招、办实事上；真正的求真务实，必然要求真抓实干，把各项工作一步一步地展开，一项一项地分解，一件一件地落实。真抓实干，要求党员领导干部要经常深入基层、深入群众，充分了解职责范围内的详细、真实情况，掌握实实在在的数据。要善于听真话，集思广益，明辨是非，发挥集体智慧，做出结合实际的科学决策。同时要在广大干部中树立敢于负责、敢于承担的优良作风，建立健全责任追究制度，让不干净者出局、让怕事者下课、让谋私者受罚；让那些敢于负责、敢于承担、创造性开展工作、打开新局面、独当一面者脱颖而出，形成求真务实抓落实、齐心协力促发展的大好局面。

三、高度重视，切实加强全局党风廉政建设和反腐败工作

党风廉政建设和反腐败工作是关系水文事业能够顺利发展和全局稳定和谐的重要工作，我们各级领导和干部务必引起高度重视。关于今年的党风廉政建设和反腐败工作，纪委书记姚胜利同志已经做了安排，我这里再强调三点。

一要用制度管权、按制度办事、靠制度管人。加强制度建设，构建内容科学、程序严密、配套完备、有效管用的反腐倡廉制度体系，坚持用制度管权、按制度办事、靠制度管人，是从源头上防治腐败的根本途径。监察室的同志要增强责任心和使命感，要创造性地开展工作，紧密结合我局实际，积极加强反腐倡廉制度建设方面的探索和研究，进一步建立健全教育、监督、预防、惩治等各项反腐倡廉制度，最大限度地减少体制障碍和制度漏洞。胡锦涛总书记在十七届中纪委第五次全会上指出，切实抓好反腐倡廉制度建设，必须不断提高制度执行力。要切实加强制度宣传教育，增强全局党员干部制度意识，筑牢遵纪守法思想基础，把制度转化为党员、干部的行为准则、自觉行动。只要我们不断提高反腐倡廉制度化、法制化水平，坚持用制度管权、管事、管人，党风廉政建设就一定能够取得干部职工满意的新成效。

二要坚持问责、问廉、问效，依法行使职权。问责、问廉、问效工作是各级纪检监察机关，对国家机关及其工作人员对特定事项和重大项目实施的执法、廉政和效能状况进行监察与追究制度。“三问”工作是坚持科学发展观，以效能建设为重点，创新行政监察机制，探索标本兼治的监察工作新模式，是全面促进执

政能力建设的重要举措。结合我局实际，我们要认真贯彻“三问”工作机制，要以省局重大决策、重点工作和重大项目为问责问廉问效对象，关心职工反映强烈的热点难点问题，关心民生政策的落实，坚决查处以权谋私现象，不断提高领导干部贯彻科学发展观和处理重大事项的能力，促进干部依法行使权力，推动全局反腐倡廉工作深入开展。

三要保持良好精神状态，努力把反腐倡廉工作提高到一个新水平。适应新形势新任务的要求，切实增强政治意识、大局意识、创新意识，扎实推进各项工作。要认清形势、把握大局，进一步增强反腐倡廉工作的责任感和紧迫感。准确把握新机遇、新任务带来的新变化，正确认识党风廉政建设和反腐败斗争形势，既充分地看到我们反腐倡廉建设已经取得的成效，振奋精神、坚定信心，又要清醒地看到当前反腐败斗争的严峻形势，深刻认识反腐败斗争的长期性、复杂性、艰巨性，激励斗志、勇于创新，以更加坚决的态度、更加有力的措施、更加扎实的工作，坚定不移地把党风廉政建设和反腐败工作推向前进。要深入调研、把握规律，进一步增强反腐倡廉工作的科学性和有效性。深入基层，注重实践，认真研究反腐倡廉建设面临的突出问题，及时学习和借鉴兄弟单位创造的新鲜经验和有效做法，不断深化对反腐倡廉建设特点规律的认识，使反腐倡廉工作更加符合实际、更加富有成效。

同志们，水文事业面临的任务十分繁重，我们一定要振奋精神，迎难而上。让我们在水利厅党组的正确领导下，抢抓机遇，锐意进取，开拓创新，扎实工作，转变作风抓落实，齐心协力促发展，不断开创水文工作新局面，为全省防汛抗旱和经济社会发展做出新贡献！

（杨汉明）

提高思想认识　精心安排部署
推进党的群众路线教育实践活动扎实开展

——在全局党的群众路线教育实践活动动员大会上的讲话

（2013 年 8 月 30 日）

这次会议的主要任务是，回顾党的群众路线教育实践活动调研阶段工作取得的成效，对全局教育实践活动进行动员部署。

按照水利厅党组《关于认真做好厅直系统党的群众路线教育实践活动调研工作的通知》精神，结合实际，我局制订印发了《陕西省水文局开展党的群众路线教育实践活动调研工作实施方案》（以下简称《实施方案》）。从5月下旬至6月底，组成8个调研组，由局领导带队先后深入基层水文局、测站和机关有关处室，就水文改革发展、领导个人作风建设以及基层职工普遍关心的问题广泛征求和虚心听取职工的意见和建议，局领导撰写了内容翔实、认识深刻、措施具体的调研报告。通过调研，梳理出了影响和制约水文事业发展5大类13条意见和建议，对下一步的教育实践活动的顺利开展打下了基础，前一阶段的工作值得充分肯定。但是，回顾前一段调研工作，在肯定成绩的同时，也还存在着不容忽视的问题。一是对调研工作的重点认识和把握有偏差，在调研过程中，涉及水文事业发展以及工作方面的多，反映领导干部作风建设，特别是"四风"方面的意见和建议少。二是对调研工作安排部署还不全面，检查督促不力，致使调研工作在深入细致上有欠缺。这些问题有待在这次教育实践活动中引起重视并加以改进。

这次会前，制订了全局教育实践活动《实施方案》并进行了研究讨论，前面姚胜利同志代表班子宣读了《实施方案》的具体内容，会后将要下发，请各市水文局、机关各处室按照《实施方案》和会议部署扎实开展工作。

下面，我讲几点意见。

一、充分认识开展党的群众路线教育实践活动的重大意义

群众路线是我们党的生命线和根本工作路线，在全党深入开展党的群众路线教育实践活动，是实现党的十八大确定的奋斗目标的必然要求，是保持党的先进性和纯洁性、巩固党的执政基础和执政地位的必然要求，是解决群众反映强烈的突出问题的必然要求，对于增强我们党自我净化、自我完善、自我革新、自我提高能力，增强我们党凝聚力、创造力和战斗力，具有重大而深远的意义。

习近平总书记在分析当前世情、国情、党情的深刻变化时指出，精神懈怠危险、能力不足危险、脱离群众危险、消极腐败危险更加尖锐地摆在全党面前，党内脱离群众的现象大量存在，一些问题还相当严重，尤其是形式主义、官僚主义、享乐主义和奢靡之风这“四风”，损害了党在人民群众中的形象，损害了党群干群关系。他在回顾分析我们党90多年光辉历史和实现中华民族伟大复兴中国梦时强调，人心向背关系党的生死存亡，马克思主义执政党的最大危险是脱离群众。这些重要论断，正是从本质上回答了开展教育实践活动的必要性、重要性和紧迫性。同时，从我省水文事业发展来看，广大水文干部职工发扬自力更生、艰苦奋斗的延安精神，抢抓机遇，克难攻坚，团结拼搏，真抓实干，使我省水文各项工作取得了显著成效，特别是水文测报工作中，基层水文干部职工，急防汛测报工作之所急，想人民群众安危之所想，坚守

岗位，不畏艰险，准测快报，科学研判，施测了一次次完整的洪峰过程，发出了一份份准确可靠的水雨情信息，为我省防汛抗旱工作和确保人民群众生命财产安全做出了重要贡献，涌现出了一大批敢于负责、吃苦耐劳、默默奉献的水文人，得到了上级领导和有关部门的赞誉。但也要看到，我们在作风建设方面还不同程度地存在着一些问题，个别干部的群众观念淡薄，对基层、对职工办事不热情、不耐烦的现象依然存在；个别水文局和处室学习风气不浓，工作风气不正，凝聚力、战斗力不强的问题还较为突出；有的领导干部为人民服务观念淡薄，关心职工少，想个人利益多，为政清廉意识有待进一步增强；有的领导干部作风漂浮，忙于应酬多，深入基层少，没有真正扑下身子研究和解决实际问题；以此而产生的形式主义、官僚主义、享乐主义和奢靡之风在我局不同程度地存在着，有的还比较严重和突出，需要下大气力切实地加以解决。总之，全局各级党组织和广大党员干部一定要对这次教育实践活动有一个深刻的认识，扎实、认真地开展好这次活动，确保取得实实在在的效果。更要以这次活动为动力，使每一位党员干部养成自觉坚持学习、经常深入基层群众了解情况、带头破解工作困难和矛盾、努力提高工作能力的好习惯、好风气，尤其是领导干部要不断培养敬畏意识、忧患意识、担当意识、创新意识，做官不能太潇洒，要时刻牢记党员、党员领导干部的责任和义务，时刻保持警醒，清清白白做人，踏踏实实做事，不辜负党的培养和群众的期待。

二、坚持做到四个"准确把握"，推动教育实践活动扎实开展

党的群众路线教育实践活动，是当前从中央到地方各级党委的一项重大政治任务。全局要按照中省的总体要求，做到四个"准确把握"。

一要准确把握教育实践活动“照镜子、正衣冠、洗洗澡、治治病”的总要求，始终围绕“为民、务实、清廉”这一党的群众路线灵魂来开展活动。通过活动让每一位党员干部给自己树立一组以党章为主、群众意愿为重的多棱镜，全方位审视和发现自身存在的衣装不整、脸上不净、气色不良等现象和病态，彻底地清洗思想和行为上的灰尘，切除毒瘤、去除病根，提升每一位党员领导干部的抗病能力和综合素质，增强每一个党组织的凝聚力和战斗力。

二要准确把握活动聚焦的是领导干部，要把县处级以上领导机关、领导班子和领导干部作为这次活动的聚焦点，发挥“火车头”的带头作用，首先把领导干部自己摆进去，切实做到带头参加学习，带头深入基层听取意见，带头交流谈心和开展批评与自我批评，带头进行整改，一级给一级当表率，一级带着一级干，推动活动见实效。

三要准确把握查改的重点是“四风”弊病，要瞪大双眼，不走神、不散光，对照习近平总书记列举的13种弊病及19个方面的主要表现，好好照照镜子，认真进行查摆，剖析原因，下猛药、出重拳、求实效。尤其要对见怪不怪的陈年陋习、作风之弊、行为之垢来一次大排查、大检修、大扫除，要让每一位党员领导干部通过对镜反省，思无邪、行能端、走能正。要开门听意见，找问题要有诚恳的态度，欢迎提意见、敢于听意见，听不到意见、找不到问题本身就是问题。

四要准确把握将整风精神贯穿活动始终，既不回避矛盾，也不能回避矛盾；既不搞形式主义，也不能搞官僚主义；既要解决思想问题，也要解决实际问题；既要解决班子问题，也要解决班子成员的问题。要磨亮磨光批评和自我批评这个法宝，本着实事求是、出于公心的态度，敢于亮丑揭短，决不能清风拂面、嘴上生花当老好人，要达到红红脸、出出汗的效果。要拿着镜子照别人也要照自己，防止个别人泄私愤而攻击别人，使批评和自我批评走样变形。

三、开展好教育实践活动，要突出抓好几个重点

一要认真搞好学习。要组织全局党员干部原原本本地研读活动规定的3本书（即：党的群众教育实践活动学习文件选编；论群众路线——重要论述摘编；厉行节约，反对浪费——重要论述摘编），不另发材料防止贪多嚼不烂。要丰富学习载体，广泛采取中心组、支部会、专题辅导、集中研讨、主要负责同志讲党课等形式，增强学习效果。要做到自学与集中学习相结合，领导班子的集中学习讨论时间不少于6个半天，领导干部笔记不少于1.2万字，撰写心得体会至少1篇；中层党员干部学习笔记不少于8000字，撰写心得体会1篇；普通党员学习笔记不少于5000字。要认真开展好“弘扬延安精神、践行群众路线”专题研讨活动。

二要继续拓展调研。要在前一阶段基础上，进一步深入开展调查研究，开展调研不仅要到水文局，还要深入基层测站，开展调研取消基层局领导陪同，要让职工放下包袱和顾虑，面对面地听取基层一线职工的意见和建议以及所关心的问题。局级领导干部要在下基层时带着问题再次开展调研，特别是上次开展调研不够深入未提交调研报告的领导同志要引起重视，对调研征集的意见和建议进行梳理，每人至少形成1篇有基层实际情况、有针对性解决措施的调研报告。

三要深入分析查摆问题的原因。通过自己找、组织点、群众提、互相帮等方式，召开领导班子民主生活会和每一个支部的党员评议会，进行党性分析和自我剖析，围绕“四风”弊病讲真话讲实话，有一说一、有二说二，相互提醒、相互警醒，有什么问题就摆什么问题，有什么问题就提什么问题，还要深入分析问题产生的根源。重点从党性观念淡薄、理想信念缺失，放松自我要求、行为随波逐流，不按标准选人用人、忽视干部监督管理，纪律意识不强、

执行党纪不严等方面进行剖析，找准病根、正本清源。

四要强化督促检查。省局将成立督导组，担负全局教育实践活动的督导工作。督导组要敢于指出活动中存在的问题，确保活动不跑偏、不走样、不流于形式。各市水文局要主动加强与省局教育实践活动小组办公室和督导组的沟通协调，落实好《实施方案》提出的“五个一”“六突出”“十不允许”规定动作要求，同时突出特色选准选好“自选动作”，做到规定动作扎实到位、自选动作新颖出彩，要结合实际，解决问题，注重效果。

五要突出整改见实效。这次群众路线教育实践活动，没有明确的转段要求，始终聚焦作风建设，集中解决形式主义、官僚主义、享乐主义和奢靡之风这“四风”问题。各市水文局、机关各处室要坚持边学边改、边查边改、边整边改，把整改落实贯穿到教育实践活动的全过程。要敢于啃硬骨头，下大决心，集中对我局存在的不良习气和制约水文发展的突出问题，进行一次集中整治。能立即解决的立即解决，不能立即解决的要有针对性地研究制订整改方案，明确整改重点内容、方法措施、时限要求，切实通过整治促进工作水平，在广大职工中树立领导干部的良好形象，让广大职工受益于水文改革发展。

四、确保教育实践活动取得实效，让职工放心和满意

这次党的群众路线教育实践活动，要求高、标准严，能否取得实效，关键还在加强领导。按照厅党组要求，省局成立活动领导小组，负责组织协调和具体实施。各市水文局都要尽快成立领导机构和工作机构，明确工作任务和职责分工，一把手切实严肃负起责任，解决“四风”方面突出问题，务必使教育实践活动取得看得见、摸得着的效果，给广大职工一个交代。一是群众观念和服务意识明显增强。水文工作的重心在基层测站，水文测报工作是我们吃饭的碗，水文特性是点多线长面广，解决职工难题、

办好职工实事，是我们各级领导干部的职责所在，要敢于正视存在的问题，敢于革除不正之风，坦荡地走进职工，提高服务基层、服务测报工作的意识、能力和水平。二是机关工作作风明显转变。两级机关要自觉严格遵守中央八项规定，狠刹铺张奢靡之风，全面规范工作程序，提高工作质量效率，在全局系统进一步营造“务实创新、和谐守规、勤俭节约、谋事干事”的良好氛围。三是职工满意度明显提升。职工的眼睛是雪亮的。要把职工的评价作为衡量活动成效的重要标尺，深入基层倾听职工心声和意愿，真心实意为职工办实事，赢得职工的放心、满意和信赖。四是完善水文科学发展长效机制。对广大干部职工反映强烈的突出问题，要从建章立制上想办法，把整改措施以规章明确下来，把落实意见用制度固定下来，形成推动水文现代化建设的强大内生动力。

开展群众路线教育实践活动，根本目的就是要改进党员干部作风，更好地促进水文事业发展，因此一定要坚持“两手抓、两不误、两促进”。在把握好活动力度、节奏和重点的同时，把主要精力集中到搞好后期水文测报和水文建设上来。进入汛期以来，广大干部职工特别是一线职工为了搞好水文测报工作，大家都很辛苦，为防汛抗旱工作付出了辛勤努力，也得到了有关领导的高度肯定，当前我省仍处在主汛期，并可能出现旱涝急转态势，水文测报工作仍不能懈怠和松劲，广大职工一定要坚守岗位，再接再厉，全力以赴搞好水文测报工作、水资源管理“三条红线”监测、旱警水位及墒情监测等工作。现在已进入秋季，汛末以后将是搞好水文各项工作的黄金时段，中小河流水文监测系统建设和水文测报设施水毁修复任务很重，要以开展群众路线教育实践活动为契机，再添动力，重心下移，抓一线指导、抓质量监督、抓进度检查、抓关键环节特别是困难问题的突破，凝心聚力搞建设，一心一意谋发展，确保全年目标任务的圆满完成。

同志们，开展党的群众路线教育实践活动，是党中央做出的一项重大部署，对于贯彻落实十八大精神，全面建成中国特色社会主义伟大事业，意义重大，影响深远。我们一定要按照中央、省和厅党组的统一部署，不折不扣地落实教育实践活动的总要求，以良好的精神面貌、优良的工作作风、充足的信心和干劲，推进党的群众路线教育实践活动在全局深入开展，为我省经济社会持续发展和实现水文现代化建设焕发新的活力。

（杨汉明）

正确认识当前反腐倡廉形势 增强反腐败斗争的责任感和紧迫感

——在全局党建和精神文明暨党风廉政建设视频会议上的讲话

（2014年4月30日）

这次党建和精神文明暨党风廉政建设视频会议，是继全省水文工作会议之后一次十分重要的会议。上面，传达了水利厅直系统党风廉政建设会议和部水文局廉政风险防控手册座谈会精神，姚胜利同志对党建、精神文明和党风廉政建设工作作了一个很好的报告，安排部署了2014年党建、精神文明和党风廉政建设工作，我完全同意。希望各市水文局、机关各处室要结合各自实际，认真抓好贯彻落实。

下面，我讲几点意见。

一、统一思想，提高认识，不断增强做好全局党建、精神文明和党风廉政建设工作的责任感和使命感

党建、精神文明和党风廉政建设是水文工作的重要组成部分，在水文事业发展中有着武装思想、凝聚力量和提供精神动力以及政治保障作用。因此，全局各级干部特别是领导干部要充分认识做好党建、精神文明和党风廉政建设工作的重要性，切实增强做好党建和精神文明以及党风廉政建设工作的责任感和使命感。

第一，水文面临的形势必须要加强党建和精神文明及党风廉

政建设工作。当前，我省水文事业发展面临的形势十分严峻，任务不断加大。一是水文监测站点迅速增加。随着中小河流水文监测系统建设全面实施，短短两年多时间，我省水文监测站点，从2009年的水文（位）站85处、雨量站556处增加到目前水文（位）站197处、雨量站1920处。二是报汛站点显著增加。针对中小河流、洪水易发区灾害性洪水发生多、防御难度大、人员伤亡概率大的情况，我局在全省开展了中小河流、洪水易发区洪水预测预警工作，2014年洪水预警预报断面已达100个；2009年省属报汛站为458个，2014年达2033个；2009年水库报汛站25个，2014年水库报汛站达694个，报汛任务急剧增加。三是水质监测断面迅速增加。最严格的水资源管理制度颁布实施后，我局水质监测断面由过去的29处增加到现在的238处，其中国家重要水功能区监测断面144处，同时在监测断面增加的情况下，监测频次也随之增加。在这样的形势和任务面前，如何进一步统一我们干部职工的思想，增强我们的干劲，我认为加强党建、精神文明和党风廉政建设，是武装思想、开拓思路的有效手段，是凝聚力量、搞好水文各项工作的一项重要举措。对于教育引导广大党员干部以更加奋发有为的状态，更加扎实有力的措施，更加清廉节俭的风气，更加务实高效的作风，完成各项水文工作任务，推动水文事业科学发展具有重要的现实意义。

第二，转变干部作风必须加强党建和精神文明以及党风廉政建设。水文要发展，必须要有一支勤政廉政和素质过硬的干部队伍作支撑。去年以来，全局围绕党建、精神文明和党风廉政建设，积极开展了“讲政治、守纪律、履职责、转作风”学习教育和党风廉政教育以及党的群众路线教育实践等活动，全系统各级党组织的创造力、凝聚力和战斗力不断增强，广大党员干部的廉政意识有所增强，干部的思想作风和工作作风发生了可喜变化。但也要看到，在我们干部队伍中还存在一些不容忽视的问题，有的党员干部思想观念、能力素质、创新能力还不适应新形势新任务的要求。解决好这些问题，就必须把党建、精神文明和党风廉政建设作为提高干部思想素质、转变干部作风的重要任务来抓，坚持不懈，抓出成效，为水文发展与改革提供坚强的精神动力和思想保障。

第三，正确认识当前反腐倡廉形势，增强反腐败斗争的责任感和紧迫感。

习近平总书记在中央纪委三次全会上强调指出，全党同志要深刻认识反腐败斗争的长期性、复杂性、艰巨性，以刮骨疗毒、壮士断腕的勇气，坚决把党风廉政建设和反腐败斗争进行到底。省纪委三次全会指出，要以钉钉子的精神转变作风，以零容忍的态度惩治腐败，以更加鲜明的态度、更加自觉的行动、更加严格的制度，持续推进党风廉政建设和反腐败工作。近年来，全国水利系统相继发生了一些违纪违法案件，2013 年全国水利系统有 129 名干部受到查处，42 人被追究刑事责任，去年媒体公开报道的水利腐败案件涉及 37 名市县水利局局长以及关键岗位领导干部，去年年底到今年年初水利系统先后有 5 名厅局级干部被"双规"或接受调查。这些典型的违规违纪案件，给我们的党员干部敲响了警钟，我们一定要从中吸取教训，引以为戒，正视现实、认清形势，要充分认识到当前做好反腐败工作的极端重要性和现实紧迫性，各级干部注重自身修养的提高，不断加强党性锻炼，认真践行群众路线，切实转变工作作风，尽职尽责抓好各项工作。

因此，全系统各级干部要从全局和战略的高度，充分认识加强党建、精神文明和党风廉政建设的重要性，进一步增强责任感和使命感，采取有力措施，扎扎实实推进，不断开创全局党建、精神文明和党风廉政建设的新局面。

二、把握重点，扎实工作，努力推进全局党建、精神文明和党风廉政建设深入开展

关于今年全局党建、精神文明和党风廉政建设工作，姚胜利同志已经进行了全面部署，各局、各部门要紧密结合实际，明确重点，抓好落实，务求取得新的成效。

一要巩固党的群众路线教育活动成果，切实加强干部作风建设。在党的群众路线教育活动中，广大职工针对干部“四风”问题，提出了一系列问题和建议，每个党员干部都认真撰写了分析材料，提出了整改落实措施。但是，我们整改落实到底怎么样？是否取得让广大职工满意的成效？我们每一个党员干部都要深入思考，认真对照检查。因此，我希望党员干部特别是两级领导干部针对“四风”问题在自身的表现，认真对照中央八项规定要求，进一步抓好整改落实，真正促进干部作风有新的转变，以良好的工作作风推进全局党建和精神文明以及党风廉政建设工作深入稳步开展。

二要坚决执行党的纪律，始终维护和谐守规良好环境。各级领导干部要把执行党的政治纪律放在首位，在思想上、政治上、行动上自觉同以习近平同志为总书记的党中央保持高度一致。要有强烈的忧患意识和风险意识，切实增强党性原则，用好批评和自我批评武器。要把请示报告制度作为一项铁的纪律，重大问题、重要事项该请示的必须请示，该报告的必须报告，不能我行我素，更不能遮遮掩掩甚至隐瞒不报。各职能部门应加强效能建设，切实履行职责，建立改进作风抓落实的长效机制。对严重违反政治纪律、组织纪律和财经纪律的单位和部门，要严肃追究主要领导和相关责任人的责任，决不允许有令不行、有禁不止，决不允许各行其是、擅自行动，决不允许上有政策、下有对策，以坚强有力的纪律，维护当前全局系统健康、高效、快速发展的大好势头。

三要加大查办案件力度，以高压态势遏制腐败滋生蔓延。查办违纪违法案件是惩治腐败的重要手段和治本之策，也是预防腐败的有效措施，通过以案说法可以教育党员干部从中吸取教训、引以为戒，不犯错误或少犯错误。要坚持从严管理、从严执纪，始终保持惩治腐败高压态势，严肃查办发生在重点领域、关键环节和群众身边的腐败案件。要特别注意通过审计、稽查和专项检查发现水文工程建设领域中挪用、贪污、私分专项资金的案件线索，发现一个，严肃查处一个。尤其是在资金量大、涉及面广的中小河流水文监测系统项目建设中，要严格稽查检查，敢于发现问题，及时纠正问责。纪检监察部门要针对行业管理中存在的苗头性、倾向性问题，深入开展党风廉政教育，防患于未然，努力把问题解决在萌芽状态。各级对违纪违法的苗头性问题，该提醒的要及时提醒、该敲打的要及时敲打，要从关心、爱护、保护干部的角度，提前做好教育和诫勉工作，不能让小错酿成大错、小问题变成大问题。

三、切实加强对党风廉政建设和精神文明建设的领导

加强党建和精神文明以及党风廉政建设工作，是增强和提高各级党组织工作水平和工作能力的一个重要手段。全系统各级党组织要努力改进工作方法，积极推进工作创新，全面落实各项措施，不断提高工作水平，推动党建和精神文明以及党风廉政建设迈上新台阶。

一要健全体制机制，构建推进党建和精神文明以及党风廉政建设的良好工作格局。要建立健全党委统一领导、党政群齐抓共管、部门各负其责、各方积极参与的领导体制和工作机制，把各方面力量动员起来，形成党建和精神文明以及党风廉政建设的强大合力。纪检监察部门要切实履行职责，增强工作主动性，积极开展工作，发挥应有作用。认真落实加强反腐败体制机制创新和制度保障的各项措施，按照我局2014年反腐倡廉工作责任分工一

览表的任务要求，明确责任，把反腐倡廉建设纳入领导班子、领导干部目标管理，做到一起部署，一起落实，一起检查，一起考核。广大纪检监察干部要不辱使命、履职尽责，严于律己、秉公执纪，用铁的纪律打造过硬的纪检监察队伍。

二要加强制度创新，不断深化惩治和预防腐败体系建设。各级要继续坚持党风廉政建设责任制报告、领导干部任前廉政法规考试、廉政风险防控、基层公务接待廉政灶等制度，充分发挥制度在反腐倡廉建设中的效用。要切实抓好水利部《廉政风险防控手册》的落实，推进廉政风险防控管理工作，建立廉政风险防控运行机制。坚持党纪国法面前人人平等、纪律制度约束没有例外，切实维护制度的严肃性。结合单位实际，认真学习贯彻中央新一轮惩防体系五年工作规划和实施办法，要围绕新规划明确的重点工作布局，持之以恒改进作风，推进反腐倡廉建设制度创新，大力实行建设项目信息公示制，严格落实项目法人责任制，强化招标投标全程监督，加强工作协调，形成整体合力，全方位提高惩防体系建设质量。

三要坚持求真务实，推动党建和精神文明以及党风廉政建设取得新进展。省局已经做出决定，将从5月上旬开始，在全局开展为期7个多月的“认清形势，开拓思路，改革创新，再上台阶”大讨论活动，同时，水利厅近期也下发通知，在厅直系统各级党组织中开展“走基层、察民情、转作风”调查研究活动，希望各局、机关各处室要予以高度重视，要对我局安排的大讨论活动和水利厅开展的调查研究活动精心部署，切实推动大讨论和调查研究活动扎实顺利进行。要通过大讨论和调查研究活动的开展，深入实际，了解实情，认真摸清当前影响党建和精神文明以及党风廉政建设存在的突出问题，不断提高搞好党建和精神文明以及党风廉政建设工作的能力与水平，有针对性地开展工作，使党建和精神文明以及党风廉政建设更加符合党员干部思想实际、符合水文工作实际、符合基层组织实际，不断开创全局党建和精神文明以及党风廉政建设工作新局面。

同志们，今年水文工作的任务十分艰巨，做好党风廉政和精神文明建设工作责任重大。我们要全面贯彻党的十八大和十八届三中全会精神，全面贯彻科学发展观，勇于创新，扎实工作，为全面完成今年各项目标任务提供坚强保障和精神动力，促进陕西水文事业发展再上新台阶做出新的更大的贡献！

（杨汉明）

贯彻习近平总书记讲话精神
自觉践行“三严三实”要求

——学习习近平总书记来陕视察重要讲话体会

（2015 年 4 月 16 日）

今年春节前夕，习近平总书记先后深入我省延安、铜川、西安等地考察指导工作，瞻仰革命旧址、缅怀革命先烈，看望慰问基层干部群众，考察结束后发表了重要讲话。近期，我们按照省委和厅党组的部署，在前一阶段学习基础上，我局又举办了全局副科级以上干部学习贯彻总书记来陕视察重要讲话精神研讨培训。通过进一步深入学习，我们倍感亲切，深受鼓舞。

下面，结合学习和理解，谈一点认识与体会。

一是牢记总书记亲民爱民的赤子情怀。习总书记这次来陕是十八大后第一次，而且安排在春节前夕，其时间和节点都体现了总书记对家乡的深情厚爱。他在视察中多次说：“陕西是根，延安是魂，延川是我的第二故乡，我时刻铭记陕北人民的养育之情”“这么多年来，家乡每一点发展变化都让我感到高兴，家乡每一次灾害事故都让我牵肠挂肚”。听到总书记这一段肺腑之言，我们深深感受到，这次总书记来陕视察并看望干部群众，充分体现了总书记对我省人民群众的关心与厚爱，也体现了总书记亲民爱民、关注民生的赤子情怀。

二是学习总书记扎实过细的工作作风。习总书记在讲话中对陕西的经济发展、现代农业建设、改善民生、文化建设以及人文历史地理等收集并掌握了大量的数据，心中有数，抓住重点，提出了一系列重要指示，这为我省全局发展和今后工作指明了方向、提供了遵循。在今后的工作中，要向总书记那样，进一步改进工作作风，深入实际，调查研究，全面把握工作各个方面，只有这样，才能更好地指导全局工作。

三是进一步把思想和行动统一到讲话精神上来。习总书记的重要讲话，是站在国家发展战略全局高度做出的重要指示，思想深刻、内涵丰富。学习贯彻总书记重要讲话，对于鼓舞全省人民士气、激发干部群众热情，推动全省经济社会发展和各项工作都将会产生重大深远影响。因此，我认为，省委和厅党组做出的深入学习贯彻总书记来陕视察重要讲话精神，是非常正确的，也是十分必要的。我作为水文局主要领导，就是要组织好全局学习贯彻总书记来陕视察重要讲话精神活动，深入学，扎实学，深刻领会精神实质，切实把全局党员干部职工思想和行动统一到总书记讲话精神上来，为推动水文事业发展提供坚实理论支撑。

学习贯彻总书记来陕视察重要讲话精神，关键要落实在行动上、体现在工作中。为此，自己以学习贯彻重要讲话精神为契机，努力做好以下几方面工作。

一要坚定理想信念。当前，一些党员干部在市场经济浪潮中迷失方向，违反党纪国法，无不是动摇了理想信念。特别是目前我国进入了改革的“深水区”，更加凸显了坚定理想信念的重要性。所以，我作为一名党员领导干部，要以实际行动认真学习贯彻习近平总书记重要讲话精神，自觉用习近平讲话精神武装思想，进一步坚定中国特色社会主义的道路自信、理论自信和制度自信，不断提高党性修养，解决好人生观、世界观、价值观这个总开关。

二要自觉践行“三严三实”要求。第一，要坚守政治底线。作为一名党员领导干部，首先应该坚持正确的政治方向，在大是大非面前保持清醒的头脑，坚决抵制损害党的利益的行为，始终以党和人民的利益为出发点。第二，要坚守纪律底线。要带头遵守纪律。包括政治纪律、组织纪律。以大局出发，不计小集体和个人利益。第三，要坚守做人底线。作为一名负责人，要以身作则，以德服人，正派做人。要求别人做到的自己首先做到，要求别人不做的自己坚决不做，己所不欲，勿施于人。

三要不断改进工作作风。要认真贯彻落实中央颁布的八项规定，严格用八项规定要求自己，自觉做弘扬艰苦奋斗的表率，坚持说实话、务实事、求实效，不做表面文章，不摆花架子，要通过自己的实际行动在我们水文系统内形成一个改进作风抓落实、齐心协力促发展的浓厚氛围。要敢于担当，目前水文事业发展机遇大好、任务艰巨，我们每一个干部都应当树立机遇意识和担当意识，敢于面对困难，要有迎难而上的勇气和信心，高度负责，积极工作，推动水文事业和各项工作健康顺利开展。

四要认真履行党风廉政建设第一责任。自觉按廉洁有关规定要求自己，严格按照《中国共产党党内监督条例》和《中国共产党党内纪律处分条例》约束自己，常修为政之德、常思贪欲之害、常怀律己之心。自觉抵御拜金主义、享乐主义、极端个人主义等消极腐朽思想的侵蚀，夯实廉洁从政的思想道德基础。要深刻吸取一些党员干部违纪违法走上犯罪道路的重大教训，强化对权力运行的制约和监督，支持纪检监察部门查处违纪违法问题，要切实管好班子、带好队伍、管好自己。加强制度创新，不断深化惩治和预防腐败体系建设，要切实抓好《廉政风险防控手册》的落实，推进廉政风险防控管理工作，建立廉政风险防控运行机制，推进全局党风廉政建设和反腐败工作深入开展。

五要履职尽责，努力工作。我经常讲，防汛测报是水文工作吃饭的碗，水环境监测和水资源评价是水文发展壮大之源。面对今年防汛的严峻形势，面对实施水资源管理制度和三条红线考核，水文工作面临的任务更加艰巨和繁重。因此，我作为领导，一定要面对新形势和新任务，增强责任意识、担当意识，要有克服困难的勇气和信心，坚守工作岗位，履职尽责，科学管理，大胆创新，充分调动全局干部职工的工作积极性，心往一处想，劲往一处使，同心同德，勤奋工作，努力完成厅党组和上级交给自己的工作任务，为我省防汛抗旱工作和水文事业发展做出自己应有的贡献。

（杨汉明）

践行“三严三实”　强化“五种意识”

——在陕西省水文局“三严三实”专题教育行动中为党员干部作的党课

（2015 年 6 月 5 日）

“三严三实”是新的历史条件下党员领导干部的修身之本、为政之基、成事之要。我们要自觉把“三严三实”作为基本准则和目标追求，切实增强践行“三严三实”的思想自觉和行动自觉，不断砥砺从严从实的政治品格，始终做到心中有党、心中有民、心中有责、心中有戒，努力打牢干事创业和推动工作的思想基础。

一、深刻认识“三严三实”深刻内涵和开展专题教育的重大意义

党的十八大以来，习近平总书记关于治国理政发表了一系列重要讲话，提出了许多新思想、新观点、新论断。去年 3 月，习总书记在参加全国“两会”安徽代表团审议时首次提出，各级领导干部都要树立和发扬好的作风，既严以修身、严以用权、严以律己，又谋事要实、创业要实、做人要实。之后，习总书记多次在不同场合强调“三严三实”，在全党、全社会引起高度共鸣，形成了广泛共识。“三严”是内在要求，“三实”是行为取向，是我们做人做事、为官用权的警世箴言。那么，如何理解“三严三实”呢？通过学习，我的领会是：

严以修身，就是要加强党性修养，坚定理想信念，提升道德境界，追求高尚情操，自觉远离低级趣味，自觉抵制歪风邪气。

古人讲，修身齐家治国平天下，修身就摆在第一位。习总书记多次强调，做人做事第一位的是崇德修身。作为党员领导干部，修身正己最主要的就是强化党的意识，牢记自己的第一身份是共产党员，第一职责是为党和人民工作，对党忠诚，在党言党、在党忧党、在党为党。革命战争年代，我们的党为什么能战胜强大的敌人？关键一条就是党员领导干部吃苦在前、冲锋在前，与战士同甘共苦，将不畏死、兵不惜命。今天，我们作为党员领导干部，应当更加严格要求自己，在道德修养、忠诚履职、廉洁实干上当好模范。

严以用权，就是要坚持用权为民，按规则、按制度行使权力，把权力关进制度的笼子里，任何时候都不搞特权，不以权谋私。古人讲，居官守职以公正为先，公则不为私所惑，正则不为邪所媚。习总书记反复强调，我们的权力是党和人民赋予的，是为党和人民做事的，只能用来为党分忧、为国干事、为民谋利。这就鲜明地告诉我们，公权民用，一丝一毫不能私用，公款姓公，一分一厘都不能乱花。当领导的，应当把秉公用权作为底线，时刻做到公私分明、公而忘私，确保公权行使不越轨、不谋私。

严以律己，就是要心存敬畏、手握戒尺，慎独慎微、勤于自省，遵守党纪国法，做到为政清廉。我们常说，内因决定事物发展的性质和方向。领导干部能不能经受得住错综复杂的考验和形形色色的诱惑，关键靠自省自律，靠节制私欲，靠个人修为，靠自我约束，始终保持对党纪国法的敬畏之心。实际上，人每天自己跟自己都有矛盾，都在跟自己做斗争。所以，古人说“吾日三省吾身”，古人还说“当官之法，唯有三事，曰清、曰慎、曰勤”，讲的就是自我修炼，守得住清贫、耐得住寂寞、稳得住心神、经得起考验。我们作为党员领导干部，真的要慎独慎微，不以善小而不为，不以恶小而为之，始终不放纵、不逾矩，谨防得意忘本，保持一身正气。

谋事要实，就是要从实际出发谋划事业和工作，出点子、定方案、制政策要符合实际情况、符合客观规律、符合科学精神、符合最广大人民群众的根本利益，不好高骛远，不脱离实际。其本质要求就是求真务实、实事求是。这是我们共产党成功领导人民进行革命、建设和改革开放的一大法宝。陈云同志曾说过，不唯上，不唯书，只唯实，比较、反复、交换。要做到这一点，首先必须是出于公心，为民谋事，而不是为私谋事，秉持正确的政绩观；其次，身体力行察民意、知实情、接地气，不简单地吃“别人嚼过的馍”；第三，落实工作时不照搬照抄，把上级精神与本单位实际有机地结合起来，把对上负责与对下负责结合起来，创造性地开展工作。

创业要实，就是要脚踏实地、真抓实干，敢于担当责任，勇于直面矛盾，善于解决问题，努力创造经得起实践、人民、历史检验的实绩。俗话说，苗栽不实则亡，树植不深则枯。邓小平同志曾说过，不干，半点马列主义都没有。习总书记反复强调，空谈误国、实干兴邦，一分部署、九分落实、马上就办。这都需要我们拿出“为官避事平生耻”的骨气，舍得付出，舍得吃苦，舍得自我牺牲，主动扛起推动一个单位或部门科学发展的责任担当，敢作敢为、善作善成，在实干中破解难题，在实干中抢抓机遇，在实干中增进群众福祉。

做人要实，就是要对党、对组织、对人民、对同志忠诚老实，做老实人、说老实话、干老实事，襟怀坦白，公道正派，坚决克服阳奉阴违、言行不一，这是我们做人的基本要求。古人讲，以诚感人者，人亦以诚应；以诈御人者，人亦以诈应。这就像作用力与反作用力一样，你怎么对别人，别人也怎么对你。党员领导干部为人处世做官应当诚实守信，坦坦荡荡，思想上与党和组织同心，行动上与党和组织同步，对群众真情实感，对同志真心实意，言行一致、表里如一，做到台上台下一个样、人前人后一个样。

如果用一句话来概括“三严三实”的核心思想，就是：对党忠诚、个人干净、敢于担当。“三严三实”是新形势下我们党对党员领导干部政治品格和做人操守做出的最基本的规范，是对党的建设理论的极大丰富与发展，为新形势下加强党的思想政治建设和作风建设提供了重要遵循。

这次开展的“三严三实”专题教育，是群众路线教育实践活动的延展和深化，是共产党人抓自身建设常态化的又一次重要实践，是严肃党内政治生活、严明党的政治纪律和政治规矩的重要抓手，有利于从根本上解决“四风”问题，推进作风建设常态化、长效化，有利于提高干部履职能力、改善党群干群关系、增强党的创造力凝聚力战斗力，推进全面建成小康社会、全面深化改革、全面依法治国、全面从严治党，具有十分重要的意义。同时，结合我局实际，在当前水文人员不足、水文测报工作和建设任务十分繁重的情况下，开展“三严三实”专题教育，是进一步增强全局党员干部党性和宗旨意识、责任和担当意识、干事和创新意识的重要举措，对于统一全局党员干部思想认识、转变工作作风和营造守纪律、讲规矩的良好氛围有很大的帮助，对于激发党员干部工作热情、自觉践行“三严三实”要求，为切实搞好今年汛期水文测报工作和全面完成全年各项工作任务必将产生重要的推动作用。

二、深入查摆“不严不实”的具体表现，清醒认识其严重危害性

中央这次专题教育明确要求，要坚持从严要求，突出问题导向，着力解决理想信念动摇、信仰迷茫、精神迷失，宗旨意识淡薄、忽视群众利益、漠视群众疾苦，党性修养缺失、不讲党的原则等问题；着力解决滥用权力、设租寻租，官商勾结、利益输送，不直面问题、不负责任、不敢担当，顶风违纪搞“四风”、不收敛不收手等问题；着力解决无视党的政治纪律和政治规矩，对党不忠诚、做人不老实，阳奉阴违、自行其是，心中无党纪、眼里

无国法等问题。

2013 年，我们按照省委和厅党组的统一部署，积极开展了群众路线教育实践活动，围绕反对“四风”，进行专项治理；2014 年，按照省委和水利厅党组的部署，积极开展了“抓整改、建机制、促工作”活动，大力整治“庸懒散浮”等突出问题，应该说全局党员干部的作风有了明显改观，这一点应给予充分肯定。但也必须清醒看到，“四风”问题树倒根存，“不严不实”的问题还不同程度地存在，有的甚至还很严重。对照上级文件精神的要求，我局干部队伍作风建设“不严不实”的突出表现有以下六个方面。

一是理想信念方面。主要存在信念动摇、思想僵化、眼界不宽问题。坚定理想信念就是要坚定马克思主义信仰和中国特色社会主义道路，既要正确认识社会主义事业的长期性、艰巨性、复杂性，又要充分认识社会主义制度的强大生命力和巨大优越性。现在有的干部认为马列主义已经过时，对理想信念产生了疑惑、开始动摇；有的道德观念发生扭曲，对德的标准模糊不清，说一套、做一套，成为“双面人”。在我们实际工作中，有的干部大局意识不强，想问题办事情首先考虑自己的部门或个人利益。考虑对自己分管工作有没有利，对自己处（室）甚至对个人有没有好处，不从全局整体和长远发展考虑。

二是精神状态方面。主要存在安于现状、不思进取，得过且过、不敢担当问题。当前，我省水文正处于人员不足、监测站点增加和工作任务加重的新情况，水文事业发展也面临着新的挑战，这就需要我们有坚忍不拔的精神、攻坚克难的勇气、破釜沉舟的决心。但是，有的同志工作激情不足，惰性有余，得过且过，没有把心思和精力用在工作上，懒于琢磨事，出工不出力，只求过得去，不求过得硬，缺乏对水文业务知识和新仪器新设备钻研劲头，小事不想做，大事干不了，究其原因，缺乏干事的良好态度和技术本领。

三是宗旨意识方面。主要存在对职工服务不积极、不主动、不自觉、不到位问题。党的群众路线是我们党最大的政治优势，党的执政基础是群众基础，党面临最根本的危险是脱离群众。但是我们仍有个别同志宗旨意识不强，群众观念不牢，习惯坐在办公室里想当然，不能设身处地扑下身子到职工和基层走访，了解掌握水文事业发展面临的难题，并积极想办法采取措施予以破解。经过作风建设，干部作风虽有明显好转，但有些事情还有推诿扯皮、主动服务意识不强、服务水平不高的问题。

四是工作能力方面。主要存在面对新常态，茫然无知、束手无策、因循守旧问题。工作能力是我们党员干部履职尽责、做好工作的基本功。新形势、新任务给我们在座的每一名干部的能力素质提出了新要求。这就需要我们及时学习充电，多思考研究问题，不然就会陷入能力不足、本领恐慌的危机。我们有的同志表面上看很辛苦，忙忙碌碌，但是工作不得法，方法不对路，重点不突出，效果大打折扣；有的创新创造能力不强，习惯于“吃老本”，不善于学习研究和应用新生事物，工作缺乏开拓性，不敢闯、不敢试、不敢创新。

五是工作作风方面。主要存在作风不实、心浮气躁、沉不下心来干工作问题。通过开展教育实践活动，我们整治“四风”取得了比较明显的成效，绝大多数同志工作作风更加务实。但是也要看到，个别不求实、不务实、不落实的问题仍然存在，甚至比较突出。有的工作不着实，搞形式、走过场；还有的工作推进不实，缺乏“钉钉子”精神，干工作三分钟热血；有的对分管工作无思路、没打算，习惯于指手画脚，等等。个别党员干部的工作作风不实，影响说小了是你负责的那块工作，说大了是我们水文局的整体形象。

六是严格自律方面。主要存在纪律意识淡薄、自行其是问题。应该说，在贯彻执行中央八项规定、整治“四风”的大环境下，全局绝大多数党员干部都能够讲政治、守纪律、懂规矩。但有的纪律意识和规矩意识淡薄，该请示的不请示，该汇报的不汇报，无视规矩；上班干私活、聊天的大有人在，工作纪律在一些干部中形同虚设。

从表面上看，这些都是作风问题的表现，但从根本上讲，是违背“三严三实”的根本要求，尽管只存在于少数人身上，但务必请同志们高度警醒，反躬自省，引以为戒。“不严不实”问题严重违背党的性质和宗旨，严重背离共产党人的价值追求和行为准则，对党、对人民、对事业、对个人都具有极其严重的危害。

三、深入学习，践行“三严三实”要求，强化五种意识

（一）加强学习，打牢思想基础，强化忠诚意识

党员干部如果平时不学习，空虚无聊，时间久了，难免会被歪风邪气所侵蚀，就会得“软骨病”，就可能导致政治上迷茫、道德上失范、生活上放纵。这几年发生的形形色色的党员干部违纪案例都充分证明了这一点。可以说，学习是提高思想认识的前提，是加强自身修养、提升自身免疫力的有效途径，是筑牢理想信念、补充精神之“钙”的重要基础。全体党员干部要按照局党委的年度学习安排计划，积极参加政治理论、党性党风、提升干部能力素质、廉政教育等内容的学习，提高自身理论水平、业务能力，培养党性意识，在强化党性修养中坚定对党的忠诚意识。

（二）讲规矩、守纪律，强化执行意识

每一位党员干部都要树立法律意识和法治思维，时刻按照“三严三实”和“新时期好干部标准”严格要求自己，一切在规矩的框架下工作生活。一要守政治规矩。特别是党员和领导干部，要对党绝对忠诚，同党中央保持高度一致，自觉维护党的团结，遵守组织纪律，服从组织安排。二要守纪律规矩。规章制度是每一名干部的行为规范，中央八项规定有了宏观的指导，框架很清晰。

为了贯彻落实中央八项规定，我局制定的《关于改进工作作风密切联系群众的实施办法》中提出了21条明确要求，党员干部一定要认真贯彻执行，要把纪律约束培养成一种习惯，把习惯锻造成一种素养。三要守工作规矩。党的群众路线教育实践活动后省局相继修订完善了有关制度和规定，党员干部要带头遵守。工作中要有激情，带着激情和感情去开展工作，办事不多事，帮忙不添乱，要重细节，始终坚持高标准，推进工作上层次、上水平。四要守生活规矩。工作中有纪律约束，生活中有道德约束，作为一名党员干部，要是非分明，讲原则，识大体，知道哪些事该做、哪些事能做；哪些事不该做、哪些事不能做。要追求一种健康的生活方式，远离低级趣味，强化工作落实执行意识。

（三）实事求是，坚持实干，强化担当意识

检验"三严三实"专题教育成效的标准是整改成果，落实整改主要靠实干。实干是对党员干部履职尽责的基本要求。如何实干？我觉得要做到以下三点：第一，要保持良好的精神状态。作为党员干部特别是领导干部，要对自己的岗位心存敬畏，如履薄冰，尽职尽责。要有新的目标和标准，要勇于在分管领域争当第一。面对困难和挑战，要勇于承担，勇于面对，敢打敢拼，攻坚克难，在困难情况下对水文事业发展要有足够的信心，做好表率，带好头，要以奋发有为、只争朝夕的精神面貌去干好每一项工作。第二，要坚持工作有创新。工作思路是否清晰，思想是否解放，对工作的指导意义都会大不相同，所以我们干部要了解自己的工作，理清自己的工作，明确工作思路，把握大方向，修正小偏差，适时创新开展工作，这样才能确保工作有条不紊地开展，也会取得预期效果。第三，要确保工作有质量。新常态下，水文工作领域拓展了，任务加重了，标准提高了，这就要求我们必须更加务实地去推进工作，要做到每项工作有方案，过程有检查督导，结果有总结评价，踏踏实实地做好每件工作，实实在在落实每件任务，强化担当意识，确保各项工作高质量完成。

（四）坚持立党为公、执政为民，强化服务意识

毛泽东同志曾指出，党群关系好比鱼水关系，如果党群关系搞不好，社会主义制度就不可能建成，社会主义制度建成了，也不稳固。一语道破了党群、干群“鱼水关系”的真谛。因此，全局各级党员干部特别是领导干部要深入实际、深入基层，加强同基层干部职工的联系，了解基层干部职工所思所想所盼，下大力气解决基层干部职工学习工作以及生活中的困难和问题，主动拉近干群关系，化解矛盾，心系基层，服务职工，要有“为官一任，造福一方”的勇气和信心，强化服务意识，在我们的共同努力下，使广大水文职工工作条件不断改善、收入不断提高，生活更加美好。

（五）严于律己，干净干事，强化廉政意识

党和组织的信任，才给我们党员干部施展个人才华的平台。因此，每一个党员干部，要当作风上的“干净人”，时刻感恩组织，倍加珍惜机会，对个人名誉、地位、利益要想得透、看得淡，始终做到不谋私利、克己奉公。认真对照“三严三实”和“四有”要求检视自己，对照焦裕禄等先进典型之镜反思自己，严格执行中央八项规定，自警自省，力戒骄奢，清正廉洁，勤政为民。要当行为上的“老实人”，老老实实对待组织、同志，实事求是对待工作，胸怀坦荡，光明磊落，低调务实不张扬，真正做到“不愧组织不负职工”。要当生活上的“健康人”，保持独立人格和健康情趣，自觉净化“生活圈”“朋友圈”，管好自己、家人和身边工作人员，过好感情关、金钱关和兴趣爱好关，始终慎独慎微，以实际行动为广大干部职工树立标杆、做出示范、带好风气，强化廉政意识，努力营造水文系统风清气正的浓厚氛围。

（杨汉明）

认真学习贯彻《准则》和《条例》做遵纪守法的党员干部

——在全局学习宣传《准则》和《条例》视频动员会上的讲话

（2015 年 12 月 30 日）

12 月 25 日，水利厅召开了厅直系统学习宣传《中国共产党廉洁自律准则》（以下简称《准则》）、《中国共产党纪律处分条例》（以下简称《条例》）专项教育动员部署会，厅直各单位党政主要负责同志、纪委书记、厅机关副处以上干部参加了会议，张敏组长带领学习了厅党组《关于学习宣传〈准则〉和〈条例〉专题教育活动的通知》。为了认真贯彻水利厅动员会精神，安排部署我局学习宣传《准则》和《条例》专项教育活动，我们决定召开这次动员部署会，推动全局学习宣传《准则》和《条例》专题教育活动扎实深入开展。

一、充分认识修订《准则》和《条例》的重大意义，切实增强学习贯彻《准则》和《条例》的自觉性、坚定性

（一）新《准则》和《条例》是全面从严治党的重要抓手

全面从严治党，是实现党的历史使命的必然要求，核心是加强党的领导。当前我们面临着党的领导弱化和组织涣散、纪律松弛的严峻挑战。加强纪律建设是全面从严治党的治本之策。中央印发《准则》和《条例》是党中央在新形势下推进全面从严治党的治本之举，必将对树立党章权威、扎紧制度笼子，改进党的作

风、严明党的纪律，不断开创全面从严治党新境界、协调推进“四个全面”战略布局，产生重大而深远的影响。

（二）新《准则》和《条例》是营造风清气正环境的重要保证

近年来，特别是党的十八大以来，我们的党风廉政建设和反腐败工作是扎实有效的，党的纪律执行方面是比较好的。但是，对照《准则》昭示的“高线”和《条例》列举的“底线”，还不断出现或者发生一些反面典型案例，一些在过去看来无伤大雅的问题现在都成了问题，我们身上或多或少有与《准则》不一致的地方、有《条例》所禁止的行为。全局党员、干部要以对党的事业和党员、干部高度负责的精神，学习《准则》和《条例》，逐条对照，对标找差，着力解决存在的突出问题，把各项要求和党的纪律刻印在全体党员特别是党员领导干部的心上，努力营造全局风清气正的工作环境。

二、深刻领会主要内容，全面准确把握《准则》和《条例》的精神实质

（一）新修订的《准则》划出了理想信念的“高线”

作为党执政以来第一部坚持正面倡导、面向全体党员的规范、全党廉洁自律工作的重要基础性法规，新修订的《准则》为党员和党员领导干部树立起能够看得见、摸得着、够得到的高标准。我们要深刻领会《准则》是党的道德宣示和行动的高标准，自觉加强党性修养，培养高尚道德情操，正确对待和处理公与私、廉与腐、俭与奢、苦与乐的关系，坚持理想信念宗旨“高线”，永葆共产党人清正廉洁的政治本色。

（二）新修订的《条例》列明了纪律“底线”

新《条例》围绕党纪戒尺要求，开列党组织和党员在纪律方面的负面清单，坚持纪在法前、纪严于法，是管党治党的一把戒尺，

是党员的基本底线和遵循。我们要深刻领会《条例》是管党治党的尺子和党员的行为底线，切实增强党章党规党纪意识，严格遵守国家法律法规，坚决守住纪律“底线”，始终保持党的先进性和纯洁性。

三、加强组织领导，确保学习宣传好《准则》和《条例》

一要全面学习贯彻。要推动学习宣传贯彻全覆盖，两级中心组要精心组织好集中学习，通过逐字逐句学习，将新《准则》和新《条例》学深学透，切实掌握其精神要义；各局党（总支）支部、机关各党支部要对学习宣传《准则》和《条例》专题教育活动进行安排部署，及时组织党员认真学习，要将每一名党员纳入学习活动范围，组织党员干部深入学习后带动非党员干部积极学习，分层次、分阶段开展全面的学习宣传，让每个人都能学习到、学习好。对学习贯彻工作进行督察督促督导，由监察室负责督察督导。

二要落实“两个责任”。《准则》和《条例》颁布后，要在贯彻实施上狠下功夫，不能只是口上说说、纸上写写、墙上挂挂。切实履行好主体责任。一是坚持以党章为根本遵循，坚决维护党章权威。要通过两部党内法规的贯彻实施，树立高尚道德情操、严明党纪戒尺。二是坚持问题导向，把严守政治纪律和政治规矩放在首位，抓住这个纲，带动其他纪律严起来。三是坚持把纪律和规矩挺在前沿，动辄则咎、抓早抓小，坚持理想信念宗旨高标准，绝不允许突破纪律底线。对党员干部中存在的违纪违规行为早发现、早处理，使咬咬耳朵、扯扯袖子、红红脸、出出汗成为常态，防止党员干部因小失大，滑向违法犯罪的深渊。要通过完善省局各项管理制度，完善管人、管钱、管事的制度体系，同时加大制度执行的检查力度，筑牢反腐倡廉防线，着力使党规党纪法律的权威性在全局得到有效维护。

三要强化“一岗双责”。要将《准则》《条例》的学习贯彻时时抓在手上，既做好水文业务，更要抓好党务和纪律教育，全力抓好职责范围内廉政建设和反腐败工作，引导党员、干部自觉地把自己置于党纪法规约束之下，自觉接受组织和广大群众的监督，明明白白做事，干干净净做人，努力做信念坚定、为民服务、勤政务实、敢于担当、清正廉洁的干部。

同志们，当前正是年末岁初，各项工作都非常繁忙，这次动员会后，希望各局、机关各处室要结合年终总结考核工作，精心组织，认真部署，切实把学习宣传《准则》和《条例》作为当前一项重要任务抓紧抓好，推动学习宣传《准则》和《条例》专项教育活动在全局扎实深入开展，努力营造廉洁从政、勤政为民、干净干事的浓厚氛围，为促进水文事业发展集聚强大的正能量。

（杨汉明）

下大力气加强党建和精神文明建设为水文改革发展提供思想保障与精神动力

——在全局党建暨精神文明建设工作会上的讲话

（2016 年 5 月 25 日）

这次党建暨精神文明建设工作会议是继全省水文工作会议和党风廉政建设工作会议之后召开的一次十分重要的会议。

下面，我再讲几点意见，请大家一并抓好贯彻落实。

第一，提高认识，加强领导，切实增强做好全局党建和精神文明建设的责任感和使命感。党的十八大以来，党中央高度重视党建和精神文明建设，习近平总书记多次就党建和精神文明建设发表重要论述，做出一系列重大战略部署，强调“党要管党，首先是管好干部；从严治党，关键是从严治吏”。强调实现中华民族伟大复兴的中国梦，物质财富要极大丰富，精神财富也要极大丰富，要求锲而不舍、一以贯之抓好社会主义精神文明建设。近年来，随着国家加大对水文事业的投入，水文基础设施建设迎来了大好发展机遇，“十二五”期间，累计新建和改造各类水文监测站点 1958 处，水资源监测站点 237 个，水文在我省“用水总量、万元工业增加值用水量、农田灌溉水有效利用系数、重要江河湖泊水功能区水质达标率、水源地饮水安全达标”五项考核目标实现话语权等，在新形势和新任务面前，水文工作任务艰巨、责任重大。加强党建和精神文明建设，武装思想，提高素质，激励广大水文干部职工抢抓机遇、主动作为，凝心聚力、攻坚克难，显得更加迫切、尤为重要。从干部队伍建设看，随着社会结构深刻变动和思想观念深刻变化，社会治理和意识形态领域形势日趋复杂，社会公众思想意识和价值取向更趋多元，水文干部队伍建设面临新形势、新问题、新挑战，必须充分发挥党建和精神文明建设引导人、鼓舞人、激励人的作用，弘扬主旋律、传播正能量、树立新风尚、提振精气神，着力打造一支信念坚定、为民服务、勤政务实、敢于担当、清正廉洁的水文干部队伍。

全省水文系统各级党组织必须坚持“虚功实做”，加强组织领导，大兴求实、务实、落实之风，以抓铁有痕、踏石留印的精神做好各项工作。要坚持两手抓、两手硬，切实把党建和精神文明建设与水文中心工作一起谋划、一起部署、一起推进。完善党组织统一领导、有关部门各负其责、党员干部积极参与的领导体制和工作机制，把各方面资源统筹好、运用好，形成协同配合、合力推进的工作格局。全局各单位要围绕省局党委提出的“2016年党建工作安排意见”和“2016年精神文明建设工作要点”，以新发展理念为指导，理清发展思路，明确目标任务，把握工作规律，注重落细落小落实，使水文党建和精神文明建设与水文中心工作相衔接、相融合、相配套。要切实把思想和行动统一到省委和厅党组的决策部署上来，进一步增强责任感和使命感，奋力开创水文党建和精神文明建设工作新局面。

第二，坚定信念，强化举措，紧紧围绕“四个全面”战略布局开展党建和精神文明建设。以习近平同志为总书记的党中央提出并形成全面建成小康社会、全面深化改革、全面依法治国、全面从严治党“四个全面”战略布局，明确了实现中华民族伟大复兴中国梦的路线图。我们要紧紧围绕“四个全面”战略布局推进水文党建和精神文明建设，加强理念宣传阐释，加强形势政策教育，加强热点难点引导，切实做好统一思想、凝聚共识、坚定信心、汇聚力量的工作，努力把省委和厅党组的战略部署转化为水文干部职工的自觉行动。一要结合“两学一做”专题教育，深入学习习近平总书记系列重要讲话精神，坚持不懈地进行中国特色社会主义宣传教育，始终把深化党的基本理论、基本路线、基本纲领、基本经验、基本要求作为重要政治任务来抓，引导广大水文干部职工自觉坚定道路自信、理论自信、制度自信，自觉用科学理论武装头脑、指导实践、推动工作，做中国特色社会主义的坚定信仰者、忠实践行者和坚强捍卫者。二要深入开展学习贯彻《党章》《准则》和《条例》专题教育活动，积极参加厅直属机关党委“学准则、守条例、做表率”主题教育活动，坚持把纪律建设摆在突出位置，坚持纪严于法、纪在法前，教育引导党员干部养成纪律自觉，严守六大纪律和八项规定，筑牢拒腐防变思想道德防线。认真贯彻落实中央八项规定和省委《实施意见》，严肃查纠违反八项规定的问题，着力构建加强作风建设的长效机制，加强对党员干部作风建设的监督检查。三要把培育和践行社会主义核心价值观贯穿于水文精神文明建设全过程。要创新载体，广泛搭建便于水文干部职工做公益、行善举的良好平台，发挥好“文明水文站标兵”“文明水文站”“敬业爱岗身边好人”等先进和道德模范作用，让“见贤思齐、见不贤而自省”成为一种习惯，进而形成向先进看齐、向好人学习的氛围。不断推进水文诚信体系建设、弘扬和传承水文人多年来形成的艰苦朴素、爱岗敬业、认真负责、默默奉献的优良传统，努力形成人人践行社会主义核心价值观的生动局面，推动形成全局自觉学习践行社会主义核心价值观的热潮。四要深入开展形式多样的道德实践活动，大力推进社会公德、职业道德、家庭美德和个人品德教育，倡导勤劳节俭、遵德守礼、孝老敬老的文明风尚，积极参与各类道德模范、身边好人、最美人物评选表彰和学习宣传活动，用先进事迹教育群众，用凡人善举感召群众，用榜样力量带动群众，引导干部职工不断增强价值判断力和道德责任感。今年水利厅文明委已下发通知，在水利系统干部职工中开展“践行核心价值观，争做最美水利人”主题活动，省局将要下发通知安排部署，希望各市水文局要高度重视，积极参与，真正把扎根基层、热爱水文、吃苦耐劳、敬业奉献的同志推荐上来，发挥先进典型的辐射带动作用，为水文事业发展凝聚起强大的正能量。

第三，高度重视，精心部署，认真搞好全局党员管理积分制工作。推行党员管理积分制，是贯彻落实全面从严管党治党要求、学习推广基层党建工作经验、巩固“固本强基”工程和提高党员管理科学化水平的重要举措，是党员管理的一项日常性工作，意义重大，影响深远。前不久，省委书记娄勤俭在全省“两学一做”学习教育动员会上特别强调，要结合不同地区、领域、行业实际，全面推行党员承诺制、服务群众代办制、积分制管理、党员先锋岗等党建创新经验，设计不同实践载体，开展创先争优，把党员发挥先锋模范作用落到实处。今天我们召开会议，动员部署党员管理积分制工作就是一项重要内容，同时实行党员管理积分制也是今年党建的一项重要工作，希望各市水文局党（总支）支部、机关各党支部要高度重视，精心部署，一定要充分认识推行党员积分制管理的重大意义，将其纳入党建工作整体布局，摆上突出位置，列入重要议事，精心组织实施，稳步扎实推进，确保党员管理积分制工作真正取得实效。一要加强领导，健全机制。各市水文局党（总支）支部、机关各党支部要把党员积分制管理作为约束党员行为、加强党员党性修养的重要手段，务必引起高度重视，将其与正在开展的“两学一做”学习教育、创先争优活动结合起来，尽快制订完善方案，全力以赴抓好落实。各市水文局党（总支）支部要确定领导分管此项工作，落实主抓部门，各党支部负责人作为党员积分制管理工作的直接责任人，要亲自部署、经常督办，充分发挥好表率作用，推动扎实有效开展。要严格操作程序，对党员日常积分考核、民主评议以及不合格党员处置等关键环节，全程指导，严格把关，建立健全长效机制，逐步实现积分管理制度化、考评标准具体化、评定等级民主化、活动档案规范化等“四化”工作目标。二要广泛宣传，积极动员。各市水文局党（总支）支部、机关各党支部，要迅速召开党员大会，组织学习省局党委下发的《关于转发省直机关工委〈关于在省直机关全面推行党员管理积分制工作的指导意见〉的通知》和《省水文局党员管理积分制实施细则》，要通过召开动员会、举办宣传栏等形式深入宣传开展党员管理积分制的目的意义和具体内容，组织党员认真学习党员管理积分内容和标准，使每一名党员在思想上引起重视，行动上积极参与，工作上主动配合。三要统筹兼顾，扎实推进。要把党员管理积分制与完成部门年度目标任务结合起来，与职工年度考核结合起来，与正在开展的“两学一做”学习教育和党员的日常教育、管理、服务、监督结合起来，明确目标，求实负责，相互促进，形成合力，推进党员管理积分制工作在全局扎实深入开展。

同志们，踏实、不搞花架子，是习近平总书记对陕西干部群众的殷切期望，是解放思想、实事求是的生动实践，是为人做事、推进工作的基本态度。让我们在水利厅党组的领导和支持下，全面贯彻落实习近平总书记关于党建和精神文明建设一系列讲话精神，坚持低调务实不张扬、埋头苦干水文人的秉性，结合“两学一做”学习教育，扎扎实实做好党建和精神文明建设各项工作，努力建设一支“讲政治、有信念，讲规矩、有纪律，讲道德、有品行，讲奉献、有作为”的合格党员队伍，为推动水文改革发展促进作风转变、完成今年水文各项目标任务提供坚强的思想保证和强大的精神动力。

（杨汉明）

增强党性党纪观念 争做“四讲四有”党员

——在陕西省水文局纪念建党95周年活动上的专题党课

（2016年6月30日）

我们怀着十分喜悦的心情迎来了伟大的中国共产党95周年生日，在此，我代表陕西省水文局党政领导班子向全局广大共产党员致以节日的问候！

抚今追昔，1921年7月，中国共产党在南湖一条小船上诞生了，党开始托起苦难的旧中国扬帆起航，从此中国的命运、中华民族的命运与中国共产党风雨同舟。弹指一挥间，95年过去了，神州大地发生了翻天覆地的变化。这95年，是我们党探索救国图强真理、开辟民族独立和民族振兴道路的95年；是我们党不断发展壮大、以实际行动和辉煌业绩赢得人民群众拥护的95年。95年来，我们党始终坚持把马克思主义与中国革命、建设、改革实践相结合，相继创立了毛泽东思想、邓小平理论、“三个代表”重要思想、科学发展观和习近平系列重要讲话，在这些一脉相承的光辉思想指引下，党团结和带领全国各族人民，经过艰苦卓绝的革命斗争和气势恢宏的现代化建设，实现了民族独立和人民解放，建立了社会主义基本制度，开创了中国特色社会主义事业的新局面，取得了举世瞩目的辉煌成就，使我们国家走上了科学发展、和谐发展的新征程。追忆革命斗争的峥嵘岁月，回首建设历程的艰难探索，显著增强的综合国力、日渐提升的国际地位、不断改善的人民生活，无可辩驳地证明：我们的党是伟大的、光荣的、正确的马克思主义政党，是勇于变革、勇于创新，不断开拓进取、与时俱进的党；是具有强大战斗力，久经考验，能够战胜困难和风险的党；是忠实实践科学发展观，代表最广大人民群众的根本利益，为民谋利、造福人民的党。

为了庆祝建党95周年，最近，全局各级党组织举行了形式多样的纪念活动，省局机关组织两批党员赴延安接受革命传统和延安精神教育，先后参观了当年习总书记插队的梁家河村和延安革命纪念馆并举行了重温入党誓词活动，各市水文局党（总支）支部相继先后组织党员到陕甘边革命根据地照金纪念馆、习仲勋陵园、川陕革命根据地南郑纪念馆等红色根据地接受革命传统教育。通过这一系列活动，使我们党员受到了一次深刻的革命传统和理想信念教育，广大党员纷纷表示要继承和发扬革命老前辈的光荣传统和艰苦奋斗精神，珍惜来之不易的幸福生活，深入学习，努力工作，发挥党员先锋模范带头作用，争做合格党员。我坚信，参观学习后必将使全体党员对我们伟大的党带领全国人民实现中华民族伟大复兴更加信赖，对水文事业发展的责任心和事业感会进一步增强，激发全局广大党员的工作热情和干劲，为搞好今年汛期水文测报工作和完成今年各项工作任务产生强大的正能量。

按照水利厅“两学一做”学习教育安排部署，全局召开了动员会并进行了为期三天的学习研讨，省局制定下发了《关于开展“两学一做”学习教育推动改革发展促进作风转变基础专题行动安排意见》。目前，“学党章党规、学系列讲话，做合格党员”的学习教育正在全局有序开展。

为了更好地促进“两学一做”学习教育深入持续开展，在党的生日来临之际，今天，利用这个机会，结合自己对党章党规和系列讲话的学习理解和如何做一名合格党员，给党员上一次专题党课，重点谈一些自己的认识与体会。不妥之处，请大家批评指正。

一、深刻认识开展“两学一做”学习教育的重要意义，把思想和行动统一到中央部署上来

在全党开展“学党章党规、学系列讲话，做合格党员”学习教育，是面向全体党员深化党内教育的重要实践，是推动党内教育从“关键少数”向广大党员拓展、从集中性教育向经常性教育延伸的重要举措，是加强党的思想政治建设的重要部署，是协调推进“四个全面”战略布局特别是推动全面从严治党向基层延伸的有力抓手。深刻认识“两学一做”学习教育的重要意义，把握其承载的时代使命和党建价值，对推动这项工作落实落细、取得实效，至关重要。

“两学一做”学习教育，重在把思想建设放在首位，以用习近平总书记系列重要讲话精神武装全党为根本任务，解决党员干部马克思主义世界观和发展中国特色社会主义的思想基础问题。

把思想建设放在首位，着重从思想上建党，是我们党的一条宝贵经验，也是一大政治优势。我们党在思想建设方面有两个显著特点：一是坚持以马克思主义为指导，坚持实事求是的思想路线，针对不同历史时期的形势和任务，不断推进马克思主义与中国具体实践相结合，形成了回应和解答不同时代问题的理论成果——毛泽东思想、邓小平理论、“三个代表”重要思想和科学发展观等；二是牢牢抓住思想建设不放松，始终用马克思主义中国化的最新理论成果武装全党，把握时代脉搏，倾听时代声音，解决时代问题。这是我们党在长期革命、建设和改革的伟大实践中不断取得辉煌成就的重要法宝。

党的十八大以来，以习近平同志为总书记的党中央，毫不动摇地坚持和发展中国特色社会主义，勇于实践、善于创新，深化了对共产党执政规律、社会主义建设规律、人类社会发展规律的

认识，形成了一系列治国理政的新理念新思想新战略，是马克思主义中国化的最新成果，为在新的历史起点上实现“两个一百年”奋斗目标、实现中华民族伟大复兴的中国梦提供了基本遵循和强大思想武器。开展“两学一做”学习教育的根本任务，就是学好党章党规、学好习近平总书记系列重要讲话，用习近平总书记系列重要讲话精神武装全党，为党在思想上政治上行动上的团结统一夯实基础。

认真学习习近平总书记系列重要讲话，一是要系统学习习近平总书记关于改革发展稳定、内政外交国防、治党治国治军的重要思想，深入领会系列重要讲话的丰富内涵和核心要义，更好地把思想和行动统一到讲话精神上来。二是要深入领会贯穿于其中的马克思主义立场、观点和方法。三是要同学习马克思列宁主义、毛泽东思想、邓小平理论、“三个代表”重要思想、科学发展观结合起来，准确把握党的科学理论既一脉相承又与时俱进的内在联系。

“两学一做”学习教育，重在引导党员明确政治目标，强化政治意识，保持政治本色，坚决同以习近平同志为总书记的党中央保持高度一致，解决保持先进性和确保党的集中统一问题。

党的建设必须密切联系党的政治路线和政治建设来进行，必须贯穿在党的政治工作中来落实，这也是我们党的一条宝贵经验。毛泽东同志早在 1939 年《〈共产党人〉发刊词》中，就详细论述了党的建设与政治路线的关系。他指出，党的建设过程，党的布尔什维克化的过程，是这样同党的政治路线密切地联系着。

党的十八大以来，以习近平同志为总书记的党中央，以非凡的政治和理论勇气，高举中国特色社会主义的伟大旗帜，围绕治国理政新的实践，提出了一系列新理念新思想新战略，制定和出台了一系列切合实际的方针政策。加强党的建设，需要与贯彻治国理政新理念新思想新战略，落实好党的路线方针政策结合起来，这就要切实增强广大党员的政治意识、大局意识、核心意识、看齐意识，自觉在思想上政治上行动上同以习近平同志为总书记的党中央保持高度一致。这样才能使我们党更加团结统一、坚强有力，永远保持先进性；才能使党的路线方针政策得到更好的贯彻落实，进而转化为不断开创中国特色社会主义事业新局面的强大力量。

基于这样的政治使命推进"两学一做"学习教育，一是要引导党员干部坚定共产主义理想，坚定社会主义的政治方向，增强中国特色社会主义的道路自信、理论自信、制度自信。二是要引导党员干部主动向党中央看齐，坚决同以习近平同志为总书记的党中央保持高度一致。三是要引导党员干部提高政治素养，增强主动性和自觉性，做坚定的党的理论和路线方针政策的宣传者、执行者和推动者。

"两学一做"学习教育，重在引导党员增强组织观念，强化组织纪律，把全面从严治党落实到每个支部、每名党员，真正解决党要管党的组织基础问题。

严密的组织性和严格的纪律性，是马克思主义政党建设的一个显著特色。马克思、恩格斯把正义者同盟改造成共产主义者同盟，首先是从建立同盟组织章程，确立严密的组织原则入手的。列宁在创建布尔什维克党的过程中，不仅强调党员必须参加严格的组织生活，而且要求全党必须建立并遵守铁一般的纪律。中国共产党在革命、建设和改革进程中，用自身建设和发展的事实，提炼并验证了"加强纪律性，革命无不胜""纪律是执行路线的保证"的真理性认识。

党的十八大以来，习近平总书记在总结我们党取得巨大成就的同时，认真分析了我们党面临的挑战和问题并指出，这些年来，在一些地方和单位，"四风"问题越积越多，党内和社会上潜规则越来越盛行，政治生态和社会环境受到污染，根子就在从严治党没有做到位。有些地方和单位看起来党在管党治党，但没有管到位上，没有严到份上。他告诫全党，我们这么大的党、这么多党组织和党员，如果都各行其是、自作主张，想干什么就干什么，想不干什么就不干什么，那是要散掉的。加强党的建设，必须进一步严密党的组织体系、严肃党的组织生活、严格党员教育管理、严明党建工作责任制，把全面从严治党落实到每个支部、每名党员，引导广大党员进一步树立清风正气，严守政治纪律、政治规矩。这样，才能为协调推进“四个全面”战略布局、贯彻落实“五大发展理念”提供坚强组织保证。

开展“两学一做”学习教育，把全面从严治党落实到每个支部、每名党员，一是要把合格的党组织和党员的标尺立起来，把党员干部做人做事的底线划出来，把党员的先锋形象树起来，坚定党员干部的理想信念。二是要认识到“两学一做”学习教育不是一次活动，要突出正常教育，依托“三会一课”等党的组织生活制度，发挥党支部自我净化、自我提高的主动性，真正把党的思想政治建设抓在日常、严在经常。三是要针对新情况新问题严肃党内政治生活，以改革创新精神补齐制度短板，真正使党的组织生活、党员教育管理严起来、实起来，真正体现习近平总书记提出的“思想建党与制度治党相结合”的要求。

“两学一做”学习教育，重在引导党员干部把党的先进性体现在全心全意为人民服务的实际行动中，融入群众、融入工作，真正解决发挥基层战斗堡垒和党员先锋模范作用问题。

马克思、恩格斯早在1848年的《共产党宣言》中就对共产党人的本质特性进行了明确的界定并指出，在理论方面，他们了解无产阶级运动的条件、进程和一般结果；在实践方面，共产党人是各国工人政党中最坚决、始终起推动作用的部分。理论上的先进性和实践中的行动性相统一，是共产党人的基本特征。晚年的马克思，更加注重党的先进性在实践层面的体现，他在《哥达纲领批判》中的一句名言“一步实际行动胜过一打纲领”，说的就是这个道理。毛泽东同志在谈到党员加强党性修养时指出，扫帚不到，灰尘照例不会自己跑掉，说的也是实际行动的重要性。邓小平同志讲，不干，半点马克思主义都没有，强调的也是党的先进性的实践意义。

党的十八大以来，习近平总书记提出，要发扬理论联系实际的马克思主义学风，带着问题学，拜人民为师，做到干中学、学中干，学以致用、用以促学、学用相长；我们的干部要上进，我们的党要上进，我们的国家要上进，我们的民族要上进，就必须大兴学习之风，坚持学习、学习、再学习，坚持实践、实践、再实践。前不久，习近平总书记对“两学一做”学习教育做出重要指示，强调“‘两学一做’学习教育，基本在学，关键在做”，这个“做”的核心要义就在于共产党人要把党的先进性实践出来、表现出来，转化成共产党人的具体行动。

二、正确认识党员队伍存在的一些问题，努力争做“四讲四有”的合格党员

中央要求，要着眼党和国家事业的新发展对党员的新要求，坚持以知促行。近年来，我们通过开展党的群众路线教育实践活动和“三严三实”专题教育，党员队伍总体上思想素质显著提高，党性意识明显增强，先锋作用较好发挥。但是，我们应该清醒地看到，在一些少数党员中或多或少还存在一些问题，应该引起我们的高度重视，更重要的是，要通过这次“两学一做”学习教育把存在的问题很好地加以解决。

共产党员要做到讲政治、有信念。习近平总书记指出，我们党作为马克思主义政党，讲政治是突出的特点和优势。理想信念是共产党人安身立命的根本，是共产党人精神上的“钙”。党员合格不合格，首先要看信仰坚定不坚定。作为一名党员，树立社会主义和共产主义的理想信念是第一位的。共产党人是用特殊材

料制成的，首先就特殊在有坚如磐石的政治信念上。开展“两学一做”学习教育，要着力解决一些党员理想信念模糊动摇的问题，主要是对共产主义缺乏信仰，对中国特色社会主义缺乏信心，精神空虚，热衷于组织、参加封建迷信活动，推崇西方价值观念等。革命理想高于天。衡量一名共产党员是否具有坚定的理想信念，客观标准就是看他能否全心全意为人民服务，能否吃苦在前、享受在后，能否勤奋工作、廉洁奉公，能否为理想而奋不顾身去拼搏奋斗。联系水文实际，就是能否有大局意识、自觉维护和谐团结的大好局面，能否遵守党章、在各项工作中发挥模范带头作用，能否任劳任怨、本职工作岗位上争创一流业绩。因此，一切迷惘迟疑的观点，一切及时行乐的思想，一切贪图私利的行为，一切无所作为的作风，都要坚决克服。

共产党员要做到讲规矩、有纪律。习近平总书记指出，我们党是靠革命理想和铁的纪律组织起来的马克思主义政党，纪律严明是党的光荣传统和独特优势。当面临的问题越复杂、肩负的任务越艰巨，就越要加强纪律建设。像我们这样有 8700 多万党员的大党、老党，不讲纪律、纪律涣散，必然是一盘散沙，谈不上创造力、凝聚力、战斗力。开展“两学一做”学习教育，要着力解决一些党员党的意识淡化问题，主要是看齐意识不强，不守政治纪律、政治规矩，在党不言党、不爱党、不护党、不为党，组织纪律涣散，不按规定参加党的组织生活，不按时交纳党费，不完成党组织分配的任务，不按党的组织原则办事等。事实证明，纪律和作为并不矛盾，真正有作为、有大作为的人，都是有纪律、讲规矩的人。严明党的纪律，首要的是严明政治纪律，决不允许在群众中散布违背党的理论和路线方针政策的意见，决不允许公开发表同中央的决定相违背的言论，决不允许对中央的决策部署阳奉阴违。

共产党员要做到讲道德、有品行。中国共产党是一个保持高尚道德情操、具有伟大人格力量的党。习近平总书记强调，继承和发扬中华优秀传统文化和传统美德，广泛开展社会主义核心价值观宣传教育及引导人们讲道德、尊道德、守道德，追求高尚的道德理想，不断夯实中国特色社会主义的思想道德基础。开展“两学一做”学习教育，要着力解决一些党员道德行为不端的问题，主要是违反社会公德、职业道德、家庭美德，不注意个人品德，贪图享受、奢侈浪费等。要教育引导广大党员加强党性锻炼和道德修养，心存敬畏、手握戒尺，廉洁从政、从严治家，筑牢拒腐防变的道德防线。

共产党员要做到讲奉献、有作为。甘于奉献是共产党人的崇高品德。习近平总书记指出，我们共产党人讲奉献，就要有一颗为党为人民矢志奋斗的心。开展“两学一做”学习教育，要着力解决一些党员宗旨意识观念淡薄的问题，主要是利己主义严重，漠视群众疾苦、与民争利、占小便宜、吃拿卡要、假公济私、损害群众利益，在人民群众生命财产受到威胁时临危退缩等；着力解决一些党员精神不振的问题，主要是工作消极懈怠，不作为、不会为、不善为，逃避责任，不发挥先锋模范作用等。要教育引导党员自觉按照党员标准规范言行，进一步增强宗旨意识，保持公仆情怀，用于担当作为，时时处处体现先进性。广大党员一定要增强光荣感、责任感和使命感，始终保持干事创业的精气神，发扬和传承水文人低调务实不张扬、勤奋敬业做奉献的秉性，平常时候看得出来，关键时刻冲得上去，为水文事业健康快速发展和水文现代化建设贡献力量，用实际行动为党的形象增光添彩。

三、发挥党员先锋模范作用，为水文事业发展贡献力量

开展“两学一做”学习教育，基础在学，关键在做。就是要在深入学习基础上，将自身的思想和行为与党章党规和系列讲话的要求相对照，不断发现问题、解决问题。近年来，随着国家加大对水文事业的投入，水文基础设施建设迎来了大好发展机遇，

“十二五”期间，累计新建和改造各类水文监测站点1958处，水资源监测站点237个，水文监测任务大幅增加，同时人员由于老同志相继退休而逐年减少，在这样的形势和任务面前，水文工作任务艰巨、责任重大。因此，我认为开展“两学一做”学习教育，对于统一全局党员思想、转变工作作风、增强党员责任心、发挥党员先进性，推进水文各项工作顺利开展有着重要的现实意义。

开展“两学一做”学习教育，联系我们水文实际，就是要求我们每一名党员从以下几方面做起。

（1）讲规矩、守纪律，严格要求自己。每一位党员干部都要树立法律意识和法治思维，时刻按照“三严三实”和“新时期好干部标准”严格要求自己，一切在规矩的框架下工作生活。一要守政治规矩。特别是党员和领导干部，要对党绝对忠诚，同党中央保持高度一致，自觉维护党的团结，遵守组织纪律，服从组织安排。二要守纪律规矩。规章制度是每名干部的行为规范，中央八项规定有了宏观的指导，框架很清晰。党员干部一定要认真贯彻执行，要把纪律约束培养成一种习惯，把习惯锻造成一种素养。三要守工作规矩。党的群众路线教育实践活动后，省局相继修订完善了有关制度和规定，党员干部要带头遵守。工作中要有激情，带着激情和感情去开展工作，办事不多事，帮忙不添乱，要重细节，始终坚持高标准，推进工作上层次、上水平。四要守生活规矩。工作中有纪律约束，生活中有道德约束，作为一名党员干部，要是非分明，讲原则，识大体，知道哪些事该做、哪些事能做；哪些事不该做、哪些事不能做。要追求一种健康的生活方式，远离低级趣味。

（2）履职尽责，勤奋敬业，要勇于担当实干。实干是对党员干部履职尽责的基本要求。如何实干？我觉得要做到以下三点：第一，要保持良好的精神状态。作为党员干部特别是领导干部，要对自己的岗位心存敬畏，如履薄冰，尽职尽责。要有新的目标和标准，要勇于在分管领域争当第一。面对困难和挑战，要勇于承担，勇于面对，敢打敢拼，攻坚克难，在困难情况下对水文事业发展要有足够的信心，做好表率，带好头，要以奋发有为、只争朝夕的精神面貌去干好每一项工作。第二，要坚持工作有创新。工作思路是否清晰，思想是否解放，对工作的指导意义都会大不相同，所以我们干部要了解自己的工作，理清自己的工作，明确工作思路，把握大方向，修正小偏差，适时创新开展工作，这样才能确保工作有条不紊地开展，也会取得预期效果。第三，要确保工作有质量。新常态下，水文工作领域拓展了，任务加重了，标准提高了，这就要求我们全体党员同志必须要有强烈的事业责任心，良好的精神面貌，扎实的工作作风，踏踏实实地做好每项工作，实实在在落实每项任务，强化担当意识，确保各项工作高质量完成。

（3）强化学习，增长本领，不断提高工作能力。干好本职工作，争做合格党员，必须要有过硬的本领和一定的工作能力来支撑，过硬的本领和超强的工作能力来自于不断勤奋学习。不学习、不提高，我们就要落后，就要被快速发展的形势所淘汰，每一名党员承诺搞好本职工作、争做合格党员也将会成为一句空话。因此，希望全体党员要有紧迫感和危机意识，不断增强学习业务、学习现代科技、学习新仪器新设备操作使用等知识的自觉性，要通过学习不断丰富知识、增长本领，在学中干，在实践中不断探索和提高自己，真正使每一名党员成为所从事工作的行家里手，为完成工作任务、争做合格党员奠定坚实的能力基础。

（4）保持党员先进性，发挥党员先锋模范作用。水文事业能不能快速发展，水文“十三五”规划和测报各项工作任务能否顺利完成，我认为保持党员先进性，发挥党员先锋模范作用至关重要。目前，全局有在职共产党员 265 名，只要每一名党员都能够保持先进性，更好地发挥党员先锋模范作用，我相信，水文事业就会快速发展，“十三五”规划制定的目标任务和水文测报工作任务也一定会顺利完成。因此，我这里强调全局共产党员要做好以下五个方面：一要保持共产党员先进性，必须坚持用科学理论武装头脑，不断提高思想文化素质。二要保持共产党员先进性，必须胸怀共产主义远大理想，坚定不移地带头执行党和国家现阶段的各项政策。三要保持共产党员先进性，必须强化宗旨意识，诚心诚意为人民群众谋利益，始终保持同人民群众的血肉联系。四要保持共产党员先进性，必须遵守党纪国法，保持清正廉洁，坚决抵制歪风邪气，带头弘扬昂然正气和社会主义道德风尚。五要保持共产党员先进性，必须要强化责任和担当意识，吃苦在前，勇挑重担，各项工作走在前列。

同志们，水文事业发展面临的任务十分艰巨，全局党员肩负的使命非常光荣。我们一定要按照省委和厅党组的安排部署，统一思想，提高认识，狠抓落实，努力工作，推进“两学一做”学习教育在全局扎实有效开展，凝聚正能量，提振精气神，为水文事业快速发展和完成今年各项目标任务而努力奋斗！

谢谢大家！

（杨汉明）

学习好贯彻好十八届六中全会精神 严于律己自觉遵守《准则》和《条例》各项规定

——学习十八届六中全会精神体会

（2016年11月11日）

党的十八届六中全会结束后，我们及时举行局中心组成员学习六中全会公报，深刻学习和把握六中全会精神主要内容和精神实质，全会通过的《关于新形势下党内政治生活的若干准则》（以下简称《准则》）和《中国共产党党内监督条例》（以下简称《条例》）刊登后，自己系统地进行了学习。连日来，通过参加中心组和党支部组织的集体学习以及自学，使自己对六中全会精神有一个基本了解，学习后感触颇深、收获很大。

一、深刻认识和把握六中全会的重大意义

党的十八届六中全会，是在中国共产党成立95周年、红军长征胜利80周年的历史节点，在全面深化改革、决胜全面小康关键时刻，召开的一次十分重要的会议。全会充分肯定了党的十八届五中全会以来中央政治局的工作，高度评价全面从严治党取得的成就。全会全面分析党的建设面临的形势和任务，系统总结近年来特别是党的十八大以来全面从严治党的理论和实践，就新形势下加强党的建设做出新的重大部署，充分体现了党中央坚定不移推进全面从严治党的坚强决心和历史担当，体现了全党的共同心声，对确保党始终成为中国特色社会主义事业的坚强领导力量，

对统筹推进“五位一体”总体布局和协调推进“四个全面”战略布局，更好地进行具有许多新的历史特点的伟大斗争、推进党的建设新的伟大工程、推进中国特色社会主义伟大事业，实现中华民族伟大复兴的中国梦，意义重大、影响深远。

全会专题研究全面从严治党，是党中央着眼于“四个全面”战略布局做出的整体设计，是党中央治国理政方略的深度推进，全会审议通过的《准则》和《条例》实现了党内政治生活的党内监督制度化、规范化、程序化，为确保党始终成为中国特色社会主义事业的坚强领导核心提供了有力保证，全会正式提出“以习近平同志为核心的党中央”，反映了全党全军全国各族人民的共同心愿，是党和国家根本利益所在，是坚持和加强党的领导的根本保证，是坚持和发展中国特色社会主义伟大事业的迫切需要，对维护党中央权威、维护党的团结和集中统一领导，对全党全军全国各族人民更好地凝聚力量抓住机遇、战胜挑战，对全党团结一心、不忘初心、继续前进，对保证党和国家兴旺发达、长治久安，具有十分重大而深远的意义。

二、坚持用六中全会精神武装思想、指导实践

近日，中共中央办公厅发出通知，强调学习宣传贯彻党的十八届六中全会精神，是当前和今后一个时期全党全国的重要任务。我作为单位主要领导，要积极响应中共中央和省委通知精神，要以高度的政治责任感和使命感，认真学习好宣传好贯彻好党的十八届六中全会精神，真正把全局干部职工思想和行动统一到全会精神上来，推动学习宣传贯彻活动在我省水文系统深入开展。

一要进一步增强核心意识和看齐意识。自己作为一名党员，特别是作为一名领导干部，要进一步增强“四个意识”，特别是核心意识和看齐意识，紧密地团结在以习近平同志为核心的党中央周围，坚定地维护以习近平同志为核心的党中央权威，自觉地

在思想上政治上行动上同以习近平同志为核心的党中央保持高度一致，扎实地把党的十八届六中全会精神和中央各项部署落到实处，为实现中华民族伟大复兴的中国梦，为陕西水文现代化建设勤奋工作、努力奋斗。

二要深刻领会全会的精神实质。学习贯彻六中全会精神，我认为主要深入学习贯彻习近平总书记重要讲话精神，认真学习《准则》和《条例》，准确把握党中央对当前世情国情党情发展变化的科学分析，准确把握中央对新形势下全面从严治党总体部署，准确把握新形势下加强和规范党内政治生活的根本遵循、重点任务和基本要求，准确把握加强党内监督的核心任务、主要内容、重点对象和保障措施，自觉把思想和行动统一到全会精神上来，切实把全面从严治党部署要求贯穿于水文改革发展的全过程和各项工作之中。

三要高度自觉地把《准则》学习好遵守好。开展严肃认真的党内政治生活，是我们党作为马克思主义政党区别于其他政党的重要特征，是我们党的光荣传统。实践证明，严肃认真的党内政治生活，是我们党坚持党的性质和宗旨、保持先进性和纯洁性的重要法宝，是解决党内矛盾和问题的"金钥匙"，是广大党员、干部锤炼党性的"大熔炉"，是纯洁党风的"净化器"。因此，自己坚定不移地贯彻执行《准则》，坚持党的政治路线、思想路线、组织路线、群众路线，坚定理想信念、坚持党的基本路线、坚决维护党中央权威，遵守党的政治纪律、加强班子团结、维护水文系统来之不易的稳定和谐的大好局面，坚持民主集中制原则、发扬党内民主和保障党员权利、坚持正确的选人用人导向、严格党内政治生活制度、开展批评和自我批评、加强对权力运行的制约和监督，自觉保持清正廉洁和优秀党员干部的政治本色。

四要筑牢夯实全面从严治党责任。全局各级党组织和党员干部要充分认识加强从严治党的重要性和艰巨性，主要领导干部要认真履行全面从严治党的主体责任，切实做到真管真严、敢管敢严、长管长严。要在学习十八届六中全会精神的同时继续组织广大党员干部深入学习习近平总书记系列讲话精神和治国理政新理念新思想新战略，武装思想头脑，坚定理想信念，筑牢共产党人的精神支柱和政治灵魂。要始终坚持把纪律和规矩挺在前面，认真落实中央八项规定精神，坚决反对“四风”，常思贪欲之害、常怀律己之心，自觉加强党性修养，不断增强抵御各种诱惑的警觉性，认真抓好水文系统党风廉政建设和反腐败工作，以零容忍态度惩治腐败，营造全局风清气正、干事创业的良好氛围。

三、积极当好贯彻落实六中全会精神的带头人

当前，要把学习贯彻十八届六中全会精神作为全局干部职工一项重要政治任务，纳入“两学一做”学习教育，高度重视，精心部署，推动六中全会精神在全局扎实深入开展。自己作为主要领导干部，要做好以下三方面工作：

一是思想上严格要求。我将在思想上坚决与党中央保持高度一致，进一步强化措施推动党的十八届六中全会精神在全局深入开展，牢固树立大局意识，禁止出现无大局、无组织、无原则的事件。树立服从意识，服从厅党组安排，不折不扣、不走样、不变形地执行好上级党组织的各项决议。在思想上始终增强党性意识和党性观念，严格用共产党员标准要求自己，真正做到在党言党、在党忧党、在党为党，保持共产党员的清正廉洁、艰苦奋斗的优秀品质，在岗位上始终坚持“干净干事，勇于担当”，时刻以一名合格党员的标准严格要求自己，树立责任意识、团队意识、创先意识。

二是作风上求真务实。求真务实是我们党的优良传统和共产党人应该提倡和具备的政治品格。党中央多次提出并深刻论述了一系列的重要思想和观念，为我们加快发展指明了方向，我要以此为指导，工作中我要紧密联系陕西水文实际，求真务实、真抓

实干、狠抓落实；要脚踏实地、稳扎稳打、善始善终、善做善成，既不能急躁冒进、急于求成，更不能蜻蜓点水、浮光掠影；不要做损害党员干部形象和职工利益的事，要为水文发展出谋划策，为职工利益多干实事，以良好的精神状态和作风，为水文改革发展和单位和谐做出贡献。

三是工作上尽职尽责。作为单位的一把手，我要始终肩负起促进水文发展的重任，当好“领头羊”和掌舵人，面对水文目前任务繁重、人员减少等不利局面，继续坚持“业务立局、人才强局、科技兴局，开放办水文”的发展思路不动摇，强化人员培训，加强能力建设，引进先进设备，担当有为干事，推动水文事业持续健康发展。在工作岗位中，我要牢记责任重于泰山，在位一天，应尽一天的责任，做出一天的成绩。在工作中，要以实际行动忠诚履职，努力在平凡的岗位上，做出不平凡的业绩。作为领导干部，要做到跟大家心往一处想，劲往一处使，坚持做到同心、同向、同步，始终做到“坚持民主，搞好团结，加强协作”，发挥和调动班子成员每位同志工作的积极性、主动性，保证班子团结有力、高效运作。要树立创先意识，在学习中进步，进步中学习，让自己立于不败之地，以高标准、高效率、高水平的工作业绩回报厅党组和广大水文干部职工。

（杨汉明）

强化全面从严治党主体责任
保障水文事业持续健康发展

——在全局党风廉政建设工作会议上的讲话

（2017 年 4 月 14 日）

在全省水文工作会议刚刚结束之际，我们立即召开全局党风廉政建设工作会议，这是贯彻党中央全面从严治党决策部署、落实全国水文党风廉政建设工作座谈会和全省水利系统党风廉政建设工作会议精神的重要安排，是坚持党风廉政建设与水文业务工作同谋划、同部署的具体体现，对保障水文事业持续健康发展具有现实意义。上面，姚胜利同志回顾总结了去年党风廉政建设工作，对今年党风廉政建设工作做出了新的部署，我完全同意。希望各市水文局、机关各处室要结合各自实际，认真抓好贯彻落实。下面，我就进一步加强全局党风廉政建设工作讲几点意见。

一、切实增强做好党建、精神文明和党风廉政建设工作的使命担当

党建、精神文明和党风廉政建设是水文工作的重要组成部分，在水文事业发展中有着武装思想、凝聚力量和提供精神动力以及政治保障作用。因此，全局各级干部，特别是领导干部，要充分认识做好党建、精神文明和党风廉政建设工作的重要性，切实增强做好党建和精神文明以及党风廉政建设工作的使命担当。

第一，加强党建、精神文明和党风廉政建设是水文事业发展的重要保障。近年来，随着最严格的水资源管理制度和中小河流

水文监测系统建设的实施，服务领域不断拓宽，监测站点成倍增加，工作任务不断加大，相反我们的人员在不断减少。因此，我省水文事业发展面临的形势十分严峻，在这样的形势和任务面前，如何进一步统一我们干部职工思想，激发活力，增强干劲，必须要加强党建、精神文明和党风廉政建设。一是用党的理论和习近平总书记系列讲话精神武装党员干部的思想，坚定理想信念，发挥党组织和党员先进性，为促进水文事业发展提供坚强的政治思想保障。二是加强职工社会主义核心价值观和水利行业精神宣传教育，把社会主义核心价值观和精神文明礼仪融入学习工作生活中，并纳入精神文明建设全过程，使之成为党员干部职工的价值追求和自觉行动，努力创建富有活力、风清气正、团结和谐、协调发展的良好氛围。三是按照习近平总书记提出的“信念坚定、为民服务、勤政务实、敢于担当、清正廉洁”新时期好干部的标准，加强干部廉洁从政教育，自觉遵守《关于新形势下党内政治生活的若干准则》和《中国共产党党内监督条例》，认真做到正确对待组织、正确对待权利、正确对待职工，牢固树立正确的世界观、人生观和价值观，使我们每一位干部能够赢得职工信赖和拥护，以更加扎实有力的措施，更加清廉节俭的风气，更加务实高效的作风，全身心投入到今年省局提出的“一巩固、一扩张、二完善、三提高、四加快”重点任务上去。

第二，加强党建、精神文明和党风廉政建设是转变干部作风的需要。水文要发展，必须要有一支勤政廉政和素质过硬的干部队伍作支撑。去年以来，我局按照水利厅党组的安排部署，在全局开展了坚持不懈推动改革发展持之以恒促进作风转变基础专题行动和“两学一做”学习教育，党员干部思想素质明显提高，廉政意识有所增强，全局基层党组织的创造力、凝聚力和战斗力不断增强，广大党员干部的思想作风和工作作风发生了可喜变化。但也要看到，在我们干部队伍中还存在一些不容忽视的问题，有的党员干部思想观念、能力素质、创新思维还不适应新形势新任务的要求。解决好这些问题，就必须加强党建、精神文明和党风廉政建设，通过党建、精神文明和党风廉政建设这一重要举措提高干部思想素质、转变干部作风、凝聚精神力量，为水文事业发展与改革提供坚强的精神动力和思想保障。

第三，正确认识当前反腐倡廉形势，增强反腐败斗争的责任感和紧迫感。习近平总书记明确指出，全党同志要深刻认识反腐败斗争的长期性、复杂性、艰巨性，以刮骨疗毒、壮士断腕的勇气，坚决把党风廉政建设和反腐败斗争进行到底。近年来，随着国家加大对水文的投入，特别是中小河流水文监测系统建设的实施，在项目实施和工程监理以及资金管理与使用中对我们干部也是一个考验。王厅长在水利系统党风廉政建设工作会议上指出，去年以来全省水利系统严肃查处违规违纪问题37件，给予党纪政纪处分10人、诫勉谈话16人。有3个县级水利局长因插手工程建设、收受贿赂被移送司法机关、受到党纪政纪处分等。这些典型的违规违纪案件，给我们的党员干部敲响了警钟，我们一定要从中吸取教训，引以为戒，充分认识到当前做好党风廉政建设和反腐败工作的极端重要性与现实紧迫性，全局各级干部要注重自身修养的提高，不断加强党性锻炼，带头勤政廉政，远离低级趣味，健康生活，快乐工作，自觉抵制不良风气影响。带头执行中央八项规定精神，切实把党规党纪刻印在心、践之于行。

因此，全系统各级干部要从全局和战略的高度，充分认识加强党建、精神文明和党风廉政建设的极端重要性，进一步增强责任感和使命感，采取有力措施，扎扎实实推进，不断开创全局党建、精神文明和党风廉政建设工作新局面。

二、切实履行党风廉政建设主体责任和党建“第一责任”

一要从党内政治生活管起严起。党的十八届六中全会根据

1980年以来36年多党的建设实际，审议通过了《关于新形势下党内政治生活的若干准则》。各级党组织和党员干部都要按照党内政治生活准则和党的各项规定办事，认真学习贯彻《准则》，不断增强“四个意识”，坚决维护习近平同志的核心地位和党中央权威。结合“两学一做”常态化制度化，严格遵守党内政治生活12条准则，准确把握“两个关键”，党要管党必须从党内政治生活管起，从严治党必须从党内政治生活严起，把党内政治生活作为全面从严治党管起严起的必修课。着力夯实“两个责任”，坚持把纪律挺在前面，坚决防止和纠正执行纪律宽松软的问题。突出抓好“关键少数”，紧盯党政主要负责人建立健全问责机制，把失职失察的问责责任传导到单位主要负责人。坚持民主集中制，落实“三会一课”、民主生活会、领导干部双重组织生活、民主评议党员、谈心谈话等制度，开展批评和自我批评，推动党内政治生活制度化、规范化、常态化。真正做到全面从严治党的主体责任丝毫不弱化、风清气正的政治生态丝毫不虚化、敬畏法纪的观念行为丝毫不退化。

二要使党内监督成为制度保障。《中国共产党党内监督条例》是全面从严治党的重要内容和保障。各级党组织要深入学习贯彻《条例》，突出重点内容，重点监督各级领导干部遵守党章党规、维护党中央统一领导、落实从严治党责任以及完成上级党组织和局党委部署的任务等方面的情况。聚焦关键领域，加强重大水文工程、重大项目资金使用等水文工作重点领域和关键环节的廉政风险防控，规范权力运行。狠抓过程监督，事前强化项目前期决策，事中加强督察检查，事后跟踪稽查审计，做到无盲区、全覆盖。加强党员干部日常监管，强化自上而下的组织监督，改进自下而上的民主监督，倡导互帮互助同级监督，自觉接受职工和舆论监督。有效运用监督执纪“四种形态”，对苗头性倾向性问题及时进行约谈函询、诫勉谈话，抓早抓小、防微杜渐，纪挺法前、严管厚爱，把问题消灭在萌芽状态。前置纪律就是干部的最大爱护，纪律管不住了就是法律。进一步建立健全党委全面监督、纪委专责监督、部门职能监督、基层日常监督、党员民主监督的监督体系，加密监督点网，形成监督合力。

三要把中央八项规定精神的落实抓在经常。在中央第十一巡视组来陕开展巡视“回头看”之际，省纪委下发《关于组织开展集中查处违反中央八项规定精神问题工作的通知》，从现在起，利用两个月的时间，集中查处一批违反中央八项规定精神问题。我们一定要认真贯彻上级通知精神，各级领导干部要坚持教育先行，结合本单位实际情况，关注干部职工思想动态，看好门、管好人、尽好责，防患于未然。对“四风”问题和隐身变异的“四风”问题线索，要抓住不放；对不收手不知止、规避组织监督，出入私人会所，组织隐秘聚会等行为一律从严查处。严格按照中央新修订的《关于领导干部报告个人有关事项的规定》和《领导干部个人有关事项报告查核结果处理办法》，如实填写个人事项报告，加大核查及结果运行。教育广大干部职工不能参与赌博以及违规参与“小圈子”“小范围”等活动，弘扬廉政与水文化自信，自觉锤炼高尚道德情操，培养积极向上的情趣爱好，做到系统学习、顺利工作、健康生活。

四要将行业廉政风险防控时常结网筑墙。贯彻落实水利部《关于加强水利基层党风廉政建设的指导意见》、重点领域《廉政风险防控手册》、省水利厅《关于加强中小型水利工程建设管理防范廉政风险的实施意见》等规定，坚持“一岗双责”“一案双查”，完善防控措施，加强水文行业廉政风险防控。按照“无一个漏洞、无一处盲点、无一点疏忽”的要求，重点加强对资金规模大、涉及范围广、与职工利益相关的项目监管，促进水文资金规范高效使用。全面执行项目建设法人责任制、招投标制、建设监理制、合同管理制“四项制度”，特别要严禁各级领导干部插手干预工程建设招投标。加强财务审计，用好稽查层级负责、互查互纠、清单问责“三项机制”，完善水文工程监管和质量工作考核制度，确保水文基础项目设施建设工程安全、资金安全、干部安全、生产安全。

五要把抓好党建作为最大的政绩考量。加强党的建设主要是思想建设、组织建设、作风建设、反腐倡廉建设和制度建设。近期，水利厅党组专门研究了《落实党风廉政建设责任制工作报告制度的实施意见》和《落实党建工作责任制报告制度的实施意见》，党的建设、廉政建设从今年起要求机关处室和厅属单位向党组报告，不断加强党建和党风廉政建设工作的督导，真正担负起新形势下党建的重大政治责任，履行好党建“第一责任人”职责，这一点希望引起我们负责党建工作的领导同志的高度重视。按照水利厅党组要求，从今年起我局各党（总支）支部书记要集中精力抓党建，亲自部署、带头参与、严格督导，真正把思想、组织、作风、反腐倡廉和制度建设各项任务落到实处、抓出实效。抓好党建带工会、共青团和妇女组织建设，深入开展“对标定位、晋级争星”活动，去年省局机关第一党支部、西安水文局机关党支部申报创建“五星级支部”取得显著成效，其余各党支部要积极参加地方党组织开展的各类形式的“晋级争星”创建活动，推动党建工作深入开展；高度重视，严格标准，扎实认真开展党员管理积分制工作，督导落实“三会一课”及过双重组织生活制度，提高全局的党建水平。特别是要结合基层专题行动，按照问题少、班子好、人才多、能力强的目标要求，把党建作为最大的政绩考量。

三、建立长效机制，扎扎实实做好党风廉政建设工作

党的十八大以来，党中央站在前所未有的历史高度，以巨大的政治勇气和责任担当，从转变作风入手，通过铁腕反腐发力，用制度作保障，全面从严治党取得了丰硕的实践成果。不敢腐的

震慑作用充分发挥，不能腐、不想腐的效应初步呈现，反腐败斗争压倒性态势正在形成，极大地提振了党心民心，提升了党的形象。但是，党风廉政建设和反腐败斗争形势依然严峻复杂，全面从严治党任务依然艰巨，这是当前和今后一个时期的重要政治任务。我们要充分认清形势，坚定必胜信心，保持反"四风"、正党风、反腐败、倡清廉的韧劲和定力，深入推进党风廉政建设和反腐败斗争，为全局水文事业科学发展提供坚强保障。

一要切实担负起党组织主体责任。全面从严治党是党章赋予各级党组织的重要政治责任，是义不容辞的主体责任。从党风廉政建设主体责任到全面从严治党主体责任，不只是字面上的变化，更是体现了实践的发展、认识的深化。因此，我们要进一步加强党的领导，保持政治定力，切实担负起全面从严治党的政治责任。一是真抓严管。落实主体责任贵在行动，重在担当。各级党组织要牢固树立"抓好党建是最大政绩"的理念，主要负责同志要将履行主体责任当作分内之事、必担之职，做到重点工作亲自部署、重大问题亲自过问、重点环节亲自协调、重要案件亲自督办。坚持"党政同责""一岗双责"，党（总支）支部书记要履行好党建工作第一责任人的职责，切实把主体责任扛稳抓牢做实。二是全面覆盖。"蝇贪"泛滥，其害如"虎"。在不断加强党的思想建设、组织建设、作风建设、反腐倡廉建设和制度建设的同时，要把抓基层打基础作为固本之举，推动全面从严治党向基层延伸。着力选好"领头雁"，把那些靠得住、有本事、肯干事、群众公认的党员充实到基层党组织书记岗位上。抓两头带中间，抓好"两个覆盖"，不断增强党组织吸引力和凝聚力。三是严格问责。动员千遍，不如问责一次。敢于问责，失责必问应该成为常态。要进一步完善主体责任落实的制度机制，强化、细化、实化责任落实的具体举措，逐级分解责任，把管党治党责任传导给班子每一位成员，确保责任落到实处，对全面从严治党主体责任落实不力的，严肃追究，通报曝光。

二要严明党的纪律规矩。中央纪委提出，全面从严治党，要“把纪律和规矩挺在前面”，这就要求我们必须用纪律思维和纪律方式开展工作。一是把尊崇党章放在首位。党章是党的总章程和根本大法，全面从严治党首在尊崇党章。要加强对维护党章、执行党的路线方针政策和决议情况的监督检查，确保政令畅通。要将学习党章、遵守党章、贯彻党章、维护党章作为自觉行动，内化于心、外化于行。二是把纪律规矩挺在前面。领导干部“破法”者，无不从“破纪”始。必须将纪律作为监督执纪问责的尺子，把严明党的政治纪律和政治规矩作为第一位要求，增强看齐意识，自觉同党中央保持高度一致。认真抓好《中国共产党廉洁自律准则》和《中国共产党纪律处分条例》的贯彻执行，坚持高标准和守底线相结合，用纪律管住全体党员，使党员干部经常校准思想之标，调整行为之舵，绷紧作风之弦。三是把抓早抓小落在实处。小洞不补，大洞难堵，“微腐败”不加管制就会变成“大祸害”。严管就是厚爱，要通过谈心谈话、约谈函询、咬耳扯袖等形式，抓早抓小，防微杜渐。

三要强化纪检监督责任。纪检监察部门要紧紧围绕监督执纪问责、实践“四种形态”，持续深化“三转”。一是深刻认识“四种形态”，力推全面从严治党。正确运用好监督执纪“四种形态”，要让咬耳朵、扯袖子、红红脸、出出汗成为常态；让党纪政纪轻处分、组织调整成为大多数；重处分、重大职务调整的是少数；严重违纪涉嫌违法立案审查的只是极少数。“四种形态”是对执纪监督工作职责的准确定位。为此，纪检监察部门必须进一步明确职责定位，聚焦主业主责，把握好政策界限，处理好“树木”与“森林”的关系，避免“好同志”沦为“阶下囚”。二是准确运用“四种形态”，打好执纪监督“组合拳”。注重源头治理。要把纪律和规矩挺在前面，抓早抓小，动辄则咎。发现苗头及时提醒，触犯纪律及时处理。强化对党员干部日常行为的监督检查，要常“咬耳朵”“扯袖子”，甚至“大喝一声”“猛击一掌”，避免小“苍蝇”长成大“老虎”。既要善于运用廉政提醒、诫勉谈话、通报批评等方式，又要准确采用纪律处分、组织处理等手段，真正做到精准执纪、规范执纪。三是主动适应“四种形态”，提升履职能力。在全面从严治党的新形势下，纪检监察部门的责任更大，任务更重，群众的要求更高。纪检干部要常怀“如履薄冰”之心，提高业务能力，精准发力，不枉不纵，让纪律的刚性约束不生锈、不掉链。要勇于担当，对党忠诚，敢于执纪，消除当“老好人”、怕得罪人的心理。要对党员干部有关爱之心。党员干部出问题，挨罚的是个人，受损的是组织，伤痛的是家庭。纪检干部从严执纪的同时，还要站在政治的高度，注重教育、挽救党员干部，聚党心赢民心，更好地发挥在党风廉政建设和反腐败斗争中的主力军作用。

同志们，全面从严治党管党永远在路上。做好党建、精神文明和党风廉政建设工作使命光荣、任务艰巨。我们要在厅党组的正确领导下，牢固树立政治意识、大局意识、核心意识、看齐意识，以更加坚定的信心、更加扎实的作风、更加过硬的举措，坚定不移地推进全局党建、精神文明和党风廉政建设工作深入开展，以落实全面从严治党管党的新行动和成效迎接党的十九大胜利召开！

（杨汉明）

不断增强“四个意识”用行动诠释责任担当

——学习习近平总书记“7·26”重要讲话精神发言

（2017年8月25日）

习近平总书记“7·26”重要讲话，从党和国家事业全局的高度，深刻阐述了新的历史条件下坚持和发展中国特色社会主义的一系列重大理论和实践问题，深刻阐明了未来一个时期党和国家事业发展的大政方针和行动纲领，提出了一系列新的重要思想、重要观点、重大判断、重大举措，具有极强的思想性、战略性、前瞻性、指导性，为党的十九大胜利召开奠定了重要的政治、思想和理论基础，为继续推进中国特色社会主义伟大事业提供了科学指南。习近平总书记的重要讲话是当前和今后一个时期党和国家事业发展的行动指南，作为一名水利人，不仅要认真学习领会，更要把思想和行动统一到讲话精神上来，以此指导和推动各项工作，增强政治意识、大局意识、核心意识、看齐意识，自觉在思想上政治上行动上同以习近平同志为核心的党中央保持高度一致，抓好各项决策部署贯彻落实，以优异成绩迎接党的十九大胜利召开。

贯彻落实措施如下。

（1）认真组织好讲话精神的学习宣传贯彻，联系以习近平同志为核心的党中央治国理政实践，联系党和国家的历史性变革和历史性成就，引导广大党员干部把思想和行动统一到讲话精神上来，增强维护核心的思想自觉和行动自觉。以讲话精神为指导，统一思想，提高认识，扎实做好迎接党的十九大宣传工作，做好改革发展稳定各项工作，争做全省水利奋力追赶超越、落实“五个扎实”的表率。

（2）认真落实全省水利工作要点和全省水文工作要点内容，夯实责任，统筹兼顾，奋力推进全年“一巩固、一扩张、二完善、三提高、四加快”水文重点工作任务开展。

（3）正值主汛期，一定要立足防大汛、抗大旱要求，最大限度地扩大洪水预报范围，延长洪水预见期，加强报汛业务，提高传输效率，发扬绥德“7·26”特大突发洪灾中的水文精神，弘扬以马锋、高舒同志为代表的水文人临危不惧的敬业态度，忠于职守的职业道德，团结协作的集体精神和英勇顽强的高尚情操，激发单位正能量。

（4）牢牢把握水生态文明建设、水资源双控管理要求，优化调整水功能区的监测任务，健全水资源监测、监控和分析评价体系，开展重要江河水功能区监测和城市供水饮用水水源地监测评价，组织典型排污口及支流口水量水质同步监测评估，开展秦岭北麓72峪典型峪口的水质监测，拓展沿渭城市以藻类为重点的水生态监测，为水生态文明建设提供支撑。

（5）奋力推进水文测验方式、体制创新、管理创新三项改革，做好中小河流水文监测系统收尾工作。

（6）坚持从严治党，认真落实党委主体责任和纪委监督责任。引导党员干部深入学习领会习近平总书记系列重要讲话精神，推进“两学一做”学习教育基层专题行动开展。认真落实新形势下党内政治生活的若干准则和党内监督条例，发挥“关键少数”作用，着力增强党内政治生活的政治性、时代性、原则性、战斗性。锲而不舍抓好作风建设，持之以恒落实中央八项规定。充分发挥群团组织的作用，切实增强职工的凝聚力和工作活力。

（杨汉明）

增强做好党建工作重要性认识
认真负责抓好全局党建工作

（2017 年 10 月 18 日）

做好基层党建工作，是党在基层开展好各项工作的重要保证；是发挥好基层党组织战斗堡垒作用的根本要求；是发挥好党联系群众的桥梁和纽带作用的有效途径；是解决基层党组织存在的各种问题的迫切需要。因此，我坚持把加强和重视党建工作作为保持水文党员干部队伍风清气正、水文事业健康快速发展的重要任务来抓。

一、认真履行党建第一责任人职责，高度重视抓好党建工作

始终把党建工作作为促发展、聚人心、保稳定的重要职责来抓，高度重视，尽职尽责，认真抓好全局党建工作。

一是加强学习，提高党建工作重要性认识。党的十八大以来，习近平同志根据新情况、新问题，在党的建设方面提出了许多新思想、新要求，体现了改革创新的精神。例如，在组织建设上，提出新时期好干部的五条标准，即信念坚定、为民服务、勤政务实、敢于担当、清正廉洁；在作风建设上，阐明新时期作风建设的时代内涵就是为民、务实、清廉；在反腐倡廉建设上，提出坚持“老虎”“苍蝇”一起打，反腐倡廉关键在经常抓、长期抓；在制度建设上，提出要把权力关进制度的笼子里，强化反腐败体制机制创新和制度保障，等等。我作为局主要领导坚持参加中心组和党支部组织的学习，

经常坚持学习报纸、《求是》《当代陕西》杂志刊登的重要文章，在学习基础上，对重要论断和观点剪辑粘贴并记学习笔记15000余字，撰写心得体会文章两篇。通过坚持不懈学习，不断提升自己对党建工作重要性认识，始终认为党建工作做好了对加强党员干部队伍建设、促进水文事业发展非常重要，同时注重加强自身素质的修养锻炼，不断提升自己、充实自己，努力使自己在政策水平上、服务能力上、公道正派上、遵纪守法和廉洁自律上成为省水文局党员和职工的表率。

二是强化落实主体责任，精心部署全年工作。年初，结合水文实际，及时制定下发“省水文局党风廉政建设和反腐败工作责任一览表”和“省水文局党建工作安排意见”，及时召开全局党风廉政建设和党建工作会议，对全年党风廉政建设和党建工作进行安排部署，与各市水文局、机关各处室签订党风廉政建设目标责任书，逐项落实到领导干部个人和具体工作部门。与各单位（部门）党风廉政建设第一责任人签订党风廉政建设目标任务书，逐级分解责任，层层传导压力，落实廉政责任。强化责任意识和担当意识，要求全局党员干部把党风廉政建设和党建工作作为一项重要工作来抓，推进党风廉政建设和党建工作在全局扎实深入开展。

三是持续落实中央八项规定，不断转变工作作风。我作为一把手，始终把贯彻落实中央八项规定作为改进工作作风的重要举措来对待，自觉在廉洁自律上追求高标准，在严守党纪上远离“底线”，以自身模范行动带动“大多数”。保持艰苦奋斗的水文人作风，倡导厉行节约，自觉抵制“四风”侵蚀，下基层轻车简从，陪客接待、出差食宿等按制度规定办事，保持了一个党员干部清正廉洁应有的品质。筑牢拒腐防变思想道德防线，常修为政之德、常思贪欲之害、常怀律己之心，夯实廉洁从政的思想道德基础。注重严格教育和管束亲属与身边工作人员，个人绝不搞特殊化，始终以强大的人格力量带动全局作风好转。

二、强化基层党建工作，凝聚推进水文事业发展的强大力量

基层党建是我们全局党建工作的重心，也是推进全局从严全面管党治党的重要主体。因此，加强基层党建工作指导，对推进全局党建工作健康顺利开展十分重要。

一是深入开展“两学一做”学习教育常态化制度化。按照厅党组部署，在全体党员中开展“两学一做”学习教育常态化制度化。第一，及时动员部署，认真学习传达了省委办公厅、水利厅“两学一做”专题教育常态化制度化活动实施方案和会议精神，部署全局系统“两学一做”学习教育常态化制度化工作；第二，制订了省水文局“两学一做”学习教育常态化制度化方案，为全局党员干部汇编了“两学一做”学习教育资料；第三，举办了研讨班，全体参会人员紧密结合水文重点工作进行了分组讨论，从思想上、工作上、行动上寻找差距，收集整理意见建议30余条，经局务会议研究，以省水文局“两学一做”学习研讨征集的意见和建议分解表的形式分发给局领导班子成员，落实负责领导。第四，扎实开展专题研讨，每名党员分别围绕主题，紧密结合各自实际进行了讨论发言，我作为一名普通党员积极参加第一党支部组织的专题研讨并结合个人学习和思想实际，谈了学习认识和体会，对党的思想理论创新增强贯彻执行的自觉性、坚定性，做到内化于心、外化于行，做到以学促做。

二是党组织“三会一课”制度不断有效贯彻。坚持把贯彻落实“三会一课”制度作为加强党建工作的重要抓手，基层党支部书记认真履行责任，严格按照党章要求，积极推动“三会一课”制度贯彻落实。我虽是单位一把手，也始终以一名共产党员的标准严格要求自己，主动克服困难，积极参加党支部组织的学习和会议，不搞特殊化，给党员起好示范带头作用。总之，通过“三

会一课”制度的贯彻落实，党员的党性观念和宗旨意识进一步增强。

三是党员管理积分制工作扎实开展。我局积极响应省直机关工委和水利厅直属机关党委部署，全面安排部署全局党员管理积分制工作，及时下发了《省水文局党员管理积分制实施细则》，为每位党员印制了党员管理积分制手册。各党支部按照文件要求，思想重视，积极组织党员学习上级文件精神，加强党员对开展党员管理积分制工作重要性认识，党员对照基础和业绩积分逐项对照检查提出每季度个人积分，支部认真审查确定积分，党员大会评议确定党员年度考核格次。通过各党支部的工作和努力，党员管理积分制工作在全局全面开展。

三、形成齐抓党建工作合力，推进基层党建工作取得新成效

通过各基层党组织不懈努力，广大党员的积极工作，全局党建工作取得了新成效。

一是党员思想素质明显提高。省局中心组和各党支部坚持组织政治理论学习，特别是开展“两学一做”学习教育常态化制度化以来，学习习近平系列重要讲话以及党章党规等，通过开展党员一系列学习教育，使全体党员对党章党规和习近平总书记系列讲话精神有了新的理解和把握，党员的“四种意识”明显增强，一个勤奋工作干事业、争做“四讲四有”党员的氛围逐渐形成。

二是党员理想信念进一步坚定。利用庆祝建党96周年之际，加强党员理想信念教育，省局机关和各市水文局党组织相继组织党员分批赴爱国主义教育基地——凤县革命纪念馆和两当兵变纪念馆等红色教育基地参观学习，追忆革命先烈，接受革命传统教育，党员干部的理想信念不断坚定。

三是党员先锋模范作用得到发挥。党员能够坚持不懈学习水文业务和新科技知识，勤奋工作，认真履职，敬业爱岗，勇于担当，

不断提高工作的能力和境界，成为行家里手，在各自岗位上发挥党员的模范带头作用。在水文测报和水资源监测等其他工作中，能够以身作则，任劳任怨，特别是在迎战今年陕北大理河“7·26”特大暴雨洪水中，广大党员在暴风骤雨、滚滚洪流中，舍生忘死，坚守岗位，顶住了压力，经受住了考验，为各级防汛部门指挥决策提供了可靠依据，用实际行动让党徽在抗洪一线中闪耀，书写了一份“两学一做”合格答卷。绥德水文站以及共产党员高舒同志在通信、电力、道路中断，身处孤岛的境地下，充分发挥共产党员先锋模范作用，以对事业高度负责的态度和以大无畏的勇气，抢测快报，及时传递水文信息，出色地完成了测报任务，为各级防汛部门指挥决策提供了及时准确的科学依据，为受灾地区组织群众撤离避险赢得了主动，为确保群众生命安全、最大限度地减少灾害损失做出了重要贡献，在社会上引起强烈反响。

经过我们坚持不懈地加强党建工作，虽然取得了一定的成绩。但是按照新时期党中央提出的坚持从严管党治党要求和厅党组的希望还有一定差距，我们要进一步学习领会习近平总书记关于全面从严管党治党的系列重要讲话精神，振奋精神，扎实工作，持之以恒地把党建工作做深做细，为促进水文事业发展凝聚起强大的正能量。

（杨汉明）

认真学习贯彻党的十九大精神 以新作为新姿态全面开启 陕西水文事业新征程

——在全省水文工作会议上的工作报告

（2018 年 4 月 11 日）

各位领导，同志们：

这次会议的主要任务是：学习贯彻党的十九大精神，按照全国水文工作会议和全省水利改革发展座谈会议要求，回顾总结 2017 年水文工作，表彰先进，签订目标责任书，部署 2018 年重点工作，凝心聚力、开拓创新，努力谱写水文事业发展新篇章。

一、两个会议精神

全国水文工作会议主要精神：4 月 1 日，水利部在北京召开 2018 年水文工作会议，学习贯彻党的十九大精神，总结 2017 年水文工作，分析水文面临形势任务，安排部署 2018 年重点工作。水利部副部长叶建春出席会议并讲话，水利部水文司司长蔡建元做总结讲话。会议做了智慧水利与水文、水文监测及资料整编改革、国家地下水监测工程建设、2018 年气象水文情势预测的业务专题报告，对北京团城湖供水水源地进行了现场考察。山东、湖北、四川、湖南、辽宁、河南、甘肃、太湖等水文部门负责人及淮委水保局负责人作了交流发言。省水利厅魏小抗副厅长、我和省地下水管理监测局局长李泽洲参加了会议。省局领导班子成员、省局机关处室副职以上干部在陕西分会场观看收听了会议实况。

会议精神主要集中在叶建春副部长的讲话中。叶建春充分肯定了2017年水文工作，指出水文部门要牢牢把握经济社会发展新形势，积极践行中央治水新思路，认真贯彻党中央、国务院决策部署，紧紧围绕水利中心工作，全面推进水文事业新发展。一是要加快适应经济社会改革发展要求，进一步明确水文发展方位。要理清水文改革发展思路，加快理顺体制机制，统筹规划站网发展布局，全面深化水文监测改革；二是要积极践行人与自然和谐共生理念，进一步拓展水文服务领域，做到“三个强化”：强化河长制湖长制服务、强化最严格水资源管理服务、强化水生态文明建设服务；三是要紧紧围绕新时代治水兴水战略，进一步强化水文能力建设，为经济社会高质量协调发展提供有力支撑。要完善水文法规体系，强化基础设施建设，创新水文科技发展，强化人才队伍培育，提升信息服务能力。今年水文工作，要求重点抓好六个方面工作：全力做好防汛水文测报工作；切实抓好项目建设管理；积极推进体制机制改革；努力拓展水文服务领域；大力推进水文科技应用；深入推进党风廉政和精神文明建设。

水利部水文司司长蔡建元作了会议总结，要求认真学习贯彻落实会议精神，结合实际，理清思路，推动水文工作取得新突破。一是全力做好防汛抗旱水文测报工作；二是着力做好水文服务河湖长制等工作；三是加强项目建设管理，强化运行维护保障；四是加快推进水文监测改革；五是加快理顺水文管理体制；六是继续做好水文援疆援藏工作；七是认真抓好水文安全生产工作；八是切实加强行业党风廉政建设，并就加强水文行业宣传、水文水资源调查评价机构资质申报、召开水文国际会议做了主要强调。

全省水利改革发展座谈会主要精神：2月2日至3日，全省水利改革发展座谈会在西安召开，会议以习近平新时代中国特色社会主义思想为指导，深入贯彻党的十九大精神，全面落实省第十三次党代会“五新”战略任务、省委十三届二次全会、全省农村工作会议和全国水利厅局长会议各项部署，回顾以往、总结去年工作，展望未来、安排今年任务，动员全省水利系统推动改革发展有新作为、促进作风转变有新气象，为奋力谱写新时代陕西追赶超越新篇章提供坚实的水利基础支撑保障。会议传达了省委书记胡和平、省长刘国中对全省水利工作作出的重要批示和副省长魏增军提出的明确要求。省水利厅厅长王拴虎作工作报告和总结讲话。副厅长管黎宏、张玉忠、魏小抗、席跟战，厅党组成员、省水保局局长彭鸿分别就规划计划、渔业发展、移民工作、水利风景区建设、水利扶贫脱贫、渭河生态区建设、农村水利、水资源管理、防汛抗旱、河长制湖长制、党的建设、水利建设管理、城乡供水、水土保持生态治理等重点工作进行了专题安排，驻厅纪检组组长张敏就党风行风廉政勤政建设作了专题书面安排。8个单位做了交流发言，组织了分组讨论。我代表省水文局参加了会议。

王拴虎厅长指出，围绕掀起新一轮事关陕西发展命脉的水利建设新高潮、开创系统治水兴水新局面，五年来，全省累计完成水利投资1256亿元，解决和改善了1200万人的饮水安全问题，突出了抓明方向见实效的四件大事：一是坚定向中央核心看齐，深入学习宣传贯彻党的十九大精神；二是坚决贯彻省委、省政府决策，全面落实省第十三次党代会“五新”战略任务；三是坚持走好群众路线，扎实开展“两学一做”主题实践基层专题行动；四是坚守办成陕西水利事情，深入持续建设陕西水利大家庭。2017年，做了打基础利长远的六项实事：一是坚持涝时安全度汛、旱时减少损失；二是工程建设、项目前期有力推进；三是江河库渠水系联通联控联调扩面增效；四是注重流域区域水生态修复保护；五是以脱贫攻坚为重点改善民生；六是以河长制为抓手深化水利各项改革。

会议确定了2018年完成水利投资300亿元目标任务，要求深入持续做好“八项水务”。一是防治水灾害，开展频发洪水隐患排查治理整改行动、加强易发伤亡警示教育综合措施、增强突发雨洪旱象防范应对能力；二是大干水工程，工程出实绩、建设高质量、前期打基础；三是完善水设施，安全饮水能进屋、农田水利通末端、涉水产业可持续；四是管控水资源，最严格水资源管理制度层级互动、全面实施国家节水行动、江河库渠水系联通联控联调提质受益；五是修复水生态，源头保护、河流自然、蓄留户外；六是深化水改革，全面推行河长制实施湖长制、加快工程运行管护改革、推进投融资体制改革；七是创新水科技，注重专业支撑和技术依托、提升信息宣传影响力、增强水文化自信；八是强化水管理，推进全面从严治党、开展主题教育实践专题行动、党风行风勤政廉政相促进、推进依法行政、聚集协同发展合力。

王拴虎厅长在总结讲话中指出，这次会议是一次强化有初心有使命的会议、坚持能传承能创新的会议、取得高质量高效率的会议、体现新作为新气象的会议。一是领会了中央水利工作方针治水思路和省委、省政府要求；二是找准了抓需要的重点、补缺水的短板、强怕水的弱项水情路径；三是讨论了根据中央、省战略规划布局陕西水利事业的发展设想；四是确立了为新时代陕西追赶超越提供坚实水利基础支撑保障的定位；五是传导了全面从严治党向纵深发展党风行风廉政勤政相促进的责任。抓好会议精神贯彻落实，一要坚定向中央核心看齐有方向，要以习近平新时代中国特色社会主义思想为指导，全面深入贯彻党的十九大精神，坚定维护习近平总书记在党中央、全党的核心地位，从情感上思想上行动上自觉维护党中央权威和集中统一领导，积极践行中央新时代水利工作方针和治水新思路。二要坚决落实省委、省政府部署有方略，要全面落实省第十三次党代会“五新”战略任务、省委十三届二次全会和全省农村工作会议精神，按照省委、省政府主要领导对水利工作的重要批示和分管领导提出的明确要求，为奋力谱写新时代陕西追赶超越新篇章提供坚实的水利基础支撑保障。三要坚持走好群众路线有方式，要以人民为中心的发展思想来体现民主，明白手中的权力是人民赋予的，心境心胸、眼界眼光一定要适应新时代，多听群众意见，让更多的地方依水得利、更多的人因水受益。四要坚守办成陕西水利事情有方位，要坚守方寸、干好办成，首善在水、水利陕西。春节前要抓好生产安全、工程质量、城乡供水、值班、冬灌等方面的工作。

王拴虎厅长指出，按照中央、省战略规划布局，从现在起到21世纪中叶全省水利发展设想，一是深入持续坚持“八项水务”，通过防汛抗旱“党政同责”、全面推行河长制实施湖长制，把控水量、保护水质、提升水效，从现在起到2020年底，完成水利投资过千亿，为陕西同步够格全面建成小康社会和新时代追赶超越提供坚实的水利基础支撑保障。二是充实完善实施“五十水规”，水资源节约利用显著增强，水生态环境根本好转，水利基础设施网络建成运行，在此基础上到2035年为陕西基本实现社会主义现代化新征程，着力把水蓄起来、让水活起来、使水灵起来构建水安全保障体系和现代水治理管理体系。三是巩固提升守护“三头水愿”，水安全保障能力全面提升，水土流失全面有效治理，水利科技实力大幅跃升，在新的起点上到21世纪中叶为建成富强民主文明和谐美丽的社会主义现代化强国谱写壮丽陕西篇章、实现“水润三秦、水美三秦、水富三秦”的陕西水利现代化。

全国水文工作会议和全省水利改革发展座谈会两个会议非常重要，各级领导厚爱水文，对水文寄予厚望，对指导当前乃至今后一个时期水文工作具有重要的指导意义，各单位一定要认真抓好学习贯彻。

二、2017年水文工作成效显著

2017年，我们在省水利厅党组的正确领导下，厅各处室尤其是厅水资源与科技处和省防办的大力支持下，水文人团结奋斗，服务经济社会发展、防汛抗旱减灾、水资源管理“三条红线”考核能力显著增强，水文行业地位、话语权明显提高，水文职工生产生活条件极大改善，职工收入显著提高，老干部工作形式丰富多彩，贴心温暖。

（一）业务立局，凸显水文支撑

成功应对全年多频次、大强度降水过程，陕西省水文局被表彰为“2016 ~ 2017年全省防汛抗旱先进集体”。绥德水文站“7·26”洪水测报受到省委、省政府、国家防办、部水文局、省水利厅、省防总通报表彰，事迹相继在央视《焦点访谈》《陕西新闻》等主流媒体报道，绥德水文站被省委、省政府办公厅授予“先进集体”荣誉称号，首位入选“2017年度全国水文行业十件大事”，时任省委书记娄勤俭批示：“绥德水文站的四位同志临危不惧，忠于职守，为群众避险转移发挥了重要作用，应充分报道宣传，传递正能量。”突出做好最严格水资源管理服务，通过不懈努力，全省各类监测断面增加到277个，144个国家重要江河水功能区监测实现全覆盖。《陕西省重点河段水资源质量通报》发送至相关部门，副省长张道宏称赞水文“很专业、很规范、很严格、非常过硬”。

（二）科技兴局，奋力追赶超越

持续保证对科技工作的高投入，去年有8个项目获得国家知识产权局颁发的专利证书。强力推进测验方式改革，河道水位、流量高清视频监控三级会商系统模式在全省水文系统开始推广，一线测站职工实现随时在电脑、手机上监控河道水情。开展“陕西省河流泥沙运移规律及推悬比分析研究”和“流域产汇流环境变化调查分析研究”。朱园水文站栈桥轨道测流设施试验成功，实现光伏发电。雨量传感器现场检定装置及技术示范基地在汉中挂牌成立。

（三）人才强局，彰显事业活力

《黄河重点水功能区纳污控制技术研究》成果荣获“2017年度大禹水利科学技术二等奖”。水文代表队荣获首届陕西省水质检测工技能大赛团体第二名，个人第二、第四名。突出新技术和岗位技能培训，举办全系统水文勘测技能选拔大赛，年度开展各类培训41场次，培训人数1366人。绥德水文站站长马锋同志荣获“最美水利人”荣誉称号、记功奖励，破格提拔为科级站长。年轻女大学生职工高舒同志被中共延安市委授予“优秀共产党员”称号，树立为“两学一做”学习活动典型，记功奖励。

（四）开放办水文，服务三秦发展

服务河湖长制，编制《陕西省河长制13条河流水文特征情况手册》；服务秦岭生态保护，编制《秦岭北麓相关流域年径流量变化情况》《秦岭北麓水系图》。服务经济建设，在陕西引汉济渭、东庄水库、渭河治理、交通运输等重大工程中发挥了重要的技术支撑作用。履行社会责任，全年投入扶贫资金130万元，全面完成计划内脱贫任务，达到省定脱贫标准。

过去的一年，全局干部职工忠实履责，抗洪测报事迹在央视《焦点访谈》栏目播出；攻坚克难，破例招聘事业编制人员55人，中小河流建设运行维护专项经费、职工野外津贴纳入省级财政预算，全额到位；积极作为，咸阳市水文局组建成立，韩城市水文局挂牌成立。我们深感，成绩的取得是省委、省政府关心爱护的结果，是水利厅党组高度重视、正确领导的结果，是厅有关处室大力支持、鼎力帮助的结果，是全局广大干部职工和渭南、榆林、韩城三市水文部门同心协力、顽强拼搏的结果。在此，我代表省水文局班子，向长期关心支持水文工作的各位领导表示衷心的感谢！向长年奋战在水文一线的广大干部职工致以崇高的敬意！

看到成绩的同时，我们也应清醒地看到全省水文工作存在的一些困难、问题和考验：一是水文服务能力与新形势新任务要求相对滞后，水文信息化水平、测验方式改革、科技创新能力还需进一步提升和加强；二是受水文服务领域不断拓展，特别是按照服务最严格的水资源管理要求，人员缺编现象依然严重；三是我省按行政区域设立水文机构缓慢，制约全省水文事业发展。这些困难和问题我们务必高度重视，深入研究，采取有力措施加以解决。

三、全力做好今年重点工作

2018年是贯彻党的十九大精神开局之年，是改革开放40周年，是决胜全面建成小康社会、实施“十三五”规划承上启下的关键一年，是我省水文实现跨越式发展的关键一年。全体水文干部职工要牢固树立和贯彻落实新发展理念，积极践行中央新时期水利工作方针，贯彻全省“关中留水，陕南防水，陕北引水”的区域方略，锐意进取，奋发有为，稳中求进，推动年度重点目标任务全面完成。

我们的工作思路是：深入学习贯彻党的十九大精神，以习近平新时代中国特色社会主义思想为指导，依据《陕西省水文局落实‘五新’战略总体方案》布局改革发展任务，贯彻落实全国水文工作会议和全省水利改革发展座谈会精神，牢固树立创新发展理念，坚持“业务立局、科技兴局、人才强局，开放办水文”和“加强人才培养，注重能力建设，认真履行职责，提高服务水平”，突出做好水文“两个服务”，加快形成“创新引领，巡测优先，驻巡结合，测报自动，应急补充，科学规范”的监测管理体系，持续推进“一巩固、一扩张、二完善、三提高、四加快”重点目标任务完成，锐意进取，奋发有为，稳中求进，以新使命召唤新作为，以新目标开启新征程，为奋力谱写新时代我省追赶超越新篇章提供坚实的水文支撑保障。

为做好今年工作，会议专题安排省局7位领导就分管工作做了详尽安排，请大家认真抓好落实。这里我重点强调以下几点。

（一）扎实做好水文测报工作

牢固树立服务防汛抗旱是水文的立身之本思想。根据全省水情趋势预测会商结果，预测今年我省出现多区域洪涝和局部严重干旱的可能性大。各级要立足防大汛、抗大旱要求，提早谋划，周密部署，完成报汛设施设备的维护保养，充实调整补充报汛站网，修订完善预报方案，4月26日前完成长江流域汛前检查，5月底前完成黄河流域汛前检查。要加强报汛业务管理，最大限度地扩大洪水预报范围，延长洪水预见期，提高传输效率。汛期实行军事化管理，按照《陕西省水情预警信号发布管理办法》，科学研判，及时制作发布洪水、枯水预警信号。增强水文应急监测能力，做好重要水文站、市县城区和水利风景区水情预警预报工作。加强东庄水库、引汉济渭在建水利工程洪水预警预报工作，按旬报送渭河水量调度水情信息。创新旱情预警分析服务手段，充分利用水文监测信息进行数据加工，在春旱、夏伏旱期间，每旬进行全省旱情评估及趋势分析，为全省抗旱和水库水资源调度提供科学依据。

（二）服务最严格水资源管理

牢固树立参与水资源管理是水文发展壮大之源思想。加快提高水质、水量、水功能区、重点排污口、水源地监测频次和管理系统软件开发、信息化工作水平。加强市、县界水量水质监测工作，努力提高行政区界监测覆盖范围。加大水质监测力度，坚持水质水量同步监测，强化水质监测质量管理，做好水资源简报、公报的编制工作。着力推进秦岭北麓72峪水资源监测、全国第三次水资源调查评价、实验室能力验证工作。

（三）拓展水文服务领域

水文要立足水利，面向社会，构建水文全方位服务体系。一要主动为河湖长制服务。去年我们主动服务河湖长制卓有成效，受到了各级政府和领导高度表扬。我们要努力借鉴其他省份经验，以“一河一策”为工作切入点，研究制订水文服务河湖长制的工作方案，分析河流水系特性，运用水文专业技术，开展相应水文监测工作，为下一步河湖长制监督考核提供技术支撑。二要积极推进水生态监测。拓展沿渭城市以藻类为重点的水生态监测工作，加强水生态监测评价指标体系研究，建立健全生态水量监测预警机制，实现确定水量分配方案河流及其他实施生态水量管理的江河湖库监测与调查全覆盖，为生态文明建设提供技术支撑。

（四）按照智慧水文要求开展重点项目建设

着手开展智慧水文的顶层方案研究，坚持创新驱动发展，以水文信息化推动水文现代化。通过优化站网功能、加强站网分级管理、技术装备提质升级，进一步完善行政区界、供水水源地、水功能区、重要取退水口等水量水质监测站网，扩大监测覆盖范围，补齐补强水文基础设施短板。达到水文站网布局不断完善，水文监测能力显著提高，水文服务水平明显提升，水文发展保障更加有力。加快水文信息化建设，研究运用大数据、云计算、物联网等高新技术与水文业务的深度融合，逐步建立与完善自动化的水文信息采集系统，畅通快捷的水文信息传输系统，信息存储完整、服务手段先进的水文综合数据库与信息服务系统，满足不同需求的业务应用系统，形成站网优化、技术先进、精兵高效、信息及时、预报准确、运行可靠、管理科学、服务全面的水文现代化服务和管理运行体系。今年重点抓好：一是汉中、安康、商洛中心站、榆林巡测基地、省局3个中心建设和大江大河水文监测系统建设、水资源监测能力建设一期建设工作；二是加快中小河流水文监测系统建设2012 ~ 2014年项目竣工决算和验收工作；三是做好水文博物馆筹备和建设工作。同时要建立运行保障机制，明确管理职责，创新运行机制，确保工程投资效益的充分发挥；四是在全系统加快推广河道水位流量高清视频在线监控及三级会商系统。

（五）深化水文事业改革发展

一是持续深入推进“11234”改革目标任务。“一巩固、一扩张、二完善、三提高、四加快”是充分结合全省水文实际，是实现全省水文“五新”战略目标最实际、最具体、最迫切、最现实的具体举措，是当前实现全省水文追赶超越的一切前提和基础，对指导当前和今后一段时期全省水文事业发展具有重要的意义。二是以“创新引领，巡测优先，驻巡结合，测报自动，应急补充，科学规范”为目标，推进水文测验方式改革。加强新技术推广，加快传统水文测验仪器设备的更新改造和自动监测仪器设备的试验对比分析工作，加大先进水文监测技术和水文仪器设备推广应用的力度，全面推广应用自动采集、传输、存储、处理的先进技术，实现水文监测自动化、信息化、智能化。今年首要的是要按照水利部水文监测和资料整编改革要求，全面开展即时整编工作，做到每天实测资料即时进行整理校核，每月初即时整编上月资料并校核，实现日清月结，次年一月全面完成上一年度资料整编任务。三是推进水文体制创新。牢牢把握水生态文明建设、水资源双控管理、全面推行河湖长制等新的任务和要求，明确水文工作定位，找准工作切入点，打开工作突破口，加快按行政区划设置地市级水文机构。四是深化水文运行管理创新。加快实现向重点站网管理规范化、仪器设备设施管理专业化、站网日常运行维护管理物业化转变，从创新用人用工方式、实践政府购买服务、制定地方水文业务经费定额、开展设施设备保险等方面，建立水文良性运行的长效机制。

四、深入推进党风行风廉政勤政纵深发展

（一）深入学习贯彻党的十九大精神

坚持把学习宣传贯彻党的十九大精神和习近平新时代中国特色社会主义思想作为全省水文系统首要政治任务，坚持读原著学原文、悟原理，把党的十九大精神的学习作为各级中心组学习理论的重要内容和推进“两学一做”学习教育常态化制度化的重要举措，制订学习计划，原原本本学习，开展交流研讨，采取培训班、学习班、读书会、报告会等形式，充分利用网络学习平台和渠道，

组织好党员、干部学习，确保党的十九大精神落地生根、见到实效。

（二）切实加强行业党风廉政建设

坚持以习近平新时代中国特色社会主义思想为指导，坚定维护以习近平同志为核心的党中央权威和集中统一领导。始终坚持把党的政治建设摆在首位，强化“四个意识”，坚定“四个自信”。持之以恒地贯彻落实中央八项规定实施细则、省委实施办法，持续整治“四风”问题。加强基层组织建设，严肃党内政治生活，继续开展“对标定位、晋级争星”、党员管理积分制活动，做好“两优一先”评选工作。落实党风廉政建设主体责任和纪委的监督责任，完善防控措施，构建水文行业廉政风险防控体系。坚持把纪律挺在前面，注重运用“四种形态”，对苗头性、倾向性的问题约谈函询、诫勉谈话，抓早抓小，防微杜渐。对失职失责的追究主体责任、监督责任和领导责任。开展好“不忘初心、牢记使命”推动改革发展促进作风转变主题教育实践建设专题行动。纪委、监察室要结合建设专题行动，以问题为导向，适时对党员干部政治建设、思想建设、组织建设、作风建设、纪律建设和制度建设跟进监督，问责问效。

（三）强化水文行业管理

执行内部行政工作规则规定，大兴调查研究之风，加强公文、上级指示、会议决定、领导批示的贯彻落实督察督办。加强人才和干部队伍建设，健全专业技术人员聘期考核台账，组织好专业技术人员聘期考核和职称管理工作。规范财务和审计工作，加强预算执行刚性约束力，完善内部控制建设，开展3个市水文局离任领导干部经济责任审计。严格依法行政，推进《陕西省水文管理条例》修订工作。注重科技研究，鼓励科技创新，保证科技资金投入。加强精神文明建设，大力弘扬马锋、高舒同志典型事迹，注重发挥工会、共青团作用，开展好“机关处室建设年”“水文业务星级站”“文明水文站标兵”“文明水文站”等创建活动。

加强水文宣传和文物保护，继续做好淳化县固贤镇北沿渠村扶贫、后勤保卫等工作。注重离退休人员管理服务工作，开展寓教于乐、健康有益的活动，营造老有所乐、老有所为的生活氛围。

（四）严格落实各项安全规定

安全生产任务十分艰巨、责任重于泰山。我们各级领导干部一定要高度重视安全生产工作，严格履行安全生产第一责任人职责，牢固树立“以人为本、安全发展”理念，坚持不懈抓好安全生产工作。要坚持安全隐患排查常态化，做到防患未然；要突出安全生产检查防范重点，实实在在加强汛前准备、水文测报、工程施工、测站安全管理、内保等重点安全防范工作。

同志们，做好 2018 年工作使命光荣而艰巨。让我们在水利厅党组的坚强领导下，主动适应，积极作为，为全面推进全省水文事业改革创新发展而努力奋斗！

谢谢大家！

（杨汉明）

不忘初心　牢记使命
奋力谱写陕西水文党建工作新篇章

——在中共陕西省水文水资源勘测局第五届委员会上的工作报告

（2018 年 7 月 31 日）

各位代表：

现在，我代表中共陕西省水文水资源勘测局第五届委员会向大会作工作报告，请予审议。

一、过去工作回顾

第五届陕西省水文局党委在省水利厅党组的正确领导下，以马克思列宁主义、毛泽东思想、邓小平理论、“三个代表”重要思想、科学发展观、习近平新时代中国特色社会主义思想为指导，坚持实践实干实效，把强化“四个意识”、做到“两个维护”，作为加强政治建设的主题主线，在政治立场、政治方向、政治原则、政治道路上同以习近平同志为核心的党中央保持高度一致，坚决贯彻中央、省委、厅党组的各项决策部署，紧紧围绕“业务立局、科技兴局、人才强局，开放办水文”发展思路，着力推进党的政治、思想、组织、作风、党风廉政和制度建设，党组织的战斗堡垒作用和广大党员的先锋模范作用显著增强，陕西水文事业实现健康稳步发展。

（一）学习型党组织建设迈上新台阶

高举习近平新时代中国特色社会主义思想伟大旗帜，政治思想建设不断得到强化。习近平新时代中国特色社会主义思想是我党理论创新的最新成果，是当代中国的马克思主义，是全党全国各族人民为实现中华民族伟大复兴而奋斗的行动指南。局党委坚持把学习习近平新时代中国特色社会主义思想作为提高党员干部政治素养和业务能力的重要手段，力求做到学以增智、学以养德、学以致用。一是精心组织学。每年年初党委制订下发中心组理论学习计划并认真抓好落实；严格落实每月至少 1 次的中心组理论学习，实行中心组学习签到和请假制度；基层各党总支部和支部至少每月保证 2 次以上的政治理论学习。二是加强研讨。结合开展“党的群众路线教育实践活动”“三严三实”专题教育、“两学一做”学习教育等专项教育实践活动，各级党组织坚持和发扬理论联系实际的学风，每年有针对性地列出专题，紧密结合具体工作开展研讨交流。三是学以致用。通过举办系列研讨班、培训班等，广大党员干部政治意识、大局意识、核心意识、看齐意识更加牢固，道路自信、理论自信、制度自信、文化自信明显增强。党员干部的业务水平得到提升，服务社会的本领增强。

（二）党的建设取得新成就

按照党要管党、从严治党的要求，以落实党建日常工作为抓手，扎实推进党建工作规范化建设。一是用党章党规激浊扬清，把《中国共产党廉洁自律准则》《中国共产党纪律处分条例》《关于新形势下党内政治生活的若干准则》《中国共产党党内监督条例》等党内法规文件，作为中心组学习、组织生活的重要内容，组织全体党员干部认真学习掌握其基本内容及精神实质。二是认真落实“三会一课”制度。各党支部在坚持定期召开支部党员大会、支部委员会的基础上，党委成员、基层支部书记为党员干部上党课。三是组织学术交流、技术比武，开展新仪器、新设备、聘用人员培训，对全局科级以上干部进行集中轮训，选送 14 名在职本科学历人员到河海大学、西安理工大学进修研究生，分 3 年选送 90 名优秀职工到扬州大学脱产培训，通过社会招考招聘了大学生，为改革发展稳定提供坚强的骨干支撑。四是重视宣传，先后在各类媒体网站报刊上发表新闻通讯报道、水文文章6000余篇，为推动水文工作营造更加良好的舆论环境。五是重视支部管理，根据省水利厅党组的要求，除西安、汉中两个局党支部未换届外，先后对10个党支部进行了改选调整，确保各党支部工作的正常开展。陕西省水文局党委直属7个总支部和支部，属地管理的商洛、安康、宝鸡水文局党总支部，汉中、延安水文局党支部，同时接受省局党委的领导。全局有党员385人，其中在职党员265人。党总支部和支部班子齐备，战斗力、凝聚力、号召力的堡垒坚强有力。按照发展党员“控制总量、优化结构、提高质量、发挥作用”的方针，发展新党员15人。六是推行党支部、党员承诺制和积分制管理。以“承诺、践诺、积分、评议”一体化党员教育管理监督链条为保证，引导党员学做互进、知行合一。七是建立健全各项工作制度和规定，确保开展各项水文工作有法可依，有章可循，水文业务工作迈出坚定步伐。八是严格干部选拔推荐，鲜明“重品行、重实干、重公认”的用人导向，多年来提拔了一批对党忠诚、敢于担当、实干有为、守纪清廉的干部。九是结合“三严三实”专题教育和“两学一做”学习教育，按照水利厅党组的要求，积极开展各项主题实践活动，取得了较好的成就。

（三）党风廉政建设取得新进展

扎实贯彻落实全面从严治党主体责任要求，坚守责任担当，采取有效措施，落实主体责任。一是及时传达学习中央、省委、水利厅党组有关会议和文件精神，切实加深对落实主体责任重大意义、内涵的认识。二是制定相关实施办法，落实党委、各党总支部和支部及其主要负责人和领导班子成员的主体责任，加大责任考核和追究力度。三是党委、纪委对各处室、基层局就落实从严治党主体责任发文约谈，提出具体要求，加强预警提醒。四是党委与各党支部签订党风廉政年度目标责任书，班子成员、各党支部书记按要求述职、述廉、述效。五是把主体责任的落实同“三严三实”专题教育成果相结合，与“两学一做”学习教育常态化制度化相结合，持之以恒纠正“四风”，认真抓好问题整改。班子成员都以普通党员的身份自觉主动参加所在支部的组织生活会并带头讲党课，充分体现了领导的示范带头作用。六是大力推进党内民主、党务政务公开、财务内部审计，主动接受上级部门、干部职工监督和舆论监督。

（四）纪律作风建设取得新成效

结合“三严三实”专题教育、“两学一做”学习教育、“认清形势，开拓思路，改革创新，再上台阶”“以案促改”，在全局扎实开展纪律教育学习宣传月活动，进一步加强了纪律作风建设。一是深入开展文件、简报、会议、活动等整治活动，落实“节庆”期间不准用公款购买、赠送礼品等规定，杜绝奢侈浪费和违纪违规问题。二是针对“三严三实”专题教育、“两学一做”学习教育中查找到的问题，研究制订整改方案，细化分解整改任务，集中开展整改整治。三是结合冯新柱案“以案促改”专项行动，紧紧围绕重点整治内容，采取召开组织生活会、自查自纠等方式，查摆问题，剖析原因，深入查找整改“不作为、慢作为、乱作为”和“为官不为”等方面存在的突出问题，纪律作风得到了明显改进。

（五）党的群团组织建设取得新成果

坚持把文明创建纳入年度计划，同水文工作同部署、同研究、同考核、同推进。一是抓先锋引领。结合开展各类创先争优活动，在全局范围内深入推进“优秀共产党员”“优秀党务工作者”“先进工作者”“岗位先锋”等争创活动，着力提升党员干部职工的文明素养和工作能力。二是抓道德素养提升。通过学习贯彻社会主义核心价值观、职业道德教育等，引导干部职工树立正确的世界观、人生观、价值观，努力推进知行合一的道德实践，营造崇德尚善的浓厚氛围。三是抓文明单位创建。积极开展文明单位、文明测站创建活动，近年来有26个单位被评为“厅级文明单位”；有2个单位被陕西省总工会分别授予“工人先锋号”和“五一巾帼标兵岗”。四是抓读书活动。开展读书分享会，倡导干部职工多读书、善读书、读好书。五是抓勤俭节约。严格落实各项管理制度，将勤俭节约的要求落实到机关日常管理工作的各个方面，引导干部职工反对奢靡之风，努力建设节约型机关。六是抓问题解决。给一线职工安装了太阳能，修建了洗澡间，建设了自来供水设施，购买了空调、冰箱、电视机、洗衣机等，对危旧房进行了改造；加大边远山区站津贴发放力度，提高了年度考核兑现力度。七是抓帮困帮扶和文体活动。利用高温季节、中秋节、春节等重大节日，开展“送清凉”“金秋爱心助学”“送温暖”等活动，对离退休老干部、困难党员、困难职工、职工遗孀等进行看望走访慰问；给职工办理意外伤害保险，组织全体职工体检；开展“城墙健步走”、职工运动会。八是共青团委结合水文实际，积极开展各项活动，开设微信公众号，发挥团的突击队作用和联系广大青年的桥梁作用，1名团干部荣获“省直机关优秀团干部称号”。群团组织围绕重点工作、重大活动、重要节日，组织干部职工开展健康向上、丰富多彩的主题实践活动，进一步丰富了全局文化生活，陶冶了情操，增强了机关凝聚力和向心力。九是做好老干部服务管理，按月组织机关离退休党支部组织生活会，加强老干部思想教育工作，及时解决和回答老干部提出的合理化建议。

（六）精准扶贫工作获得新成绩

精准扶贫工作开展以来，全局党委坚持将党建工作与精准扶贫深度融合。选派优秀年轻优秀党员干部担任驻村第一书记，充分发挥党组织政治引领作用和全体党员干部先锋模范带头作用，全力助推精准扶贫精准脱贫。5年来，先后落实投入和争取的资金385万余元，其中购置新品种果树苗17715株，322.5亩。2016年至2017年，为淳化北沿渠村落实资金139.4万元，其中直接投入资金36.8万元，行业引入资金102.6万元，为贫困户争取各项政策补贴161.9万元。2017年，指导帮助安康、商洛水文局落实帮扶资金151万元用于地方帮扶工作，取得了扶贫工作阶段性成绩，赢得了贫困户的好口碑。

（七）水文事业发展开创了新局面

坚持"围绕中心抓党建，抓好党建促发展"的工作思路，充分发挥党组织政治核心堡垒作用，推动各项水文工作不断完成。一是站网发展适应需求。截至目前，全省有水文站157处，水位站114处，雨量站1920处，墒情监测站74处，报汛水情站2082站，新建咸阳、榆林2个地市级水文巡测基地，新建156条中小河流预警预报系统，水文预警预报系统平台初具规模。二是防汛抗旱支撑有力。牢固树立服务防汛抗旱是水文的立身之本思想。编制了15条干支流主要控制水文站、33处重点水库断面、70套正式洪水预报方案，集成30个预报站、50余套预报方案。在2010年"7·27"丹凤竹林关千年一遇泥石流、2017年"7·26"绥德洪水等雨洪灾情发生的关键时期，及时滚动发布预测预警预报和实时水雨情信息，为各级防汛指挥部门的科学决策提供了可靠依据。三是水资源信息服务快速准确。牢固树立参与水资源管理是水文发展壮大之源思想。在全省境内设立了1个省水环境监测中心、5个水环境监测分中心、305个各类水环境监测断面，监测项目50余项，对水功能区、水源地、典型排污口监测通报。在应对商洛市冶炼厂硫酸罐泄露、甘肃陇星锑矿泄露事件等多起突发性水污染事件中，监测及时有力，发挥了特别重要作用。四是测验方式改革不断深入。组建水文巡测队，成立省级应急监测队，推行水文测验单值化分析研究、新设备新仪器试验对比分析。水文测验配置了ADCP、遥控船、雷达流量计等水文先进设备仪器，应急监测配置了监测车辆和监测设备仪器。水质监测配置了7台流动注射仪、气象色谱、离子色谱、全自动测油仪等。五是科技水平大幅度提高。8个项目获得国家知识产权局颁发的专利证书，申报实用型专利2项。自行设计、自行试验加工，首座跨度为635米的全自动双跨单控制魏家堡水文测流缆道建成并投入试运行，《黄河重点水功能区纳污控制技术研究》成果荣获"2017年度大禹水利科学技术二等奖"。六是服务三秦经济成绩显著。近年来，开展防洪影响评价、水资源论证、水文分析计算、地形测量、水土保持方案编制等50余个服务项目。编制完成防洪预案、山洪灾害调查评价30余册；完成《陕西省典型暴雨洪水灾害实例选编》等主要成果80余项。同时，水文资料、水文技术还在陕西引汉济渭、东庄水库、渭河治理等重大水利工程中发挥了重要的技术支撑作用。

同志们，中国特色社会主义进入了新时代，陕西水文"业务立局、科技兴局、人才强局，开放办水文"迈出了新步伐。回首过去，省局党委、各局党支部充分发挥战斗堡垒作用，省水文局党委、主要领导在"7·26"洪水中指挥得力、处置果断、组织得当，延安水文局党支部快速反应，党员冲锋在前、模范带头，成绩卓著，将水文故事广为传唱、享誉全国；西安水文局党总支在涝峪口水文站率先实行党员承诺制公示牌"我是党的人，要感党的恩"的做法，受到省水利厅厅长王拴虎的高度赞扬；商洛水文局党总支"商山深处党旗红"党建活动被评为党建品牌在全国推行；汉中水文局党支部在"甘肃陇星锑矿泄露造成的嘉陵江西汉水环境污染事件"中快速响应，及时跟踪监测，受到时任副省长张道宏及国家环保部主要领导的肯定和赞扬；安康水文局党总支部在历年汉江暴雨洪水测报中，表现突出，多次受到当地上级党组织和政府的表彰；宝鸡水文局党总支部为当地政府开展防汛减灾、实行最严格水资源管理服务，水文技术支撑作用明显。在测洪报汛中涌现出冒着生命危险、忠于职守、不畏艰险、被洪水围困的情况下依然坚持测报的女共产党员高舒同志；涌现出扎根基层36年、助学贫困儿童15年、连续9年被商洛市委授予红星党员的郭益峰同志；涌现出凭着超人毅力、历经千辛万苦多方收集资料为张家山水文站编写水文站志的王晓斌同志；涌现出科技领先、具有多项发明、被水利部授予“第九届全国水利行业技术能手”称号的赵水文同志；涌现出视工作如生命、视同志如兄弟、涉水测流因公殉职的烈士巩青丹。商洛、西安、汉中、安康、宝鸡、延安、咸阳局等党支部在今年6月下旬到7月中旬的反复涨水过程中沉着应对、精测快报，确保报得出、报得准确，赢得了社会各方广泛关注和尊重。在全局党员干部职工的齐心努力下，2012年陕西省水文局被省委、省政府表彰为“省级先进集体”，2013年被水利部授予“全国水利行业技能人才培育突出贡献奖”，2009年以来连年荣获“陕西省水利厅直系统目标考核先进单位”,2次获得“爱水杯”夺杯单位，多次荣获“全国水情工作先进单位”“全国防汛抗旱先进集体”，累计获奖30多项，个人获奖20余人次。

成绩来之不易！在此，我谨代表局党委，向敬业负责、实打实干、勤奋工作，为陕西水文发展做出贡献和继续奋战在一线的全体党员同志表示最衷心的感谢和崇高的敬意。

在取得成绩的同时，我们也清醒地看到，陕西省水文局党建工作还存在不少困难和问题，主要是：基层党总支部、支部居住分散，集中组织活动和开展学习较为困难；党员教育和职工培训长效机制有待完善；“四个意识”、作风建设有待加强；党员干部服务社会、服务民生意识有待强化。对此我们一定要高度重视，采取有力措施，切实加以改进。

二、牢记使命、担当作为，奋力谱写党建工作新篇章

当前，中国特色社会主义进入新时代。按照党章要求，“实行行政领导人负责制的事业单位中党的基层组织发挥战斗堡垒作用”，在全面从严治党新形势下，新一届党委工作的总体思路是：高举中国特色社会主义伟大旗帜，以马克思列宁主义、毛泽东思

想、邓小平理论、“三个代表”重要思想、科学发展观、习近平新时代中国特色社会主义思想为引领，坚决维护以习近平同志为核心的党中央权威，坚决维护中央权威和集中统一领导，认真贯彻落实党的十九大精神，按照厅党组的安排部署和“五新”战略任务，紧紧围绕“业务立局、科技兴局、人才强局，开放办水文”和“加强人才培养，注重能力建设，认真履行职责，提高服务水平”发展思路，勇于担当、积极作为，奋力推进党建工作再上新台阶，为全省水文事业改革创新发展提供强有力的政治、思想、组织、作风、纪律和制度建设保证。

（一）切实提高政治站位，着力加强思想政治建设

坚持把理论武装摆在首要位置，把学习习近平新时代中国特色社会主义思想作为当前和今后一个时期的重大政治任务，结合“两学一做”学习教育、冯新柱案“以案促改”、纪律教育学习宣传月等活动，切实做到学而懂、学而信、学而用、学而行，提高政治站位，树牢“四个意识”，更好地用习近平新时代中国特色社会主义思想武装头脑、指导实践、推动工作，确保党员干部在思想上、政治上、行动上自觉同以习近平同志为核心的党中央保持高度一致，坚决维护党中央权威和党的集中统一领导。深刻领会党的十九大的里程碑意义和对未来五年中国改革发展的宏伟构想，进一步激励党组织和党员干部坚定理想信念，勇于担当负责，开拓创新进取，积极干事创业，努力把学习成果转化为推动全省水文事业发展的强大动力。

（二）全面落实主体责任，着力加强党风廉政建设

按照中央、省委和水利厅党组关于全面从严治党的部署要求，认真落实领导班子主体责任体系和“一岗双责”考评办法等。把廉政风险防控作为加强党风廉政建设和反腐败工作的重要基础，紧盯关键岗位、关键环节的风险点，推动党委、党支部全面落实廉政风险防控工作，认真排查和防范权力运行中的廉政风险，确保廉政风险防控落到每个支部、每个岗位和每名党员，切实把权力关进制度的笼子，做到知敬畏、守底线、不逾规。大力开展党性党风教育，引导党员干部自觉修身齐家，做到崇廉拒腐、尚俭戒奢，廉洁从政、廉洁用权。纪委、监察室要勇于担责、主动出击，认真贯彻落实全面从严治党运用监督执纪“四种形态”的要求，加强党内监督，拓宽问题线索来源，切实做到有案必查、违纪必究、惩处必严、形成震慑，努力营造风清气正的良好政治生态。

（三）充分发挥引领作用，着力促进水文工作开展

积极适应全面从严治党新形势新要求，坚持党建工作与业务工作目标同向、部署同步、工作同力，充分发挥党建工作在水文事业改革创新发展中的引领带动作用。坚持问题导向，融入业务工作，健全制度机制，严格责任落实。积极探索新形势下党建工作新的方式方法，不断增强党建工作的针对性和实效性，紧扣中央、省委、水利厅党组部署要求，聚焦水文主业主责，进一步理清思路，找准着力点，围绕促进发展、深化改革、服务民生、反腐倡廉，持续推动水文测报、“三条红线”考核、最严格水资源管理等工作，切实把党建工作的优势转化为推进水文工作的有力武器，将党建工作的成果有效转化为促进水文工作的成效。

（四）不断强化规矩意识，着力加强纪律作风建设

重视增强党员干部的纪律意识和规矩意识，坚持抓早抓小、抓常抓长，始终把纪律和规矩挺在前面，坚持作风建设永远在路上，着力从全面统筹、健全制度、加强教育、从严管理、监督检查等各个环节入手，持续推动党员干部特别是领导干部严守政治纪律和政治规矩，以更强的党性意识、政治觉悟和组织观念要求自己，坚决做到“四个服从”。严格党内政治生活，不断提高党内政治生活的政治性、时代性、原则性、战斗性。持续拓展“两学一做”学习教育成果，持之以恒抓好中央八项规定精神工作纪律落实，坚决防止“四风”问题反弹回潮。

（五）严格执行党章党规，着力加强党组织建设

加强对《党章》《中国共产党廉洁自律准则》《中国共产党纪律处分条例》等党内法规的学习贯彻，坚持“三会一课”、民主生活会制度，坚持民主集中制，结合水文业务工作，着重抓好“承诺、践诺、积分、评议”一体化党员教育管理工作。规范程序步骤，做好党员发展工作，主动、按时、足额向党组织交纳党费，推动基层党组织工作规范化制度化。突出水文宣传工作，充分利用网络、报纸等媒体，努力为水文发展营造良好氛围。充分发挥各党总支部、支部的政治引领作用，不断凝聚思想共识，坚定改革发展信心，确保党建工作和水文工作齐头并进，推动党支部成为坚强的战斗堡垒，确保上级党组织各项决策部署落地生根、见到实效，确保陕西“五新”战略目标有效推进。

（六）巩固深化创建成果，着力加强精神文明建设

继续巩固深化文明单位创建成果，采取多种形式，推进“五位一体”建设，积极践行社会主义核心价值观，弘扬主旋律，传播正能量。深入开展先锋引领、道德培养、读书分享会等主题实践活动，不断提升文明建设水平。利用水文博物馆建设、水文志续编的编写，大力推动水文文化建设，用优秀传统文化滋养教育党员。加强对工会、共青团组织工作的领导与指导，充分发挥其桥梁纽带作用，组织形式多样、健康向上的文体娱乐活动，丰富干部职工精神文化生活，全面提升机关凝聚力、向心力和归属感、荣誉感。

（七）深化精准扶贫，努力让北沿渠村脱得了贫，不返贫，富起来

打赢脱贫攻坚战，是全面建成小康社会的底线任务，是陕西水文局的一项重要的政治工作。继续抓好淳化县北沿渠村的精准扶贫工作，把发展产业扶贫作为主攻方向，精准确定产业扶贫目标，做到户户有增收项目、人人有脱贫门路。精准选择产业扶贫路径，让更多贫困户参与，让更多贫困户增收。同时，突出教育扶贫、文化扶贫的主导作用，着力于扶“智”、扶“志”，形成“授人以鱼与授人以渔”的扶贫措施。

各位代表，水文工作使命如山，追赶超越时不我待，党建工作责任重大、任务艰巨、使命光荣。让我们在习近平新时代中国特色社会主义思想的指引下，在水利厅党组的坚强领导下，以更加饱满的工作热情，更加奋发有为的精神状态，再接再厉，开拓进取，奋力谱写陕西水文党建工作新篇章，为保障陕西水文事业改革发展做出新的更大贡献！

谢谢大家！

（师光玉）

工作，切实做好在职职工硕士研究生和扬州大学第三期30名学员的选拔和培训工作，为水文事业发展提供坚强的人才保证。三是积极在干部职工中开展“四项业务技能竞赛”活动，积极筹办好全省水文职工技术比武活动，不断提高干部职工队伍业务水平与服务能力。四是要把增加职工收入作为保稳定、建和谐、促发展的重要任务，要充分发挥水文技术、人才、仪器和资料成果等优势，积极承揽服务咨询项目，不断扩大收入渠道。积极改善职工的工作和生活条件，尽力使水文职工感觉到所从事的工作有体面、有尊严，真正使广大水文职工特别是一线职工感受到水文发展带来的温暖。

我相信，有省委、省政府对水利事业的高度重视，有厅党组的坚强领导和发展水利事业的气魄和智慧，我省水利事业乃至水文工作将会出现一个崭新的局面。

（杨汉明）

思想政治工作

SIXIANGZHENGZHIGONGZUO

實事求是

"创新、发展、我是青年我先行"
五四青年节座谈会

HYDROLOGY
年4月·
杨汉明

深入学习武装思想　坚定信念正派做人

——学习习近平总书记系列讲话心得体会

（2014 年 7 月 25 日）

党的十八大以来，习近平总书记把握时代和实践的新要求，把握人民群众的新期待，在许多重要会议、重要活动、重要场合发表了重要讲话。这一系列重要讲话，集中了全党和全国人民智慧，深刻回答了新的历史条件下党和国家发展的一系列重大理论和现实问题，提出了许多富有创见的新思想、新观点、新论断、新要求。为了认真学习贯彻习近平总书记系列讲话精神，按照中央和省委、省直机关工委要求，厅党组及时做出决定，对水利厅直系统处级以上干部贯彻习近平总书记系列讲话精神集中轮训，水利厅党组书记、厅长王锋用自己的学习体会做了一个很好的动员讲话。自己通过认真学习并结合自学，体会很深。

一、深入学习，武装思想

习近平总书记一系列重要讲话，涉及改革发展稳定、内政外交国防、治党治国治军各个方面，立意高远，博大精深，贯穿着马克思主义世界观和方法论，体现出高度的政治责任、鲜明的人民立场、严谨的求实精神，是我们武装头脑、指导实践、推动工作的强大武器和科学指南。水利厅举办这次集中学习培训，时间之长，内容丰富，是前所未有的，充分说明了厅党组对学习贯彻习近平总书记系列讲话精神的高度重视，也对我们每一位干部全面系统掌握讲话的丰富内涵、精神实质和实践要求都有很大帮助，重要的是对于把我们干部思想统一到讲话精神上来，做到认识上一致、政治上同心、思想上统一、行动上同步，具有十分重要的意义。

通过观看辅导录像和听取辅导老师的讲座，使自己思想上受到了一次深刻的教育，我深刻认识到，党的根基在人民，力量在人民，兴衰成败也在人民。党的十八大以来，习近平总书记多次强调，任何时候都要把人民利益放在第一位，始终与人民心连心、同呼吸、共命运，始终依靠人民推动历史前进。自己作为单位一把手，要深深懂得干任何事情都要依靠人民群众这个道理。同样，在我们水文系统，要搞好水文各项工作、促进水文事业发展、维护单位和谐稳定，必须紧紧依靠全体广大水文干部职工，这一点在任何时候都不能动摇。在这个大前提下，在平时的工作中，我们要经常深入基层、深入群众，倾听职工意见，在力所能及的情况下，尽力为职工办好事、办实事，调动职工的积极性，充分发挥广大水文干部职工的聪明才智，促进水文事业发展才能有坚强后盾。

二、牢记宗旨，改进作风

习近平总书记强调，工作作风上的问题绝对不是小事，如果不坚决纠正不良风气，任其发展下去，就会像一座无形的墙把我们党和人民群众隔开，我们党就会失去根基、失去血脉、失去力量。学习了习近平总书记在中央纪委二次全会上的讲话精神后使我感触颇深，特别是总书记语重心长地指出了加强干部作风问题的重要性，自己要深刻理解，真正把握深刻内涵。通过这次进一步的学习，我作为一名党员领导干部，首先，要认真学习党章、遵守党章，自觉用党章约束和规范自己的言行，牢记党的宗旨，增强党性修养，特别是要在坚定理想信念、坚持实事求是、推动科学发展、密切联系群众、严守党的纪律等方面为广大水文干部职工做出表率。其次，要认真贯彻落实中央颁布的八项规定，严格用八项规定要求自己，自觉做弘扬艰苦奋斗的表率，坚持说实话、务实事、求实效，不做表面文章，不摆花架子，要通过自己的实际行动在我们水文系统内形成一个改进作风抓落实、齐心协力促发展的浓厚氛围。最后，要敢于担当，目前水文事业发展机遇大好、任务艰巨，我们每一位干部都应当树立机遇意识和担当意识，敢于面对困难，要有迎难而上的勇气和信心，高度负责，积极工作，努力完成厅党组和上级交给自己的工作任务，为我省水文事业发展做出自己应有的贡献。

三、坚定信念，正派做人

习近平总书记强调："理想信念就是共产党人精神上的'钙'，没有理想信念，理想信念不坚定，精神上就会'缺钙'，就会得'软骨病'。"当前，一些党员干部在市场经济浪潮中迷失方向，违反党纪国法，无不是动摇了理想信念。特别是目前我国进入了改革的"深水区"，更加凸显了坚定理想信念的重要性。所以，我作为一名党员领导干部，要以实际行动认真学习贯彻习近平总书记系列重要讲话，自觉用习近平总书记讲话精神武装思想，进一步坚定中国特色社会主义的道路自信、理论自信和制度自信，不断提高党性修养，解决好人生观、世界观、价值观这个总开关。这次学习班上通过听取专家讲座和观看录像，使我受到了一次深刻的党风廉政教育，作为单位主要领导，自觉按廉洁有关规定要求自己，严格按照《中国共产党党内监督条例》和《中国共产党党内纪律处分条例》约束自己，常修为政之德、常思贪欲之害、常怀律己之心。自觉抵御拜金主义、享乐主义、极端个人主义等消极腐朽思想的侵蚀，夯实廉洁从政的思想道德基础。一是坚守政治底线。作为一名党员领导干部，首先应该坚持正确的政治方向，在大是大非面前保持清醒的头脑，坚决抵制损害党的利益的行为，始终以党和人民的利益为出发点。二是坚守纪律底线。要带头遵守纪律。包括政治纪律、组织纪律。以大局出发，不计小集体和个人利益。三是坚守做人底线。作为一名负责人，要以身作则，以德服人，正派做人。要求别人做到的自己首先做到，要求别人不做的自己坚决不做，己所不欲，勿施于人。四是坚守诚信底线。在当前诚信缺失的现状下，这一条非常重要。诚信包含着对组织的忠诚和对同志的坦诚。作为单位一把手，要有一颗真诚、宽容的心。对组织忠诚、对同志坦诚。坚持从我做起，从小事做起，从细微之处规范自己的一言一行，用自身的模范行为弘扬正气、影响干部、带动职工，做一名党组织放心、广大职工信任的好干部。

（杨汉明）

筑牢廉洁自律意识　营造干事良好环境

——在陕西省水文局中心组全体干部学习会上的党课

（2017年9月10日）

今天，利用中心组学习这个机会，给大家上一堂廉政教育党课，其目的有三点：一是落实中央八项规定和党风廉政建设责任制的相关要求，推进我局党风廉政建设工作深入开展；二是引导大家正确认清形势，自觉加强党性锻炼，提高廉政勤政意识，增强拒腐防变能力；三是营造保持和支持干部干事创业良好环境，进一步调动大家工作积极性，促进水文事业健康快速发展。廉政教育党课是党内一种有效的教育形式，通过它可以引导党员干部树立正确的人生观、权力观和道德观，正确对待和行使权力，自觉做到廉洁自律。

下面，我结合近期思考和水文工作实际，从以下几方面谈几点认识和感想，与大家共勉。

一、讲党性，重品行

在座的我们多数同志都是共产党员或者是肩负着部门重要职务的人员，是水文局的中坚力量。在新的历史时期，作为一名共产党员和干部，应当如何地讲党性、重品行呢？我想，一个讲党性、重品行的党员，最根本的是要树立正确的人生观、权力观和道德观。这“三观”是共产党员和干部的必备素质，缺乏这些素质，就很难成为一名合格的共产党员和干部。

（1）关于人生观的问题。一提及人生观，大家自然感到这是个老生常谈的话题。而这个老话题，却是每个人，特别是共产党人一生中每时每刻都在回答、谁也不能回避的永恒课题。人生观是“总开关”，有什么样的人生观，就有什么样的人生。现在大家整天忙忙碌碌，但是静下心来想一想：人这一辈子到底想干点什么？苏东坡有句话，“哀吾生之须臾，羡长江之无穷”。人在时空两大维度中都是非常渺小的，转眼就过去。人生观正确的人，一辈子可以活得很充实、很积极，可以干出很多有意义的事。如果在人生观问题上没有一个合理的定位，稀里糊涂就过去了，最后什么也不是。作为党员干部，树立正确的人生观，必须做到以下几点。

第一，要坚定理想信念。习近平总书记指出：“理想信念就是共产党人精神上的‘钙’，没有理想信念，理想信念不坚定，精神上就会‘缺钙’，就会得‘软骨病’。”理想信念，它不是个空东西，有巨大的感召力和吸引力。在这里，有两段十分感人的历史，和大家分享一下。一个是延安时期。与当时蒋介石所控制的那些地区相比，延安是山沟，穷得不得了，但是大批人才都跑到延安，还要越过几道封锁线。著名的人物有丁玲、冼星海、聂耳、艾青等。当时有评论说，延安不仅是共产党的根据地，也是中国的一大文化中心，这就是共产党的吸引力，因为她代表了抗日救国的正义事业。还有一个很感人的时期，就是中华人民共和国成立以后一大批海外留学人员归国。大家比较熟悉的像钱学森、邓稼先、华罗庚、竺可桢等。实际上，他们中间的一大批人已在欧美学有所成，是我们党的正义事业把他们都吸引回来了。党员干部如何树立正确的理想观？我归纳为四个字，即爱国信党。爱国，就是珍爱中华民族。我们中华民族是有骨气的民族，是具有强大凝聚力的民族，当前我们正致力于实现中华民族伟大复兴的中国梦。这是正确理想观的“基”和“本”。信党，就是坚信共产党的正确领导。这是政治信仰，是理想观的核心内容。唯有中国共产党才能救中国，才能带领13亿人民全面建成小康社会。

我们绝不能以偏概全，看到党内出现几个腐败分子，社会上出现腐败现象，就动摇对党的信念。

第二，要正确对待利益。南宋诗人陆游曾在一首诗中写道：“利禄驱人万火牛，江湖浪迹一沙鸥。”诗人形象地比喻一些人为利禄所驱使，像火牛一样不顾一切，最终走向堕落，可谓入木三分。习近平总书记有一句话是这么说的，当官就不要想发财。这句话通俗易懂，但道理深刻。在这方面，从宏观上看，应该说整个干部队伍总的情况是好的，但也有少数党员干部会犯糊涂，利大大干，利小小干，无利不干。市场经济条件下，私有经营者、个体工商户，这样想倒也无可非议，但作为党员、中层干部，就不应该了。它有悖于共产党员的称号，与党的性质、宗旨和入党誓言格格不入。

共产党人是唯物论者，从不否认正当合理的个人利益。但是，凡事皆有度，如果过多地考虑个人，就会成为名缰利锁的囚徒，甚至滑到邪路上去。大家一定要以国家利益为重，正确看待个人利益，正确看待个人得失，正确把握利益关系，经常想想那些英雄先烈，比比那些先进模范，看看那些困难群众，说实在的，现在的党员干部条件待遇已不算低了。结合我们水文实际，近几年在抓好水文业务工作的同时，我们依然抢抓有利时机，开拓水文服务领域，千方百计积极创收，干部职工收入逐年增加，特别是国家加大对水文的投入，中小河流水文监测系统建设的实施，职工的工作和生活条件也得到极大改善，应该说我们的获得感不断提高。

第三，要正确看待幸福。我们对待幸福应该有正确的认识。我理解，作为党员干部，首先，幸福来源于劳动，人世间的一切幸福来自辛勤的劳动。其次，幸福来源于贡献，要经常想一想、算一算，自己为单位发展做了多少事，为水文跨越出了多少力，为职工群众解了多少难，这是一种成就感，能使人愉悦、促人充实。再次，幸福来源于清廉。一个党员干部如果在廉洁自律上栽了跟头，不仅贻误了党和人民的事业，也影响了自己的家庭。若是因为违纪而移送了司法机关，判了刑，既失去了自由，也没有了能力去赡养父母、培养子女，何谈幸福？所以，每一名干部都要清楚地认识到这一点。

（2）关于权力观的问题。习近平总书记最近在一次讲话中指出，马克思主义权力观概括起来是两句话：权为民所赋，权为民所用。习总书记还强调，要加强对权力运行的制约和监督，把权力关进制度的笼子里。不论在什么岗位，都只有为人民服务的义务，都要把人民群众利益放在行使权力的最高位置，都要把人民群众满意作为行使权力的根本标准。

第一，要自觉实践“权为民所赋”。现实中，有些党员领导干部，特别是一些年轻同志，在如何理解和把握“权为民所赋”这个问题上，出现了一些偏差和误区。如有的领导干部信奉个人奋斗、“凭本事吃饭”，认为职务地位是靠自己干出来的，组织培养、人民养育的观念非常淡薄。这样的干部在走上领导岗位行使权力的过程中，容易出现“主观为自己，客观为社会”的问题，一切根据自己的利害得失来衡量。当个人与国家、集体利益发生矛盾，甚至需要牺牲个人利益的关键时刻，这些干部往往就现了原形、出了问题。那个很著名的郑州市规划局副局长逯军，属于“一语成名”——他质问记者“准备替党说话，还是替百姓说话”，这是将党和百姓对立起来，把领导干部的脸给丢光了。这显然是不懂得“权为民所赋”的基本原则。

第二，要自觉实践“权为民所用”。“权是双刃剑，荣辱一挥间”。实践证明，权力是公器，哪里的领导干部能加强党性修养、公正用权，哪里就风清气正、心齐劲足、一片生机；哪里的领导干部独断专行、滥用职权，哪里就会矛盾重重。在中国古代，为官者尚知“足寒伤心，民寒伤国”“利在于民，犹在国也”的道理。今天，我们作为党员领导干部，更应该时刻牢记人民群众是国家的主人，是我们的衣食父母，有了权之后，就应该更好地为他们服务。如何实践“权为民所用”呢？我认为，一要反特权。习近平总书记强调，反腐倡廉建设，必须反对特权思想、特权现象。《宪法》第5条规定："任何组织或者个人都不得有超越宪法和法律的特权。"不可否认，现实中，特权思想、特权现象已经在经济、政治、思想文化和社会各个方面产生了严重的影响，特权思想不清除，广大党员的思想就不可能达到统一；特权现象不遏制，人民群众就不可能对党和政府产生信任，社会风气就不可能清正廉洁，腐败就没有办法铲除。作为我们单位管钱管人重要部门的党员干部，要身体力行，带头克服特权思想、特权现象。二要不争权。"道相同则心相知，心相知则力相合"。部门主要负责人要身先士卒，率先垂范，以身作则，自觉接受广大干部职工和群众的监督。班子成员之间、科室之间，要珍惜合作共事的机会，平时多交换意见，互相信任不猜疑，互相尊重不争权，互相支持不推诿，互相配合不扯皮，互相补台不拆台。三要慎用权。权力具有天生的腐蚀性，如果不受监督，就容易滋生腐败。党员领导干部一定要对权力保持高度的警惕性。要守得住清贫、耐得住寂寞、经得住诱惑、管得住小节，防微杜渐，慎之又慎。要在权力面前始终保持一个正常的心态，利用权力把国家事业做大，在权力面前把人做"小"。我们基层的同志，不要认为自己的级别低、权力小，没有什么要防患的了。其实不然，"蚁贪"大家应该都听说过，指的就是那些级别小的官员利用手中的权力贪污腐败。在生物界，蚂蚁的体态和地位都比较微小，也决定了其搬运能力的有限。然而正是这些看似渺小的蚂蚁，却能把数倍于自己体积的食物一趟趟运回洞穴储存起来。虽然每次搬运的数量并不大，但次数多了，聚集起来的食物也颇为可观。这些处于权力末端的"小人物"，就像蚂蚁，在一个较长的时间周期里，凭借"蚂蚁搬家式"的隐蔽作案手段，一点一滴地多次实施贪污贿赂，直至案发。

（3）关于道德观的问题。领导干部既是社会成员的组成部分，又在社会分工中占据特别的地位，其道德程度高低不仅是个人问题，而且具有公共性，代表着公信力；其道德牵连着“党德”，折射着“国德”，示范着“民德”。因此，加强领导干部的道德修养，自觉提高拒腐防变与抵御风险的能力，无疑十分必要。一是要锤炼好品行。一要忠诚。党员干部要坚决拥护党的领导，认真执行党的决定，在大是大非面前旗帜鲜明，立场坚定，始终听党话、跟党走。任何时候，我们的党员干部都要确保上级的各项方针、政策得到全面贯彻落实，决不允许“上有政策、下有对策”，决不允许有令不行、有禁不止，决不允许在执行过程中打折扣、做选择、搞变通。二要感恩。要时刻不忘组织培养，常怀感念之心，常念感激之情，常报感恩之德，把感恩之心化作报恩之举，把更多的精力投入到工作之中，做到用感恩之心对待组织，信赖之心依靠组织。三要敬业。干一行、爱一行、钻一行、精一行；要脚踏实地、埋头苦干，就像一颗种子一样，只有埋头，才能出头。要从自己做起、从身边做起、从点滴做起，克服心浮气躁、急功近利、好高骛远等不良倾向，兢兢业业、扎扎实实地做好每一项工作。四要吃苦。李源潮副主席曾指出，党员干部要在有功劳的时候不伸手、有苦劳的时候不计较、有疲劳的时候不抱怨。现在有少数同志存在错误认识，认为近几年水文发展了，收入增加了，不需要再吃苦，可以好好享受一下，所以吃点、喝点、玩点、用点，无关紧要。殊不知，“一粥一饭，当思来之不易；半丝半缕，恒念物力维艰”。我们在工作中一定要肯于吃苦、乐于吃苦、敢于吃苦。二是要培育好的境界。要心系大局，心胸豁达。从古至今，“将军肩上能跑马，宰相肚里能撑船”“计利当计天下利，求名应求万世名”“能容毁誉风中过，坐看烟云笔底穿”等名言警句一直警示着世人。只有心胸豁达，方能成就事业、方能收获快乐；只有心胸豁达，方能成就自己之事、成他人之事、成百姓之事。试想，在一个单位如果领导对待同事不豁达，势必下属要花大量的时间和精力揣摩领导的意图和心思，这样一来下属如何会信服、如何会敬重；如果领导对待领导不豁达，那么势必意味着这个单位领导班子有了问题不能开诚布公，有了分歧不能坦诚相待，长此以往必会影响团结；如果同事对待同事心胸不豁达，那么大家彼此之间势必缺少默契与信任，那么这样的单位肯定缺少凝聚力与向心力。三是要心态平和。清人申居郧说得好："做官时，要往前日想一想：我原不是官；又要往后想一想：我不能常有此官。寻取真我，方有着落。"的确，人生的价值不在于官大官小，而在于干事的多少和奉献的多少。党员干部只有常怀这种"平常心"，才能站得高一点、看得远一点，不为名而失志，不为利而乱意，不为权而动心。四是要形成好风气。风气虽然看不见摸不着，但是却可以强烈感知，而且有着巨大的能量。好风气能聚人心、出人才、兴事业，给人带来安全感、温馨感和幸福感。领导干部是党的中坚力量，领导干部形象好，党的形象就好；领导干部的威信高，党的威信就高。决不允许传播政治谣言和公开发表违背中央决定的言论，决不允许对一些道听途说、似是而非的东西乱猜乱议，决不允许恶意诋毁他人。这些，都是形成好风气的关键所在。

二、敢作为，勇担当

习近平总书记曾指出，看一个领导干部，很重要的是看有没有责任感，有没有担当精神；是否具有担当精神，是否能够忠诚履责、尽心尽责、勇于担责，是检验每一个领导干部身上是否真正体现了共产党人先进性和纯洁性的重要方面。

（1）增强"作为"意识。一个地方、一个单位的发展，我理解，一是要有好的发展思路，二是要有好的工作方法，三是要有好的干部作风。任何成功源于一个正确思路，任何失败源于一个错误思路。思路正确就能保证工作不偏离方向，思路出错则可能导致南辕北辙。一要把握大势谋思路。《孙子兵法》中说："善战者，求之于势。"日常生活中，我们也常说："善弈者谋势。"说的都是同一道理，打仗与下棋都要十分注重把握大势，谋篇布局，谁取得了势，谁就掌握了胜利的主动权。因为，“大势”就是事物发展的基本走向，带有一定的规律性。为此，我们在谋划思路时，必须要特别注意顺势、因势、用势、取势，从宏观上进行定位，本单位应该做什么，该朝什么方向发展。这样，我们就可以牢牢掌握制胜的主动权。二要立足实际谋思路。谋划思路时，必须从行业和单位的实际出发，充分考虑基础、条件、资源等客观实际情况，因地制宜，灵活变通。既要站得高、看得远，还要立得住、落得实。否则，再好的思路，也只能是无源之水、无本之木，没有生命力。三要着眼未来谋思路。今天的成绩是由昨天的选择决定的，而今天的抉择又将影响明天的结果。因此，谋划思路要与时俱进，不仅要立足现在，更要着眼未来。要想在激烈的竞争中脱颖而出，首先，必须具备战略的眼光、超前的思维，在认真把握国际国内大势，准确分析本部门的过去、现在和未来等情况下，才能找到最适合自己的思路，有效增强工作的预见性、针对性和指导性。其次，关于方法问题。关于工作方法问题，毛主席曾有一个非常形象的比喻：“我们的任务是过河，但是没有桥或没有船就不能过。不解决桥或船的问题，过河就是一句空话。不解决方法问题，任务也只是瞎说一顿。”讲究工作方法和艺术，是适应和胜任工作的一个紧迫的课题。方法得当，事半功倍；方法不当，事倍功半。一要抓重点。牵牛要牵“牛鼻子”，抓落实要抓重点。我们有些同志成天忙忙碌碌，看起来很辛苦，工作成绩却不佳，原因就在于他们抓工作、抓落实的方法不对头，胡子眉毛一把抓，抓不出成效。抓主要矛盾，抓重点工作，以此带动全局工作实现突破，这是马克思主义领导科学的要求。对千头万绪的工作要分类排队，分清轻重缓急，把力量相对集中起来，着力解决涉及全局性的突出问题，就容易打开局面，发挥连锁效应，其他问题也会迎刃而解。二要抓薄弱环节。大家都知道有一个“木桶理论”，其核心内容为：一只木桶盛水的多少，并不取决于桶壁上最高的那块木块，而恰恰取决于桶壁上最短的那块。抓落实是个系统工程，我们既要抓住重点，也要抓薄弱环节，把“木桶”上的那块“短板”补齐。三要抓统筹。目前，我们还处于汛期，各项工作任务都很大，头绪也多。科学的方法就是要区分主次、区分先后、区分轻重、区分缓急。就像弹钢琴一样，不能始终只按一个指头，也不能十个手指一起按，必须按照乐谱去弹琴键，才能演奏出美妙动听引人入胜的乐曲。如果只按一个指头，奏不出调子；或者十个指头同时按，没有主调，就是乱弹琴。

（2）坚定发展思路。思路决定出路，好的发展思路，必须坚定不移地贯彻执行。2009 年以来，我们根据形势和任务以及水文发展变化，超前思维，谋划长远，结合实际，科学决策，提出了一系列发展思路。2009 年提出“业务立局、科技兴局、人才强局，开放办水文”“加强人才培养，注重能力建设，认真履行职责，提高服务水平”发展思路，经过几年实践，证明这一思路是正确的，符合水文事业发展实际，并已取得了初步成效。2010 年提出“服务防汛抗旱是水文局的立身之本，参与水资源管理是水文局发展壮大之源”，明确了水文立身发展的两大主业。2011 年全省中小河流水文监测系统建设项目实施，项目总投资 3.6 亿元，水文迎来了历史上投资最多、规模最大的大好发展机遇。针对项目建设，我们提出：以水利部水文局设计大纲为依据，坚持以人为本，科学谋划，探索新路，因地制宜，努力实现中小河流水文监测系统建设项目的监测、采集、储存、传输、预报的信息化、自动化。这一思路的提出，受到了水利部水文局高度肯定，并在全国做了经验交流。2013 年水文自动测站建设运行后，为实现水文人进城梦，我们提出实现有人看管、无人值守，充分运用现代科学理论指导和新技术、新设备，推进自动监测传输现代化步伐。2014 年为解决人员严重不足问题，提出了加快推进水文测验方式、方法改革，探索测站运行管理新机制的新命题。2016 年提出了抓创新就是抓发展，谋创新就是谋未来，加快形成“创新引领，巡测优先，驻巡结合，测报自动，应急补充，科学规范”的监测管理体系的发展思路。在加强干部队伍建设方面，我们要求每一名班子成员对干部成长进步要做到：政治上关心放在首位，人文关怀贯彻始终，生活上关心做在经常的工作要求。

在好的思路指导下，经过全局干部职工积极贯彻和坚持不懈地努力，水文监测站点明显增加，服务领域不断拓展，支撑能力显著增强，服务经济社会发展和防汛减灾的成效大幅提高，水文事业发展实现了新的跨越。我回想一下，近几年我们在应对突发水污染事件和防汛水文测报所做的工作得到了上级领导和全社会的高度关注。比如：2015 年 11 月 24 日，甘肃省西和县陇星锑业有限公司尾矿库尾砂泄露，导致西汉水跨省水污染。事件发生后，我们举全局之力，组织调动 60 余人，编制测报方案，增加布设监测断面，加密监测频次，收集汇总、及时传输水文信息，科学研判，为实施水污染应急处置、水利工程水量调度和沿河市县城区供水应急处置提供了数据支撑。陕西省副省长张道宏盛赞“水文队伍是一支过硬的队伍”。连续多年汛期全局干部职工坚守岗位，不畏艰险，迎风雨、战恶浪、测洪水，为各级领导和防汛部门抢选决策提供水雨情信息。特别是今年在迎战陕北“7·26”特大暴雨洪水中，绥德水文站在站房被淹、道路冲毁、电力通信中断、身处孤岛、生命安全受到严重威胁的重大汛情面前，表现出了惊人的毅力与担当，把职责使命放在第一位，面对困难不退缩，面对死亡不恐惧，坚守岗位，顽强拼搏，宁肯身体透支，不让事业受损，迎难而上，勇战洪魔，抢测快报，及时传递水雨情信息，出色地完成了测报任务，为防汛抢险指挥决策提供了科学依据，为下游预警预报和受灾地区组织群众撤离避险赢得了时间，为确保群众生命财产安全、最大程度减少灾害损失做出了重要贡献，国家防总充分肯定，省防总发文嘉奖。8 月 3 日，中央电视台《焦点访谈》栏目播发了《洪水中的生命之舟——未曾间断的测报》，报道了绥德水文站四名同志的英勇事迹。8 月 4 日，省委书记娄勤俭做出重要指示，充分肯定了绥德水文站四位同志临危不惧，忠于职守，为群众避险转移发挥了重要作用，要求充分报道宣传，传递正能量。《陕西日报》、陕西电视台、《三秦都市报》《陕西工人报》以及人民网等各大主流媒体均做了宣传报道，在社会上引起强烈反响，为陕西水文赢得了赞誉。绥德水文站以及站长马锋和共产党员高舒同志的先进事迹在全局干部职工中也引起了共鸣，省局党委号召在全局开展学习活动，希望在真学实做上下功夫、见成效，努力在全局形成一个学先进、比奉献、创佳绩的浓厚氛围。

（3）积极担当履职。一是要用心想事。民间有句俗话是这么说的，十个听话的不如一个用心的。应该说，当前大多数党员干部都能较好地做到这一点，但也有一些党员干部不是这样：或者缺乏责任心和使命感，心不在焉，不知道要干什么事、该干什么事；或者把心思用错了地方，对自己的事专心，对单位和水文事业发展的事不上心。这样做的后果，必然是精力分散、耽误工作、影响发展，辜负组织的信任和职工的期待。“用心”，就是要有热情、有干劲，要动脑筋、善思考。要了解政策、熟悉程序、掌握规律，提高想事的针对性和实效性。二是主动干事。实干兴邦，空谈误国。当前，我们干部队伍中工作不主动的干部，主要存在三种类型：一是“开茶馆”，要么坐而论道，纸上谈兵，要么对工作敷衍应付，抓不到实处；二是“老牛拉破车”，对工作总是一等、二靠、三看，既无工作节奏，更无效率可言；三是“守小摊”，认为自己工作岗位基本固定了，与其辛辛苦苦干工作，不如四平八稳熬日子，不求有功，但求无过。这些与我们今年提出的“一巩固、一扩张、二完善、三提高、四加快”的重点目标是格格不入的。我们要有积极主动的态度，在工作中不能事事请示领导，而要善于从岗位专业的角度寻找解决问题的方法。领导和部门负责人应一事当头，主动打先锋、当楷模，愿为整体工作和全局利益奉献智慧。中层干部要主动配合、加强协调，积极出点子、想办法，为领导分忧解难。三是要担当处事。习近平总书记强调，权力的行使与责任的担当紧密相连，有权必有责。担当处事就是勇于承担责任。肩扛千斤，谓之责；背负万石，谓之任。必须负的责，迎着风险也要担。不愿担责任，就不该当党员；不敢担责任，就不配当领导；不会担责任，就不能当干部。担当精神就是一种基于对行为合理性深刻认识基础之上的意志和行为品质，是使命意识和责任观念的有机统一。在急难险重面前，有舍我其谁的思想与理念，有一马当先的勇气和魄力，有履行责任的能力和素质，这就是党员领导干部的担当精神。在座各位干部无论正职还是副职，都有一定的权力，主抓或分管具体的事务，一定要敢于负责、勇于担当，组织任用目的也在于此。

（4）营造干事环境。积极营造党员干部干事创业环境，不仅能进一步巩固好党群干群关系，激发工作热情，更能挖掘干部的开创性。一要宽容失败。要创新执纪理念，把严肃执纪与支持改革发展、尊重客观规律结合起来，实事求是地处理改革发展和实践创新中出现的问题，严格区分失职与失误、敢于作为与乱作为、负责与懈怠的界线。二要鼓励创新。每一位干部要对本部门以及个人所担负的工作深入思考，积极探索。比如，如何在加强部门管理上下功夫？如何在提高职工业务素质能力上下功夫？如何在改进工作作风、提高工作效率上下功夫？等等。希望我们的干部不要当老好人，要针对问题所思所想，要有啃硬骨头的精神，我认为，“只要符合科学发展观的要求，符合职工群众的根本利益，有利于单位发展，不违法、不违纪、不违规，就要大胆地去试、积极地去闯”。

三、守纪律，改作风

（1）遵守党纪法规。严密的组织纪律性，是我们党的一个鲜明特征，也是党始终保持先进性的重要保证。一要严于律己。严于律己是领导干部必备的思想作风和道德品质。常怀律己之心，既是对党的事业的高度负责，也有利于个人的健康成长。我们作为党员干部，要不断用先进理论武装自己，用纪律条例约束自己，用先进人物激励自己，用反面典型警示自己，真正把党的政策作为生命线、法律作为高压线、纪律作为警戒线。要把自重作为立身的准则，坚定自己的信念，珍惜自己的名誉，让自己的言行一致，做一些与自己责任相符的事情。要把自省作为修身的镜子，曾子曰："吾日三省吾身，为人谋而不忠乎？与朋友交而不信乎？传不习乎？"我们在生活中难免会有这样那样的缺点，我们要向曾子这样经常审视自己的行为、思想，防微杜渐，不断纠正自己的错误，克服自己的缺点。要把自警作为安身的标尺，对自己的思想和言行要有高度的警觉，对可能出现的错误及时察觉，防患于未然。同时，要把自励作为润身的目标，经常地鞭策和激励自己，在工作中始终保持斗志高昂、自强不息。二要严守他律。严守他律就是要严格遵守党的规章制度和其他法律法规。严格遵守"党章"，党章是党的总章程，是全党必须共同遵守的根本行为规范。严明党的政治纪律，永葆党员先进纯洁，最基本的就是要牢固树立党章意识。

（2）履行一岗双责。顾名思义，一岗双责说的就是一个岗位、两种责任。指的是各级领导干部履行好岗位职责的同时要自觉承担党风廉政建设和反腐败工作职责。主要负责人要认真履行第一责任人职责，不仅要管好自己，还要管好队伍、管好身边人，中纪委书记王岐山的一番话至今回顾起来都充满了深意。他说，现在在家做主的领导干部不多了，一切权力归配偶，但领导干部的耳根一定不能软。习近平总书记在"两会"期间参加江苏代表团讨论时，对代表提出的"预防职务犯罪能出生产力"的观点给予了肯定，并语重心长地指出，国家培养一位领导干部比培养一位飞行员的花费要多得多，而更多的还是我们倾注的精神和精力。所以，我们务必全面贯彻党风廉政建设责任制，各部门一把手要切实履行好党风廉政建设的主体责任，要敢于批评人，经常咬咬耳朵、拉拉袖子，这是一种帮助、一种预防。

（3）改进工作作风。作风问题，本质上是一个政治问题，体现了民心所向。它关乎党的形象，决定党在群众心中的分量。一要兴学习之风以增才气。习近平总书记指出，好学才能上进。“才由学得，德由学进，业由学成”，才气是领导干部成就事业的基石。党员干部要提高五种能力，即抓发展的能力、做群众工作的能力、开拓创新的能力、破解难题的能力、履行职责的能力，请大家查漏补缺，努力提高，成为注重学习的“先锋官”、熟悉工作的“政策通”、素质过硬的“多面手”。二要兴务实之风以养锐气。务实求真是党的优良传统和党员干部应具备的政治品格，对领导干部而言，树立求真务实的价值观，不仅是转变工作作风的需要，也是落实科学发展观、推进事业稳健发展的需要。要有务实之“言”，就是要实话实说，实情实报。个别干部在平时的言谈话语、汇报情况中，虚辞多、实话少，谎话多、诚话少，这对自己、对事业都是一种危害。要有务实之“干”，要求领导干部在工作中认真抓落实，抓检查督促，多杀几次“回马枪”，多来几个“回头看”，做到落实不到位不撒手、抓不出成效不罢休。要有务实之“绩”，政绩靠大话哄不来，靠空话吹不来，唯有靠求真务实干出来。三要兴调研之风以接地气。密切联系群众是我们党的群众路线的具体体现，是我们党的优良传统，也是我们的政治优势。如果我们不能充分认识到密切联系群众的重要性，不能事事处处为职工着想，为基层着想，那么，作为各级党员干部，就会在职工中失去信任和支持，水文事业发展就会缺乏活力。

同志们，在当前新形势新任务面前，我们肩负的事业光荣而艰巨，面临的困难和问题还很多，希望大家一定要低下头、沉下身、静下心，多到基层察民情、深入职工听民声，这样才能做到心中有数，掌控有度、协调有方，我相信，只要全局干部团结一心，振奋精神，真抓实干，我们提出的“11234”重点目标一定会实现，水文事业发展将会再创新佳绩。

（杨汉明）

业务立局

YEWULIJU

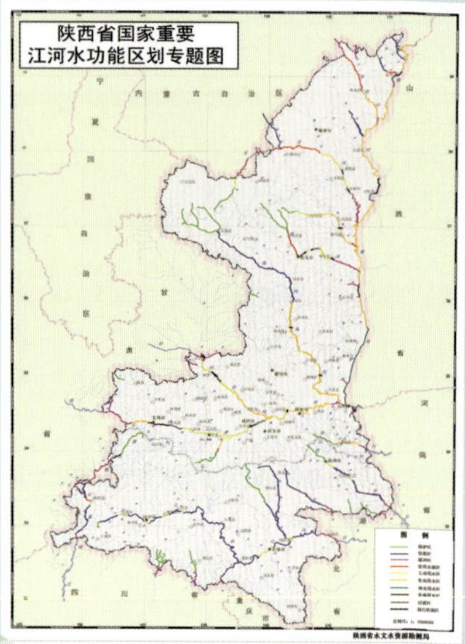

（史卫锋/提供）

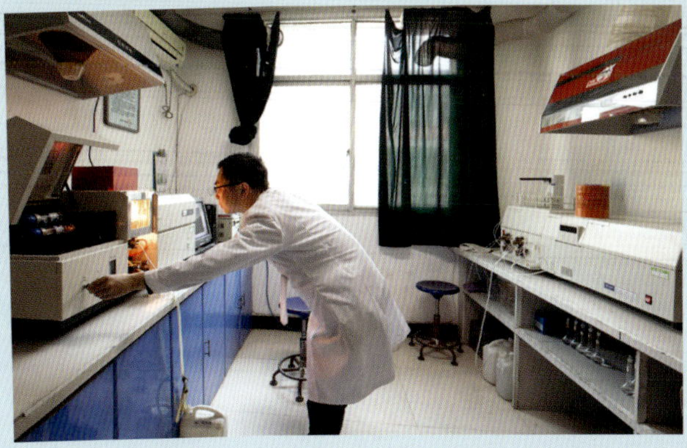

（李军平 / 拍摄）

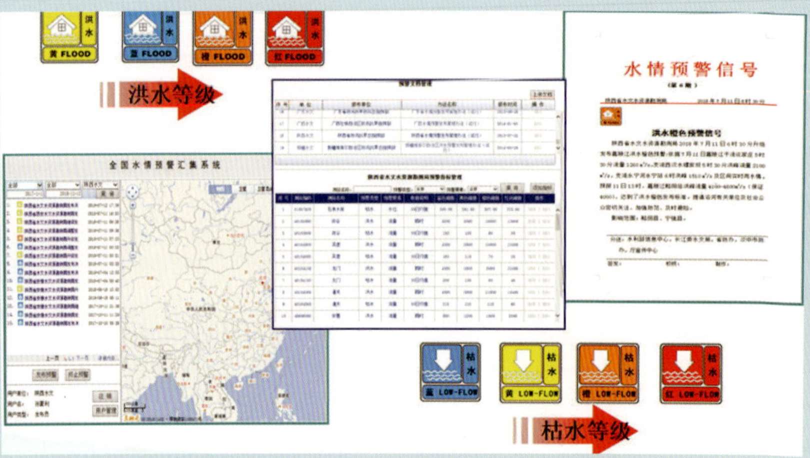

（孙夏利/制作）

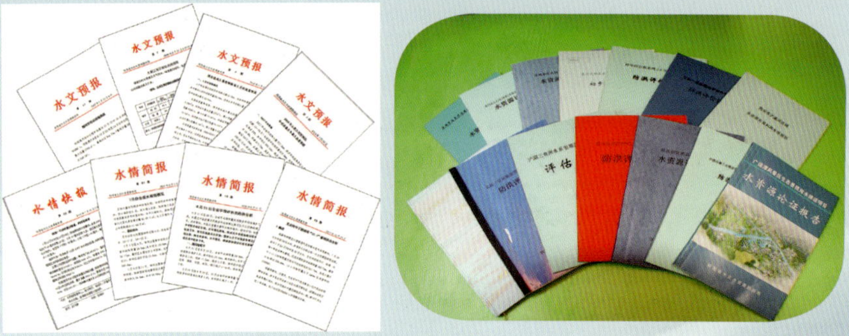

（孙夏利/制作）

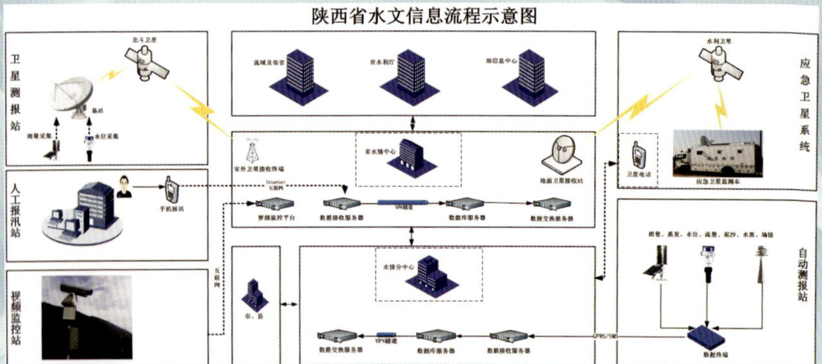

（孙夏利/制作）

树立“大水文”观　履行水文职能
推进水文事业再上新台阶

——在全省水文工作会议上的工作报告

（2009 年 4 月 16 日）

在全国水情工作会议和全省水政水资源工作会议刚刚结束，我省长江流域即将入汛之际，召开今年的全省水文工作会议。水利厅对这次会议非常重视，管黎宏副厅长、防汛抗旱办巨安祥副主任、水资源处丁东华处长一行莅临会议并将做重要讲话。在此，我代表水文局党政领导班子和全体干部职工，对管厅长一行表示热烈的欢迎和衷心的感谢！

这次会议的主要任务是：以邓小平理论和“三个代表”重要思想为指导，深入贯彻科学发展观，认真学习贯彻党的十七届三中全会和全省水利工作会议、全省水政水资源工作会议、全国水情工作会议精神，回顾总结近年来的水文工作，分析面临形势，交流经验，表彰先进，安排部署 2009 年水文各项工作，振奋精神、凝聚力量，明确任务、落实责任，扎实推进我省水文事业快速全面发展，为经济社会发展和全省防汛抗旱工作贡献力量。

下面，我讲四个问题。

一、近年来全省水文事业取得了长足的发展

近年来，我省水文事业在部水文局的大力支持下，在厅党组的领导与关心下，坚持以科学发展观为指导，坚持把发展作为第一要务，艰苦奋斗，顽强拼搏，与时俱进，开拓创新，在短短的

几年时间里，使全省水文事业呈现出发展快、变化大、面貌新的喜人局面，水文事业取得了长足的发展。

（一）水文基础设施建设成效显著，测站面貌发生新的变化

近年来，我们把加强水文基础设施建设作为促发展、变面貌的基础工作来抓，以前期工作为突破口，在机构上完善，在力量上充实，在思路上超前，在设计上坚持高标准。着眼于把水文基础设施建强、建好，狠抓前期工作，做好项目储备，为争取资金打下基础。据统计，全系统近年来投入达到1亿多元，开创了水文基础设施建设历史最好时期。完成9处勘测队基地和6处水文站新站建设以及56处水文站旧房改造任务，新增生产、生活用房2万多平方米，达到了内强外美、安全实用的基本要求。改造后的水文站抗洪测洪能力有了较大提高，测站面貌发生了新的变化。

（二）坚持以人为本，职工工作和生活条件得到较大改善

坚持以人为本，既有着中华文明的深厚根基，又体现了时代发展的进步精神。近年来，我局各级领导班子深刻领会科学发展观的基本内涵，坚持把以人为本作为保稳定、促和谐的大事来抓，深入基层，了解情况，关心职工生产和生活中面临的诸多问题，下大力气解决存在的实际困难。经过多年不懈的努力，累计争取并筹措资金1000多万元，多数基层测站职工行路难、吃水难、用电难、看电视难、上网难等影响职工生活的问题得到解决和基本改善；解决了机关职工家属楼下水管道长期堵塞渗漏问题；去年又在全系统开展了“电脑进测站，网络连一线”活动；机关职工住宅楼顺利开工建设，等等。所有这些，都体现了以人为本的理念，影响职工生产和生活的问题有所缓解，职工的工作和生活条件与环境得到较大改善。

（三）水文法规建设取得重大突破，水文工作迈向法制化轨道

在省厅的支持下，我们积极汇报，争取支持，狠抓落实，使水文法规建设和依法治水文工作取得显著成效。2005年6月2日，省十届人大常委会第十九次会议通过了《陕西省水文管理条例》，使全省水文立法工作走在全国水文行业的前列。在政策法规的支持下，水文合法权益得到保护，水文共建共管工作取得新成效，为水文事业发展增加了很大的发展空间。近年来，依法查处各类侵权案件60余起，挽回经济损失400余万元，划定水文测验河段保护区70余处，水文勘测环境得到有效保护。2007年延安水文局的志丹、杏河、刘家河水文站与地方实现共建共管后，去年，经过多方面努力，在商洛市政府和市水务局的大力支持下，商洛水文局与商洛市实行共建共管。共建共管工作的顺利实施，标志着我省水文进一步贴近地方水行政主管部门和地方政府，水文发展的环境将越来越宽松。

（四）理顺机构问题取得重要突破，水文干部职工工作热情不断增强

理顺水文机构是促进和保障水文事业发展的重要因素。近年来，省水利厅党组高度重视理顺水文机构问题，2006年8月以来，先后对我省西安、宝鸡、汉中、安康、商洛、延安六个水文局的12名干部进行了高配，使我局基层局主要领导干部高配问题得到解决，为逐步理顺水文管理体制打下了基础。随后，我们加强汇报，争取支持，经过多方努力，在厅党组和上级有关部门的重视和关心下，我局理顺机构工作于2008年1月省编委会议研究通过，水文局实行干部总体高配，局长、书记配为副厅级。下一步对内设机构的负责同志还将要进行高配。通过干部的高配，水文行业的地位得到明显提升，对外联络与交往的渠道进一步顺畅，重要的是，我们多数干部的事业心和责任感得到进一步提升，抓工作、干事业的热情不断增强，为水文事业发展增添了生机与活力。

（五）坚持利用重大活动加强水文宣传工作，水文工作愈加得到各级领导的重视与关心

水文要发展，离不开各级领导的关心和支持。2007年，隆重地举行了“陕西省水文局成立60周年暨《陕西省水文志》首发式庆典活动”。袁纯清省长对《陕西省水文志》首发致了贺信；陈雷部长为《陕西省水文志》题了词；张伟副省长对陕西省水文水资源勘测局成立60周年发来贺信；省上有关部门以及厅领导参加了庆典活动，庆典活动是我省水文事业发展史上前所未有的。

2008年，我们又成功地举办了以“水文发展与水文服务”为主题的第一届陕西水文论坛。中国工程院院士李佩成等120余名专家学者和嘉宾就陕西省水文发展与服务等问题进行了多角度、多方位探讨。这两次活动的成功举办，进一步扩大了水文的影响，水文工作进一步得到各级领导、社会各界的了解、关心和支持。

（六）水文队伍与班子建设不断加强，为水文全面履行职责打下良好基础

各级党组织坚持用先进的理论和科学发展观武装思想，注重职工思想教育、业务培训工作，结合我局实际，先后举办水情综合业务、资产清查暨会计核算以及水政执法等培训班，组织实施了水文勘测工业务技能考核鉴定工作，通过一系列的学习培训，干部职工的素质与技能有了显著提高，铸造了一支冲得上、顶得住，能打硬仗的水文职工队伍。我们以“固本强基”工程为动力，以“结合实际抓党建，抓好党建促发展”为目标，积极加强班子建设，在干部党员中开展了科学发展观学习实践活动和向优秀共产党员郭孝义、巩青丹同志学习活动，两级班子成员坚持用科学发展观指导工作的理念不断增强，大局意识和团结协作的氛围不断浓厚，凝聚力和战斗力不断提高。以上好的经验与做法，我们要在今后的工作中进一步继承和发扬。

总结近年来的工作，我们可以自豪地讲，近年来是水文建局以来争取项目最多、投资量最大、基础设施建设最快的时期，实现了我省水文第二次创业。这些成绩的取得，归功于厅党组的正确领导、高度重视，得益于省厅有关处室大力支持，得益于省级有关部门的理解与关心，同时也是全省水文系统广大干部职工开拓创新、拼搏进取、扎实工作的结果。借此机会，我代表水文局向长期关心、重视、支持水文工作的各级领导和有关部门表示衷心的感谢！向多年来为水文事业发展做出积极贡献的老领导、老同志以及广大干部职工表示衷心的感谢！

回顾总结近年来的工作，尽管取得了一些成绩，但是，我们认真总结和反思，我们的工作离上级领导的要求，离经济社会发展对水文工作的需求，还有一定的差距，还存在一些亟待解决的问题。主要是：一是水文发展体制机制不活，关系不顺，发展的活力不强。二是水文测站虽然改造一新，但测报设施设备陈旧老化严重，现代化水平低，一些测验的常规设备和仪器短缺，给测报工作带来一定影响。三是水文系统的思想观念还需进一步更新，人才队伍建设还需加强，系统内部学业务、干实事，争优创先的积极性有待提高，水文服务社会的渠道和领域还需拓宽，水文系统服务的业务技术能力还需加强。四是业务技术能力与管理水平有待提高，先进的设施设备与相对落后的管理并存；先进的测报手段与操作人员相对落后的技术水平并存；在本领域具有权威的科技成果少、领军人少与经济社会发展大水文的要求不适应并存。以上这些问题必须引起我们的高度重视，在以后的工作中认真研究解决。

二、认清形势，理清思路，抢抓机遇，推进水文事业再上新台阶

水文是国民经济和社会发展的基础性、公益性工作，是为各级政府提供决策依据和技术支撑的，我们提供决策参考依据水平的高低，直接影响着决策效果。如何提高水平和技术支撑，这就要求我们各级都要下大力气抓好业务技术培训工作，在提高支撑能力上下功夫，要根据部门分工不同、岗位职责不同、技术系列

不同，分层次、分对象开展业务技术培训和加强能力建设，为全省经济社会发展提供有力支撑。当前和今后一个时期，是水文事业发展不断推向深入、传统水文向现代水文和可持续发展水文加快转变的关键阶段，我们要清醒认识新形势，牢牢把握新机遇，积极应对新挑战，加快水文基础设施建设步伐，努力促进水文事业快速发展。

一要树立“大水文”观，进一步理清水文发展思路。思路决定着发展的方向和出路。水文为防汛抗旱工作、水资源管理以及综合利用提供决策依据和技术支撑。因此，我们要全面履行水文职责，发挥水文在防汛抗旱、水资源管理中的参谋和哨兵作用。履行职责、发挥作用，不是空喊口号，关键是我们要有优良的技术人才、优秀的科技成果和优质的技术服务来赢得社会各界的信赖和认可，使水文真正融入经济社会发展之中，在拓展领域中求发展，在扩大服务中求壮大。部水文局邓坚局长在全国水情工作会议上明确提出，“水文正处在由传统水文向现代水文、行业水文向水文行业的转变”。按照这一思路，我们要不断拓宽水文服务领域，牢固树立开放办水文的发展理念。水文测站共建共管的发展模式，就是要将水文各项事业的发展融入当地经济和当地社会的各项事业中去，让水文更加贴近地方经济活动，更加贴近地方政府决策，使水文各项工作更好地服务地方经济发展。如果我们不能及时转变观念，我们的路将会越走越窄，不能更好地履行和拓展自身职能，水文事业将不能适应经济社会发展的步伐甚至停滞不前。所以，我们一定要进一步解放思想，用科学发展观武装干部职工的思想，把干部职工的思想统一到科学发展观上来，把智慧和力量凝聚到促进水文事业发展上来。转变观念，开阔视野，树立“大水文”观，进一步拓宽服务领域，积极为水资源开发管理、水土保持、水环境监测、交通、能源、国防等领域经济社会发展服务，以增强我们服务经济社会的能力。如何实现“大水文”观？

我们各级都要认真地进行思考。在这方面，商洛水文局做的一些探索，他们思路清晰，勇于创新，紧紧抓住共建共管这个平台，走开放办水文的路子，积极汇报，主动服务，努力把水文事业融入地方政治、文化和经济发展之中，进一步扩大水文工作的影响，拓展水文服务领域，以水文人的淳朴和热情服务赢得了地方政府领导的重视与支持，取得了良好成效。

二要强化机遇意识，积极利用扩大内需加强水文基础设施建设。水文是水利工作的重要基础，是防汛抗旱的“耳目”和“参谋”，是关系经济发展和构建和谐社会的一项公益事业。中、省出台的扩大内需促进经济平稳较快增长的政策措施，是在非常时期采取的重大措施，把以水利为重点的农村民生工程和农村基础设施建设摆在了更加突出的位置，投资规模和范围进一步扩大，覆盖了骨干水源、旱情监测、农村饮水、水土保持、病险水库治理等方面，这对我们是一次十分难得的机遇。最近，水利部与省政府在北京签订了《加快陕西水利改革与发展备忘录》，把“进一步加强水文基础设施建设”提到了重要位置，水利和水文事业发展迎来了一个新的春天。能不能抓住这一重大历史机遇，争取项目，争取投资，加快水文基础设施建设步伐，是对我们各级水文部门的考验，也是对我们领导科学发展能力的考验。因此，我们各级水文部门要把思想和行动统一到中央对经济形势的分析判断上来，统一到中、省扩大内需促进经济平稳较快发展的决策部署上来，统一到贯彻落实科学发展观的要求上来，顾全大局，加强团结，真抓实干，服务中心，上下一盘棋，拧成一股绳，迅速行动起来，奋发努力工作，积极实施项目带动战略，加快我省水文现代化进程。

三要增强使命感，深刻领会生态文明建设对水文工作提出的新要求。党的十七大强调要建设生态文明，这是我们党第一次把它作为一项战略任务明确提出来，这是我们党执政兴国理念的新发展、实现全面建设小康社会目标的新要求。我省一些地区水资源过度开发，超出水资源和水环境承载能力，引发严重的生态环境问题；不少工矿企业废污水未经处理直接排放，导致一些河流水污染。这就要求我们要进一步树立生态文明观念，增强搞好水环境与水资源监测的责任感和使命感。近年来，我们积极开展水功能区监测、水量水质综合评价、突发性水污染监测、水质通报、水源地水质监测等，为水资源保护做出了较大贡献。但是，应该清醒地认识到，我们的监测设备和人员业务素质还远远不能适应建设生态文明对水文工作的需要，要进一步加大更新设施设备的投入，加强职工业务技能培训，为建设环境友好型和节水防污型社会提供科学依据。

四要认真贯彻落实科学发展观，推动水文迈上良性可持续发展轨道。科学发展观，是中国特色社会主义必须始终坚持贯彻的重大战略思想，也是我们进一步做好水文工作的根本指针。经过多年的发展，我省水文事业取得了一些成效，但与新形势和经济社会发展对水文工作提出的新要求来衡量，与经济发达省份水文工作发展步伐来比较，我们在工作思路、措施和作风方面还存在着诸多不适应、不符合的问题。特别是开展学习实践科学发展观活动以来，我们按照省委和厅党组的安排，深入学习科学发展观，对照科学发展观积极查找存在的问题，广泛征询职工的意见和建议，在认真汇总、梳理、分析的基础上，进一步找准了影响我省水文科学发展上水平的突出矛盾和问题，主要表现是：投入渠道不畅，水文现代化建设进程缓慢，与我省在2004年全国水文会议上提出的“在西部率先实现水文现代化”的目标差距很大；学风不浓，干部职工的能力有待提高；思想不够解放，水文改革与管理不能适应科学发展的更高要求等。分析以上存在问题的根源，有的属于长期积累下来的老问题，有的是自然条件造成的，但主要还是开阔思路创造性开展工作不够。这就要求我们坚持用科学发展观指导水文工作不动摇，进一步解放思想，开阔思路，大胆创新，积极围绕“理顺投入渠道、加强队伍建设、拓宽服务领域、增强水文服务经济社会能力建设”这一实践载体，全面加快水文基础设施建设，统筹兼顾促进水文协调发展，推动水文迈上科学发展、和谐发展的轨道。

三、明确目标，突出重点，全力做好 2009 年水文工作

2009 年是中华人民共和国成立 60 周年，是应对国际国内环境变化重大挑战、推动国家事业实现新发展的关键一年。做好今年各项水文工作，对于经济社会发展和社会安全稳定具有十分重要的意义。全省水文工作的总体要求是：以邓小平理论和“三个代表”重要思想为指导，深入贯彻落实科学发展观，紧紧抓住国家“保增长、调结构、扩内需”的机遇，牢固树立发展是第一要务的理念，加强人才队伍建设，加强水文服务经济社会的能力建设，推动水文事业又好又快发展。主要目标任务是以下几个。

一要高标准实施水文测站危旧房改造建设工程。扎实做好水文危旧房改造的设计与规划工作，积极争取落实资金，按照我们以往提出的小而精、小而美、小而全的要求，全面启动 15 个危旧站房改造工作，努力完成省级安排的水文基础设施建设任务，加强领导，精心施工，确保工程建一处、成一处，发挥资金最大使用效益，不断提高水文测验设施设备的抗洪和测洪能力。

二要切实做好水文前期工作。前期工作是我们储备项目争取资金的一项重要工作，我们一定要高度重视，加强力量，不断提高前期工作的科学性、实用性和前瞻性。今年要做好陕西省黄河流域行政区界水文监测站网建设前期准备工作；做好黄河流域水量调度刘家河、景村站前期规划工作，争取资金落实；做好陕西省中小河流（洪水易发区）水文监测项目实施工作，落实好中央资金和省配资金。

三要加快在建工程建设进度。加强协调，确保工程质量，加

快机关住宅楼工程建设步伐；认真做好规划，制订实施方案，年内力争启动延安基地建设；抓紧落实商洛基地建设资金。

四要精心做好水文测报工作。要充分认识做好今年水文测报工作的重要性，精心部署，认真细致地做好各项汛前准备工作，要立足于防大汛、测大水、抗大洪，坚决克服麻痹侥幸思想，严格汛期纪律，主汛期要确保人员全部到岗，在大洪水面前，要各负其责，齐心协力，顽强拼搏，努力做到测得到、报得出、报得及时、报得准确，为全省安全度汛和防洪保安做出我们水文人新的贡献。

五要不断提高洪水预测预报质量。积极做好年内水文预测预报工作，联系气象部门，配合省防办，做好长期水文预报工作，为我省安全度汛提供科学依据；继续完成重要城镇设站的预报方案编制工作；进一步完善陕西省洪水预报系统并做好应用工作，洪水预报合格率达到90%。

六要加强旱情墒情监测、分析和评价工作。开展旱情墒情监测、分析和评价工作是我们水文部门应尽的职责和职能所在，也是我们发挥行业优势的有效举措，希望我们各市水文局按照省局统一部署安排，扎实抓好此项工作。要在过去已开展旱情墒情监测工作的基础上进行总结，进一步加强设备更新和人员业务技术能力培训，不断提高旱情墒情监测、分析评价工作的科学性和准确性，为我省各级领导和防汛抗旱部门决策与服务提供信息支撑。

七要加强水环境监测工作。加强水环境监测人员的业务培训工作，不断提高监测人员的技术水平与能力，积极开展水功能区的监测工作以及重要水源地水质监测；加强应对水污染突发事件的应急监测能力建设工作，为我省水资源监测管理与保护提供优质服务。

八要继续做好水文基础研究工作。组织人员，落实方案，切实做好水文基础研究工作，年内启动雨量站暴雨频率计算和完成

《陕西省水文手册》编制方案及技术细则编制工作；完成渭河流域降雨、径流、泥沙演变规律分析研究工作。

九要积极稳妥地做好水文改革。改革出活力，改革才能有朝气。今年要着重在人事管理和干部选拔任用上加大改革力度，逐步实行由身份管理向岗位管理转变；坚持民主集中制原则，建立公开透明、集体会议研究的议事决策机制，努力形成公平竞争、风正气顺的良好环境，不断增强水文系统的生机与活力；积极汇报，加强协调，加快“参公”管理的审批落实工作。

四、统一思想，强化措施，为水文事业发展提供坚强保障

水文事业是经济社会发展的一项重要基础工作，需要各级领导的关心和重视，需要一定的投入来支持，这一点毋庸置疑。但是，关键的一条是还需要我们自己以良好的作风、优质的服务、优秀的业绩来争取各级领导和各有关部门对水文事业的重视、关心和支持。因此，我这里强调以下几点。

（一）充分认识水文行业性质，不断增强责任意识和搞好水文工作的紧迫感

水文行业的特殊性，给水文工作带来了一定的艰苦性，我们必须要有清醒的认识。面对这种现状和环境，我们每一个干部职工，都要有吃苦耐劳和能打硬仗的精神准备，要有改变面貌、耐得住寂寞、勇往直前、甘于奉献的时代精神，要有艰苦创业、攻克难关的拼搏精神。因此，我希望全局干部职工要冷静思考，正确对待我们所取得的成就，深刻认识我们存在的差距，正确分析看待我们面临的机遇，振奋精神，迎难而上，不断增强干部职工的发展意识和搞好水文工作的使命感、责任感，努力构建风正气顺促和谐、一心一意谋发展的浓厚氛围。业务技术是水文立局之本、生存之道、存在之魂，水文信息是经济社会发展建设中的决策依据，我们要以一流的技术队伍、一流的技术水平、一流的服务质

量为经济社会发展提供技术支撑。

（二）树立正确用人导向，加强人才培养

干部素质的高低决定着水文事业发展的快慢，良好的干部素质为水文事业发展起着杠杆和支撑作用。面对艰巨的水文事业发展任务，我们应该下大力气抓好干部教育培训和职工素质提高工作，花大力气逐步培养一批能在水文水资源领域中有话语权、有影响的知名专家。因此，这方面我们要抓好两方面工作：一方面要加强干部选拔任用工作。要树立正确的用人导向，严格执行干部选拔任用有关规定和要求，真正把那些素质高、品行好、作风正、干实事的优秀年轻干部提拔到领导岗位，坚决克服那种走门子、拉关系、请客送礼、买官卖官的腐败现象，纯洁干部队伍，树立干部的良好形象。另一方面要加强人才培养工作。水文要发展，人才是关键。目前，我们还存在着技术人才短缺、技术水平不高的问题。我们要关心技术干部的工作和生活，建立人才培养和人才成长的长效机制，为技术干部成长和施展才华创造良好的条件，使我省水文优秀人才脱颖而出。要充分发挥中高级技术人才的示范带动作用，拟定研究课题和专题，鼓励中高级技术人才面向职工、面向测站专题讲座、专题辅导，在普遍提高的基础上选择有培养前途的苗子进行重点培训和培养，从而带动全体干部职工整体技术水平普遍提升，为水文更好服务经济社会提供保障和智力支撑。

（三）提高技术装备水平，加强水文测报工作

水文测报工作是我们的立局之基，我们一定要有高度的认识，要持之以恒地抓好水文测报这项基础工作。搞好水文测报工作必须要有优良的技术装备作支撑，设备技术落后、带病带险运行，水文测报工作就无法得到保障，职工人身安全也不能得到保障。目前，我们基层水文站多数站房有了较大改观，但测验设备还相对落后，一些测站测验设备还存在较多问题。面对这种现状，我们一定要以科学发展观为指导，积极向上级领导和有关部门汇报水文发展现状以及存在的问题，争取上级领导对水文工作的了解、理解和支持，不断理顺水文投入渠道，使我省水文投入有较大突破，不断提高水文测报设施设备技术水平，加快水文测验方式和手段的转变，努力提高水文测报工作质量，为防汛抗洪和经济社会发展提供科学可靠的依据。

（四）提高对外服务质量，树立水文权威形象

水文部门有着点多、线长、面广的地理资源，而且掌握着大量的水文水资源资料，这是我们服务经济建设的优势。如何将优势转化为技术咨询服务项目、拓宽服务领域、履行行业职能，这是我们必须深思的问题。近年来，我们虽然对外进行了一些技术咨询项目，也赢得了一些赞誉。但是，按照水文所肩负职责来衡量，我们服务面还很窄、领域还不广、项目还很少。其主要原因是缺乏技术拔尖人才，缺乏承揽大型技术项目的业务技术能力。陕西省水文水资源勘测局应当是为全省水文水资源管理和决策提供准确服务和技术支撑的权威机构，服务的好坏，技术的准确程度关系到各级领导决策的效果。我们的服务、我们的技术关系到国民经济和人民群众生命财产安全，面对自然水灾害，我们何以将损失降低或减少到最小限度，这必将对我们的服务和技术提出了更高挑战和要求。面对这种现状，我们要进一步加强行业风气的转变，在全局上下要大兴学习之风，学技术、学业务、学管理，建立激励和竞争机制，不断提高干部职工的业务技术水平和服务能力，积极开拓服务领域，为生态水利、资源水利、民生水利及经济社会发展服务的各个领域扩展延伸，使水文单一的专业性融入广泛的社会性之中，在经济社会的更大范围中发挥作用。在对外服务的过程中，不断提高我们对外服务的质量，重塑陕西水文新形象。

（五）大力加强党的建设、精神文明建设和党风廉政建设，为水文事业发展提供强大精神动力

继续扎实开展学习实践科学发展观活动，对在开展学习实践科学发展观活动中查找的问题，要认真分析，积极整改，建立健全保障和促进水文事业科学发展的体制机制，着力解决党员干部党性党风党纪方面存在的突出问题，广泛接受群众监督，对那些发展无思路、管理无章法、工作无干劲、四平八稳、碌碌无为的干部进行谈话教育，不断增强干部的责任意识，提高干部的工作能力和管理水平，努力把各级班子建设成为能够担当科学发展重任、奋发有为、团结有力的坚强领导集体。继续在党员干部中深入开展"讲党性、重品行、作表率"活动，发挥干部在水文事业发展中的带头和辐射作用。加强精神文明建设，继续深入开展文明单位创建活动，按照"完善制度，提高素质，强化管理，注重实效"的思路，推动文明单位创建工作再上新水平。全面落实党风廉政建设责任制，不断加强党员干部特别是主要领导干部的廉洁思想教育，树立正确的权力观、地位观、政绩观，坚决杜绝假借各种名义的出外"考察"活动，加强对重大资金使用、重大工程项目、关键岗位人员使用的监督，努力实现"工程安全、资金安全、干部安全"。加强工会、共青团工作，各级工会、共青团组织要积极主动地围绕促发展、保稳定开展工作，结合重大节日适时举办健康向上的文化娱乐活动，活跃职工文化生活，增强单位的凝聚力。加强离退休职工管理工作，改进工作方法，提高服务质量，使老同志高兴愉快地安度晚年。高度重视维护稳定工作，认真做好群众来信来访工作，多做释疑解惑工作，维护职工的切身利益；严格落实各级安全生产责任，增强安全意识，强化安全措施，坚决遏制不安全事故发生，努力维护全局稳定和谐的大好局面。

（六）加强目标责任考核，改进作风狠抓落实

以目标责任考核为总抓手，对照与水利厅签订的目标任务，逐一分解细化，逐级夯实责任，明确质量标准、工作进度和完成时限，坚持日常考核和半年考核、年终总评相结合，加大督察督办和通报力度，促进各项工作全面均衡发展。大力推进水文系统政风行风建设，弘扬伟大的抗震救灾精神和“献身、负责、求实”的水利行业精神，大兴求真务实之风，把对上级负责与对职工负责一致起来，多做对提高战斗力有利、对水文事业长远发展有利、对广大水文职工有利的事情。要建立健全分工负责、各负其责、各司其职的科学管理机制，每一位班子成员对自己分管工作都要有长期发展思路、中期工作规划和近期工作重点，做到心中有数，充分发挥每一位班子成员的工作热情和积极性；各市水文局、各部门负责人汇报工作要根据内容主动向分管领导汇报工作，每一位班子成员在自己职权范围内代表着水文局行使权利，通过各方努力，真正建立起管理规范、运转有序、工作高效的良好机制。各级领导干部要经常深入群众，深入基层，开拓新思路，探索新方法，虚心听取基层职工的意见和建议，关心职工的工作和生活，面对面研究解决工作中的突出矛盾和具体问题。继续开展“创佳评差”劳动竞赛和“基层优秀站长”评选表彰活动，建立激励机制，落实奖惩措施，做到各项工作有部署、有要求、有检查、有评价、有奖惩，确保全面完成水文改革与发展各项目标任务。

同志们，我们面临的机遇十分有利，肩负的任务光荣而艰巨。让我们在水利厅党组的正确领导下，认真贯彻党的十七大和十七届三中全会精神，坚持以科学发展观为指导，振奋精神，抢抓机遇，开拓创新，扎实工作，紧紧围绕民生水利、资源水利、生态水利做好水文基础工作，为构建社会主义和谐社会和全省水利事业做出新的更大的贡献，以优异的成绩迎接中华人民共和国成立60周年！

（杨汉明）

树立“大水文”观理念 推动陕西水文可持续发展

（2009 年 7 月 6 日）

水文是国民经济和社会发展的基础性、公益性工作，是为各级政府提供决策依据和技术支撑的，我们提供决策参考依据水平的高低，直接影响着决策效果。当前，正值应对国际金融危机、推进民生水利的关键时期，今年又是中华人民共和国成立 60 周年。因此，做好新时期的水文工作，对于保障人民群众的生命财产安全，保障国民经济社会平稳较快发展，具有十分重要的意义。面对新的形势，如何使水文融入经济社会发展之中，走“大水文”观发展之路，更好地发挥水文部门的“参谋”和“哨兵”作用，近期我们结合全国水文工作会议精神的学习，特别是学习了陈雷部长的讲话，对我们启发很大。

下面，结合全省水文实际，谈几点认识与思路。

一、要树立“大水文”观理念，进一步理清水文发展思路

“大水文”观就是在根植水利、依托水利的基础上，面向全社会做好服务，让水文真正融入经济社会发展之中，在拓展领域中求发展，在扩大服务中求壮大。坚持“大水文”观是推动水文发展的重要选择，按照这一理念，我们要重新审视和确定新的发展思路，即以邓小平理论和“三个代表”重要思想为指导，深入贯彻落实科学发展观，紧紧抓住国家“保增长、调结构、扩内需”的机遇，牢固树立“大水文”观理念，坚持发展是第一要务，加

强人才队伍建设，加强水文服务经济社会的能力建设，推动水文事业又好又快发展。按照这一思路，我们要不断拓宽水文服务领域，牢固树立开放办水文的发展理念。经过前一段时间深入基层调研，我认为，实行水文共建共管是开放办水文的有效形式，也是走“大水文”观发展路子的重要途径，我们要下大力气做好这方面的工作，促进水文共建共管工作在我省稳步推进。水文测站共建共管的发展模式，就是要将水文各项事业的发展融入当地经济和当地社会的各项事业中去，让水文更加贴近地方经济活动，更加贴近地方政府决策，使水文各项工作更好地服务地方经济发展。如果我们不能及时转变观念，我们的路将会越走越窄，不能更好地履行和拓展自身职能，水文事业将不能适应经济社会发展的步伐甚至停滞不前。所以，我们一定要进一步解放思想，转变观念，开阔视野，树立“大水文”观，立足水利拓领域，服务社会谋发展，积极为水资源开发管理、水土保持、水环境监测、交通、能源、国防等领域经济社会发展服务，进一步拓宽水文行业的作为空间、生存空间、发展空间。如何实现“大水文”观？我省各级水文部门都要认真地进行思考。在这方面，我省商洛水文局做了积极的探索，紧紧抓住共建共管这个平台，走开放办水文的路子，积极汇报，主动服务，努力把水文事业融入地方政治、文化和经济发展之中，进一步扩大水文工作的影响，拓展水文服务领域，以水文人的淳朴和热情服务赢得了地方政府领导的重视与支持，取得了良好成效。

二、要强化机遇意识，积极利用扩大内需加强水文基础设施建设

水文是水利工作的重要基础，是防汛抗旱的“耳目”和“参谋”，是关系经济发展和构建和谐社会的一项公益事业。中、省出台的扩大内需促进经济平稳较快增长的政策措施，是在非常时期采取的重大措施，把以水利为重点的农村民生工程和农村基础设施建

设摆在了更加突出的位置，投资规模和范围进一步扩大，覆盖了骨干水源、旱情监测、农村饮水、水土保持、病险水库治理等方面，这对我们是一次十分难得的机遇。年初，水利部与省政府在北京签订了《加快陕西水利改革与发展备忘录》，把“进一步加强水文基础设施建设”提到了重要位置，水利和水文事业发展迎来了一个新的机遇；6 月 22 日，水利厅谭策吾厅长主持召开了党组会，听取了我局关于全国水文工作会议情况的汇报，并对我局提出的五方面建议和请求进行了专题讨论和研究。能不能抓住这一系列机遇，争取项目，争取投资，加快水文基础设施建设步伐，是对我们各级水文部门的考验，也是对我们领导科学发展能力的考验。因此，我们各级水文部门要把思想和行动统一到中央对经济形势的分析判断上来，统一到中、省扩大内需促进经济平稳较快发展的决策部署上来，统一到贯彻落实科学发展观的要求上来，顾全大局，加强团结，真抓实干，服务中心，上下一盘棋，拧成一股绳，迅速行动起来，奋发努力工作，积极实施项目带动战略，加快我省水文现代化进程。

三、要加强人才培养工作，不断提高服务能力

干部素质的高低决定着水文事业发展的快慢，良好的干部素质为水文事业发展起着杠杆和支撑作用。面对艰巨的水文事业发展任务，我们应该下大力气抓好干部教育培训和职工素质提高工作，花大力气逐步培养一批能在水文水资源领域中有话语权、有影响的知名专家。因此，这方面我们要抓好两方面工作：一方面加强干部选拔任用工作。要树立正确的用人导向，严格执行干部选拔任用有关规定和要求，真正把那些素质高、品行好、作风正、干实事的优秀年轻干部提拔到领导岗位，坚决克服那种走门子、拉关系、请客送礼的消极腐败现象，纯洁干部队伍，树立干部的良好形象。另一方面要加强人才培养工作。水文要发展，人才是

关键。目前，我们还存在着技术人才短缺、技术水平不高的问题。我们要关心技术干部的工作和生活，建立人才培养和人才成长的长效机制，为技术干部成长和施展才华创造良好的条件，使我省水文优秀人才脱颖而出。要下大力气抓好业务技术培训工作，要根据部门分工不同、岗位职责不同、技术系列不同，分层次、分对象开展业务技术培训和加强能力建设。要充分发挥中高级技术人才的示范带动作用，拟定研究课题和专题，鼓励中高级技术人才面向职工、面向测站专题讲座、专题辅导，在普遍提高的基础上选择有培养前途的苗子进行重点培训和培养，从而带动了全体干部职工整体技术水平普遍提升，为水文更好服务经济社会提供保障和技术支撑。

四、要提高对外服务质量，树立水文权威形象

水文部门有着点多、线长、面广的地理资源，而且掌握着大量的水文水资源资料，这是我们服务经济建设的优势。如何将优势转化为技术咨询服务项目、拓宽服务领域、履行行业职能，这是我们必须深思的问题。近年来，我们虽然对外进行了一些技术咨询项目，也赢得了一些赞誉。但是，按照水文所肩负职责来衡量，我们服务面还很窄、领域还不广、项目还很少。其主要原因是缺乏技术拔尖人才，缺乏承揽大型技术项目的业务技术能力。陕西省水文水资源勘测局应当是为全省水文水资源管理和决策提供准确服务和技术支撑的权威机构，服务的好坏，技术的准确程度关系到各级领导决策的效果。我们的服务、我们的技术关系到国民经济和人民群众生命财产安全，面对自然水灾害，我们何以将损失降低或减少到最小限度，这必将对我们的服务和技术提出了更高挑战和要求。业务技术是水文立局之本、生存之道、存在之魂。我们不能埋头于收集水文资料信息，关起门来搞水文，这样只会束缚水文的发展。因此，我们要在提高业务技术水平和支撑能力

上下功夫，将宝贵的水文水资源信息进行二次加工甚至多次加工、分析和研究，为各级行政管理部门和社会提供更直接、更有价值的成果服务，体现水文行业的声音，增强服务的主动性，实现水文行业的权威形象。

五、要全力以赴，切实做好汛期水文测报工作

今年是国家实施“保增长、调结构、扩内需”的重要一年，也是中华人民共和国成立60周年大喜之年，做好今年的水文测报工作十分重要。因此，我们要充分认识做好今年水文测报工作的重要性，高度重视，精心部署，立足于防大汛、测大水、抗大洪，坚决克服麻痹侥幸思想，严格汛期纪律，主汛期要确保人员全部到岗，坚持领导带班值班制度，细化应对各级洪水的抢测预案，落实安全责任，杜绝重大安全事故发生，在大洪水面前，要各负其责，齐心协力，顽强拼搏，努力做到测得到、报得出、报得及时、报得准确。同时，要加强旱情墒情监测工作，不断提高旱情墒情监测、分析和评价工作的科学性和准确性，为我省各级领导和防汛抗旱部门决策与服务提供信息支撑，为全省安全度汛和防洪安保做出我们水文人新的贡献。

（杨汉明）

坚持“大水文”发展理念不动摇 强化“业务立局、科技兴局、人才强局，开放办水文”工作思路不松劲

——在全省水文系统年终总结大会上的讲话

（2010 年 1 月 13 日）

2009 年，陕西省水文局在厅党组的正确领导下，深入学习贯彻党的十七大及十七届三中、四中全会和省委十一届四次全会精神，认真落实科学发展观，紧紧围绕全省水利中心工作，坚持“大水文”发展理念，以“业务立局、科技兴局、人才强局，开放办水文”为工作思路，以“加强人才培养，注重能力建设，认真履行职责，提高服务水平”为保障措施，理清思路，开拓创新，克服困难，扎实工作，全面完成了各项目标任务，水文事业继续保持了良好的发展势头。

一、2009 年水文工作取得积极进展

（一）在防汛抗旱服务中取得了新的成绩

一是报汛质量不断提高，水文情报服务及时全面。2009 年我省境内降水量略偏多，汛期共发生大范围降雨 21 次，54 条河流 73 站出现洪峰 486 次，其中 11 条河流 11 站出现超警戒流量洪峰 12 次，1 条河流 1 站出现超保证流量洪峰，洪峰次数与近 10 年均值相比偏多 1 成。汛期省局共接收处理雨水情电报 12 万份，通过广域网向国家防总、黄委、长江委、省（市）防办等服务单位转发电报 28 万份，30 分钟内传输率 99.68%，其中 20 分钟传输率为

98.02%，网络传输率达99.84%，差错率为0.01%，总差错率（含迟报）为0.33%。水情拍报质量位居全国前列。

二是预测预报取得突破，服务防洪减灾作用突出。在做好传统水文预报的同时，针对我省中小河流洪水易发区灾害性洪水多发、防御难度大、人员伤亡概率大的情况和各级领导对水情信息的需求，在商洛水文局水情预警预报试点的基础上，安排各局开展了中小河流洪水易发区水情预警预报。汛期6～9月，共制作发布预警预报26次，制作发布主要河流未来36小时水情过程预报122期，1098站次，为省、市决策指挥部门提供了及时准确的信息。

三是开展旱情墒情监测，抗旱测报取得新突破。今年我们自筹经费开展旱情墒情监测，在合理编制初期方案，选择试点，联系购置监测仪器，培训技术人员后，于5月下旬开始正式在全省11个市区和各大灌区20个监测试验站点按旬测报土壤墒情，并结合各地雨水情变化情势综合分析编发《全省土壤旱情简报》上传省防汛抗旱办，全年编报旱情监测简报21期。按照省防办要求，编制和初步审查了《全省范围的旱情监测系统建设实施方案》。旱情墒情监测工作的启动，填补了我省水文在旱情墒情监测工作方面的空白。

四是水文测验和资料整编任务全面完成。2009年，经过全局广大干部职工的共同努力，圆满完成了去年全省80个测站的测验工作任务。2009年全省共涨水峰391次、沙峰224次，测流5289次，单沙测验11801次，输沙率测验274次。经考评，全省80个水文站中79个水文（水位）站测验质量达到了甲等，测验质量甲等率达98.8%。全面完成年度水文资料整编工作，积极承担黄河流域4卷8册水文年鉴的汇编工作，全年为我省引汉济渭等水利工程建设和水资源评价、水量调度等有关项目提供了大量的水文资料服务，得到了部水文局和黄委水文局的肯定和表扬。

（二）在水资源管理和保护服务中做出了新的贡献

一是在水资源管理中发挥了重要作用。全年按要求完成《2008年度陕西省水资源公报》编制，定期发布《重要水源地水质旬报》《陕西省重要河流水质季报》，在做好原要求的河流水环境、废污水排放量的基础上，增加水功能区、水源地水资源质量评价内容，为政府决策提供了依据。全面完成《陕西省行业用水定额修编任务书》编制、黄河流域地表水行政区界监测站点布设工作、“渭河流域水沙特性变化研究”课题。《引汉济渭工程水库坝址河段水文监测实施方案》，顺利通过水利厅的审查。

二是在水资源保护中做出了突出的贡献。《陕西省渭河干流、汉、丹江干流水域纳污能力及限排总量意见》顺利通过黄委、长江委水资源保护局和水利厅的联合验收；省水环境监测中心、5个分中心按规定通过复查换证。全面完成2008年全省水质资料整编工作和水功能区、省界站及重点水源地的监测任务。首次开展了全省20万人口以上主要地表水源地的饮水安全监测工作；积极展开80个典型排污口、退水口及支流口水量水质同步监测工作，全年获得河流水质监测数据3万余组，为饮水安全及排污口的监督管理提供最新的可靠依据。

按照长江委水保局、省厅要求，顺利完成甘陕、川陕省界四个缓冲区的确界调查任务，受到长江委水保局的好评。按照“大水文”的发展思路，与省环保厅协作，为“关中—天水经济区环境承载能力研究”工作提供了水文、水质分析计算成果。

三是积极应对突发水污染事件。每月按时向水利部上报本月省内水污染事件情况，在积极应对神木县瑶镇水库发生中度富营养化将要严重影响锦界工业园区及神木县城乡供水的突发事件中，做到迅速赶赴现场调查、现场监测，进行分析并写出评价报告，为省厅正确决策和神木县政府采取有效的工程措施提供了科学依据，受到了省厅的表扬及神木县的好评。

（三）水文条例宣传贯彻和法规建设取得新进展

一是水文条例宣贯有序有效。积极在“世界水日”和“中国水周”开展系列宣传活动，在单位大门口及院内悬挂宣传标语，组织全体职工观看水利部普法办制作的水利法制宣传专辑《水的呼唤》等一系列宣教活动。查处魏家堡站因眉县修河堤断面测报设施被损毁等3起案件，案件查处率达100%。确保了水文设施设备安全。

二是水文法规建设取得新进展。《陕西省水文资料使用管理办法》于2009年7月下旬正式印发，《陕西省水文资料使用审查管理规定》配合出台，由省水利厅主持召开了厅机关有关处室、厅直有关单位负责人参加的《陕西省水文资料使用管理办法》宣贯会，《办法》与《规定》的出台和实施，将使我省水文资料管理进一步规范，是我省贯彻落实水文条例的一个新举措。为进一步贯彻水文条例，保护水文设施，省局已起草上报了《陕西省水文设施监测环境保护办法》，预计最近出台。

（四）水文管理体制改革稳步推进

一是水文机构干部高配进展顺利。继省局局长、书记高配为副厅级后，2009年12月16日，省局6名副处级干部升为正处级，6名科级干部提拔为副处级。

二是共建共管取得可喜成绩。12月5日，宝鸡水文水资源局加挂“宝鸡市水文水资源勘测局”授牌挂牌仪式在宝鸡市隆重举行，水利部刘宁副部长、部水文局邓坚局长、水利厅谭策吾厅长和宝鸡市戴征社市长等领导出席了授牌挂牌仪式。特别是省水利厅与宝鸡市人民政府共同出台的《宝鸡市水文水资源勘测局实行省市共建共管暂行办法》，建立健全了水文单位与地方政府共建共管的长效机制，为全国首创。宝鸡市水文水资源勘测局的挂牌成立，得到了刘宁副部长的高度肯定，要将其作为水利部水文局共建联系点给予支持和推广。12月17日，西安水文局罗敷堡水文站加挂了“华阴市罗敷堡水文站”的牌子。目前，我们正积极与榆林市政府、市水利局协商，拟在榆林市成立榆林水文局，实行共建共管。

（五）水文前期工作和资金投入明显加大

一是前期工作扎实开展。《水文基础设施“十二五”建设规划》，按要求提前完成并上报；按照水利部要求，完成《陕西省水文事业发展规划》并上报部水文局、长江委、黄委；《陕西省黄河流域行政区界地表水水量监测站点建设实施方案》通过水利厅审查；商州、延安勘测队基地建设初步设计，渭河水量调度景村、刘家河水文站改造初步设计已经完成。

二是坚持实施项目带动战略不动摇。坚持一手抓项目抢机遇，积极争取投资；一手抓规划设计，做好项目储备和基础设施建设。全年第二批19处水文站危旧房改造项目下达中央资金529万元，省发改委配套资金100万元。中小河流洪水易发区水文监测一期建设工程初步设计水利部已批复，下达资金366万元，争取省配资金200万元；下达延安水环境监测分中心建设项目中央资金214万元，四个重灾县7处水文站的灾后恢复重建资金700万元；省发改委下达水文基建投资200万元。全年共落实事业经费3400多万元，省级基本建设资金1987万元，资金到位100%。

（六）基础科研工作不断加强

一是努力营造学业务、钻业务的浓厚氛围，积极开展水文专业论文竞赛活动，征集论文31篇，推选6篇论文参加全国水利行业技术工人技术技能论坛，5篇论文获奖。二是全年在《陕西水利》刊登水文科技、管理等方面论文10篇，提高了水文的知名度。三是成立“陕西省水文局科学技术委员会”，制定《陕西省水文局科学技术委员会章程》和《陕西省水文局重要成果审查办法》，明确凡是以水文局名义上报的技术成果必须经科学技术委员会审查方可上报或对外，首次初审的《陕西省渭河干流、汉、丹江干流水域纳污能力及限排总量意见》上报后，顺利通过省水利厅的审查，得到了水利厅表扬。

（七）人才专家队伍建设取得新成果

根据全局技术力量薄弱和水文专业技术干部专业结构不合理的现状，加大职工培养力度。经与扬州大学联系，决定从2009起，利用三年时间选送90名青年职工在江苏扬州大学进行水文水资源专业进修培训，第一批30名学员已于去年10月赴扬州大学学习，此次人才培养工程的实施，必将全面改善和提高全省水文系统业务技术人员的层次和水平，为陕西水文发展夯实基础。此外，我局三名同志分别被聘为水利部第四批建设项目水资源论证评审专家和部水文局第二批《中华人民共和国水文年鉴》评定专家。

（八）精神文明建设硕果累累

一是加强政治理论学习，不断提高干部职工思想素质。局中心组坚持定期学习不动摇，集体学习10次，干部政治理论学习的风气不断好转。二是扎实开展文明测站创建工作，今年我局确定的青泥湾、凤州、吴旗三个水文站创建厅级文明单位，在创建活动中不断丰富创建内容，创新创建方式，创建活动富有成效。三是扎实开展“反腐倡廉制度建设创新年”活动，扎实开展专项治理“小金库”工作，结合中央出台的《关于实行党政领导干部问责的暂行规定》等反腐倡廉法规性文件和省纪委推行的“五项制度”，召开视频会议进行了安排部署，按要求调研起草出台我局有关实施办法，并加强了对省局新建住宅楼的分配工作及领导干部离任责任审计工作的监督，确保了资金安全、干部安全、工程安全。四是积极开展庆祝中华人民共和国成立60周年庆典等活动，在“全省水利系统庆祝中华人民共和国成立60周年文艺汇演”、厅直系统歌咏比赛中均取得二等奖的好成绩。

（九）水文对外服务不断推进

依托行业优势，加强资质管理，发挥优势，开展了以建设项目水资源论证、水环境监测、水情信息服务、水文资料分析计算、水文成果利用、水文仪器鉴定维修为主要内容的技术咨询服务，开展工程勘测设计、施工、监理及测验设施开发研制等项目，取得了良好的经济效益和社会效益，综合经营创收工作稳步提高。全年承揽技术咨询项目13个，经营创收完成产值1800万元，“万元站”32个，职工奖金福利平均增长8%。

二、几点启示

（一）坚持“大水文”观，走开放办水文是全省水文发展的重要出路

水文事业是经济社会发展的重要公益性基础事业，当前水文已从主要为防汛抗旱和水利工程建设服务，发展到为水资源开发、利用、配置、节约、保护和管理等各个环节提供全过程服务；从主要为水利工作服务，拓展到为农业、工业、交通、环保、国防、外交等各个领域及社会公众提供多层次服务。经济社会的发展对水文提出了更多、更高、更新的要求，水文也迎来了前所未有的发展机遇。实践证明，只有坚持“大水文”观，走开放办水文之路，敢于突破过去没有涉及的领域，扩展和延伸水文业务服务领域，细化服务内容，加强信息产品深加工，全面提升服务质量和水平，对加快推进我省水文事业全面发展，实现水文从侧重局部建设向注重整体发展转变，从技术导向型向服务导向型转变，从数据服务型向成果服务型转变，从行业水文向社会水文转变具有十分重要的意义，也是今后一个时期水文发展的重要出路所在。

（二）“业务立局、科技兴局、人才强局”是全省水文发展的重要举措

水文单位是专业性较强的业务技术单位，水文业务是我们的立足之本。我们在自信地看到拥有着一批相对优秀的行业业务人才的同时，更应该看到面临的严峻形势和来自经济社会发展对水文服务能力素质要求的挑战，我们必须按照满足经济社会服务的

要求，努力提高业务素质和工作能力，不断学习新理论、新知识、新技术，深入研发和广泛利用水文水资源信息资源，加强水文数据的深加工，实现各类水文水资源信息及其处理的自动化、网络化、标准化和科学化，促进信息交流和资源共享，提高水文工作的现代化水平，抓住水文科技创新的关键作用，增强分析问题和解决问题的技能，把学技术、搞科研、抓创新作为增强全省水文站网能力建设、培养水文技术创新队伍的重要途径，加快培养一批自己的专家人才队伍，争取话语权，提升水文地位，为水利建设和经济社会发展提供及时、准确、全面、优质服务。

（三）“班子团结，队伍稳定，单位和谐”是全省水文发展的重要保障

团结和谐是单位领导班子建设的生命，是单位发展的基本保证，是保持单位勃勃生机的关键。2009 年我来到水文局工作后，深切地感觉到全年目标任务的完成就是得益于我们有着一个团结务实开拓的领导班子，得益于有着一支勇于艰苦奋斗、无私奉献、严细求实的水文职工队伍，得益于单位有着和谐的人际关系和内部环境，得益于全体水文干部职工知荣辱、讲正气、促和谐的文明道德风尚，所有这一切就是我们搞好水文事业最有力的保障。

（四）“加强协作，争取支持，互惠互利”是全省水文发展的重要推动

水文要发展，离不开有关部门的协作与支持。2009 年我们在这方面做了一些工作，加强了与厅机关有关处室和地市政府之间的沟通，加深了相互间的了解，赢得了信任，争取了支持，改进了工作，取得了好的效果。但是我们也要看到，我省水文发展与兄弟省水文发展还有差距，还不能完全满足经济社会发展服务的需要，在共建共管、参公管理等问题上成效尚不是特别明显，为此我们必须要着眼未来，快速解放思想，明确需求，创新思路，加大对外宣传，千方百计创造条件与各地方、各行业加强沟通、联系与合作，尽快让社会各界了解水文、认识水文，争取最大限度的支持，在服务社会的同时做到互惠互利，共同进步，共同发展，这是落实《中华人民共和国水文条例》的需要，也是加快我省水文事业又好又快发展的迫切要求。

回顾今年工作，尽管取得了一些成绩，但还存在以下问题和不足：一是水文投入机制有待进一步完善，水文基础应用研究不够。二是水情自动测报率低，仅达到25.8%，远低于全国75.8%的平均水平，使得水情信息采集密度受限很大，时效性很难提高。三是干部知识和人才队伍结构不能适应新时代、新任务发展的要求，干部职工思想观念和工作作风有待进一步转变。

三、2010年发展思路及打算

2010年是实现“十一五”计划的最后一年，也是推进水文事业快速全面发展的重要一年。我们的指导思想是：以邓小平理论和“三个代表”重要思想以及党的十七大、十七届四中全会精神为指导，加强和改进新形势下党的建设，加强班子和干部队伍建设，深入贯彻落实科学发展观，坚持把发展作为第一要务，开拓创新，克难攻坚，推动我省水文事业健康快速全面发展。

面对新形势、新任务，我们的发展思路是：牢固树立“大水文”发展理念，坚持“业务立局、科技兴局、人才强局，开放办水文”和“加强人才培养，注重能力建设，认真履行职责，提高服务水平；在继承中发展，在开拓中前进”的工作思路、原则、指导方针，积极实施项目带动战略，认真做好前期计划和争取投资工作，依法履行职责，当好“耳目”“尖兵”，做好技术支撑，全方位服务经济社会建设，为水利建设和构建和谐社会做出新贡献。

（1）坚持在继承中发展、在开拓中前进的指导原则。继承老一辈水文工作者孜孜不倦、钻研业务、精益求精、不断探索、爱岗敬业、艰苦奋斗、乐于奉献的精神和优良传统；认真贯彻科学发展观，牢固树立“大水文”发展理念，进一步更新观念，与时俱进，创新思维，拓展服务领域，特别在城市防洪、水保生态、水环境监测、水资源管理调度方面提高服务能力和水平，同时努力推进水文现代化建设进程，为经济社会发展和构建社会主义和谐社会提供强有力的技术支撑。

（2）积极实施项目带动战略，坚持不懈地做好计划和前期工作，以严谨科学的前期计划工作争取项目的实施，以良好的项目推动水文测报现代化建设顺利进行。完成“陕西省水文‘十二五’规划”上报工作和“陕西省水文事业发展规划”省政府审查上报工作；高度重视，确保质量，全面完成19处水文站危旧房改造任务；全面启动中小河流水文监测一期工程建设工作；积极做好成立榆林水文局的上报、审批和有关落实工作，争取年内开工建设；加快延安基地和水环境监测分中心建设步伐；抓紧落实商洛基地建设资金；争取落实水文设施设备维修养护资金。

（3）加强水文基础研究工作，在全局要营造善于学习、积极探索、勇于钻研的良好风气，激励自主创新，多出科研成果，提高服务水平，以优质的服务和科学可靠的信息支撑经济社会发展。高质量完成汛情墒情测报任务和水质监测工作，完成水文资料整编、汇编工作及水资源公报编制工作；启动黄河流域行政区界地表水监测站点建设；开展黄河流域行政区界水量预报系统研制工作；编制《陕西省水情工作手册》。

（4）根据新形势、新任务的发展需要，转变观念，开阔思路，拓宽服务领域，不断提高水文支撑经济社会发展的能力。全面开展中小河流洪水易发区水情预警预报和主要河流未来36小时流量过程预报，着力为重点防洪区、市县城区、水利旅游风景区提供水情情报预报服务；加快推进水文数据库更新改造工作，提高水文资料深加工和服务成效；启动暴雨频率计算工作；积极开展20万人口以上重要城市供水水源地饮水安全监测和主要河流省、市界水质、水量同步监测工作；核定主要河流纳污能力，提出限制排污总量意见；完成《陕西省行业用水定额修编》工作，开展主要水域以藻类监测为重点的生态监测工作；进一步完善旱情墒情监测站网。

（5）继续深入做好《中华人民共和国水文条例》和《陕西省水文管理条例》贯彻落实工作，加强汇报，争取上级领导和有关部门的理解和支持，进一步理顺水文管理体制和机制，加强行业管理，转变工作作风，推动水文事业又好又快发展。促进共建共管工作深入开展，推动共建共管向县级水文机构延伸；力争2010年发布实施《陕西省水文设施监测环境保护办法》；积极努力，争取支持，加快“参公”管理的审批落实工作。

过去的一年是水文系统各级领导干部抢抓机遇、开拓创新的一年，更是全省水文干部职工无私奉献、立足本职、辛勤工作的一年，大家用实际行动充分诠释了“求实、团结、奉献、进取”的水文精神。在此，我代表省局党政领导班子全体向大家表示衷心的感谢，并向大家和你们的亲人拜个早年，祝大家在新的一年里：新春快乐，工作顺利，阖家幸福，万事如意！

谢谢大家！

（杨汉明）

扎实履职尽责　有为才能有位

——在陕西省水文局专题视频会议上的讲话

（2010 年 4 月 30 日）

在我省长江流域将要入汛之际，我们召开这次专题视频会议，主要内容是学习传达厅党组书记、厅长王锋 4 月 28 日来我局调研指导工作时的重要讲话精神，传达全省防汛抗旱工作会议精神，进一步动员全局干部职工，振奋精神，增强信心，全力以赴做好今年防汛抗旱测报工作的再动员、再部署、再落实的会议，安排部署突发水污染应急测报工作。会议十分重要，希望同志们要在思想上予以高度重视。

前面兴顺、赵洁同志分别就防汛抗旱工作和突发水污染事件应急监测工作进行了强调安排，我都同意。下面，结合学习传达王厅长的讲话和全省防汛抗旱工作会议精神以及应急突发水污染测报工作，再讲几点意见。

一、认真学习贯彻王厅长的讲话精神，进一步增强工作的责任心和使命感

全省防汛抗旱工作会议 27 日一结束，28 日厅党组书记、厅长王锋就来到我局调研指导工作，这充分说明了厅长对防汛抗旱和水文工作的高度重视。王厅长指出：“水文工作是水利工作的重要基础，水文是水利的‘耳目’和‘眼睛’，要做好水利工作，首先要做好水文工作”，这是厅长对我们水文工作的高度概括和赞誉。他同时指出，“说到防汛抗旱，我第一个想到的就是水文

局”。这是厅长对我们所从事的工作极大的关心和重视。同时对我局近年来所做的工作和取得的成绩从五个方面给予了充分肯定，这也是对我们全局干部职工的鼓励和鞭策。特别是讲话提到的“要践行‘大水文’的观念，努力做到有为‘有位’；要健全完善水文站网，努力增加水文站点覆盖面；要强化工作手段；要强力推进信息化，以信息化来带动水文事业的现代化”四项希望和要求时，每一条都体现着厅党组和厅长对我们水文工作重视和支持。王厅长在讲话中，对水文工作重要性的高度概括，对水文职工的亲切关怀，对水文工作提出的明确支持，这是全局干部职工的无上光荣。因此，我希望要在全局迅速掀起学习贯彻王厅长讲话精神活动，深刻领会王厅长讲话精神实质，以学习贯彻讲话精神为契机，进一步增强全局干部职工搞好水文各项工作的责任心和使命感，努力完成今年防汛抗旱和各项目标任务，以优异的成绩感谢和汇报厅党组和王厅长对我们的关心和厚爱。

二、强化措施，落实责任，对汛前准备工作再检查、再落实

明天长江流域的汉中、安康、商洛三局就要入汛，再过一个月我省全面进入汛期。我们一定要认真贯彻全省防汛抗旱工作会议精神，深刻认识王厅长讲到的“水文是水利的‘耳目’和‘眼睛’”这句话的重要含义，充分认识搞好水文测报工作的重要性，坚决克服麻痹侥幸思想，要立足于来大水、抗大洪、抢大险。当前，重要的是进一步扎实细致地做好汛前各项准备工作。省局今年制定了严格详细具体的汛前准备工作细则，希望各局要严格按检查细则做好各项准备工作，省局汛前检查组按要求、按标准逐条量化打分进行检查考核，并把汛前准备工作检查考核情况作为年终评比考核的一项重要内容，希望各局领导和干部职工务必引起高度重视，确保汛前各项准备工作万无一失。目前，从陕南三

个汛前检查组的情况汇报来看，长江流域三局及所属水文站汛前准备工作领导重视，措施有力，工作细致，制订了迎战特大洪水的应急测报方案。但也存在一些问题，希望对检查中出现的问题，要抓紧落实整改措施。

三、增强敏锐性，积极做好水污染突发事件的应急监测工作

王厅长指出，加强水污染应急监测，这是践行“大水文”理念的一个重要内容，也是反映我们水文工作重要性和价值的很好体现。因此，我们必须要增强对做好水污染突发事件应急监测工作重要性的认识，增强敏锐性和责任心，加强人员值班和领导带班制度，明确职责，夯实责任，及时了解和掌握测站断面上下游以及新闻媒体报道发生的水污染突发事件，一旦掌握发生水污染事件，做到快速反应，必须要迅速并争取在一小时内上报省局，对于贻误或者迟报信息的，要严格查处，追查领导和有关人员的责任，希望我们全局干部职工要有清醒的认识和高度负责的精神。刚才赵洁同志对前一段我们应对北洛河油污泥水污染事件所做的工作进行了通报，在这次事件中，我们虽然做了大量的工作，但是，我们要认真总结其中的经验教训，继续保持过去一些好的做法，克服和改进我们工作中认识不到位、快速反应意识迟钝这些人为因素，这个问题只要引起重视完全可以做得到；至于监测手段需要提高的问题，随着上级领导的重视和投入的加大，将会逐步得到解决。

四、落实工作责任，确保安全度汛

进入汛期，全部人员要到站到岗，明确分工，落实责任，努力形成一心一意搞测报、团结协作战洪水的工作格局。汛期要严格执行请假制度，对无故不请假、擅离职守给防汛抗旱工作造成

影响的，要严肃查处。严格坚持24小时防汛值班带班制度，密切监视汛情趋势，加强会商分析，确保在大洪水面前测得到、报得出，测得准确，报得及时，真正发挥水文信息在防汛抗旱工作中的“耳目”和“参谋”作用，为各级领导和防汛指挥部门提供科学依据。要强化安全意识，落实安全生产责任制，坚持“以人为本，关爱生命”的原则和“安全第一，预防为主，综合治理”的方针，不能盲目拼设备、拼人员，杜绝不安全事故发生，确保职工人身安全。

同志们，水文工作已经得到厅领导的高度重视，我们肩负的任务十分光荣艰巨。让我们在厅党组的坚强领导下，以王厅长讲话精神为动力，振奋精神，坚定信心，迎难而上，扎实工作，全力以赴做好今年防汛抗旱测报工作，为我省安全度汛和防汛抢险做出我们新的贡献！

（杨汉明）

发挥行业优势　提高服务水平 为实行最严格的水资源管理制度提供有力支撑

——在陕西省水文局首届水资源公报编制工作会议上的讲话

（2010 年 11 月 23 日）

在全国积极实行最严格的水资源管理制度的新形势下，水资源工作愈加引起各级领导的重视，按照“加强人才培养，注重能力建设，认真履行职责，提高服务水平”的工作思路，把水资源监测评价工作作为水文事业发展壮大之源。以新的《水资源公报编制规程》的颁布实施为契机，充分发挥水文行业优势，全面启动我省各市区水资源公报的编制工作，为各级水行政主管部门划定水资源管理的“三条红线”并严格执法监督提供科学依据。因此，我们召开这次全局首届水资源公报编制工作会议，对于进一步加强我省水资源监测与评价工作有着十分重要的意义。

下面，根据新形势、新任务，结合全省实际，就如何做好全省水资源监测评价工作讲几点意见。

一、充分认识我省水资源监测与评价工作面临的机遇和挑战

（一）水资源可持续发展思路

十七大以来，中央转变经济增长方式，强调节约用水，保护水环境等；水利部提出了“人水和谐”的治水思路，实行最严格的水资源管理制度重要举措，要求划定水资源管理的“三条红线”，

并严格执法监督。

省委、省政府确定的治水方略，坚持以科学发展观为指导，以实行最严格的水资源管理制度为核心，坚持开发利用与节约保护并重，加强水资源统一配置和调度，优先解决城乡居民生活用水安全，保证加快工业化、城镇化进程用水，积极发展节水灌溉和旱作农业，统筹考虑生态环境用水，大力推进节水型社会建设，强化水资源保护与管理，以水资源的可持续利用促进和保障经济社会的可持续发展。

（二）我省水资源条件及用水需求现状

我省水资源总量仅为423亿立方米，人均只有全国平均水平的一半，而且时空分布严重不均，70%集中在汛期，70%分布在陕南，经济社会发展较快的关中和陕北地区水资源缺乏尤为突出，水资源开发利用难度越来越大。随着近年来我省经济建设的快速发展，关中—天水经济区、陕北能源化工基地、陕南绿色产业基地等区域规划的实施都需要水资源提供支撑和保障，水资源紧缺乃是我省今后一个时期经济社会发展的重要瓶颈制约。

（三）编发水资源公报的目的与意义

编发水资源公报是各级水行政主管部门的一项重要职责，是实施最严格的水资源管理制度的一项基础性工作，是水行政主管部门定期向各级政府、社会各界通报上年度水资源数量、质量和开发利用情况的专业性年报。所提供的信息，是各级政府宏观决策和有关部门工作的重要依据，定期向社会各界宣传我们赖以生存的水资源状况，呼唤全社会都来关心水、珍惜水、保护水，促进水资源合理开发、高效利用和保护。

根据新的治水思路，我省水资源条件及用水需求现状要求在我省必须实行最严格的水资源管理制度，水文是水资源管理和调度的基础，水资源管理调度的实施必须依据及时、准确的水资源监测信息和预测预报信息。我们要充分发挥水文部门水量水质同步监测的优势，以开展水资源公报编制工作为切入点，进一步强化水量水质实时监测、分析评价，开展预测预报，为促进水资源的可持续利用和经济社会的可持续发展做出新的贡献。

二、肯定近年来我省水资源监测评价工作取得的成绩

近年来，我们围绕新的治水思路，积极贯彻中央提出实行最严格的水资源管理制度，进一步加强水资源监测与评价工作，在全局干部职工特别是从事水资源工作同志的共同努力下，我省水资源监测与评价工作取得了显著成效。

（一）及时准确测报，为政府提供决策依据

编制了《陕西省水资源公报》《陕西省水资源简报》《陕西省水资源质量通报》《陕西省重要城市供水水源地水质旬报》《陕西省重点河段水资源质量通报》，从不同角度全面反映了全省水资源质量状况，及时准确地向各级政府和有关部门报告我省水资源质量状况、变化趋势。宝鸡、商洛局积极主动先后开展了本地区的水资源公报编制工作，为地方经济发展和水环境生态建设与管理提供了决策依据。

（二）加强基础研究工作，为水资源的管理提供科学依据

先后完成了《陕西省地表水资源评价》、“九五”国家重点科技攻关项目子专题《陕西省地表水资源评价研究》《陕西省水资源综合规划水资源调查评价》等一批重大水资源评价成果报告，为我省确定不同时期重大水资源开发利用配置布局，以及相关水利事业发展重大决策等，提供了基础数据支撑。完成了《北洛河流域水沙变化分析与研究》《渭河流域水沙变化分析与研究》《宝鸡市用水现状与需求分析》《渭南市社会经济用水现状分析》，开展了《河流湖泊基本情况普查》《陕西省用水定额修编》等工作，积极为水资源管理调度提供基础依据。

在水环境基础性工作方面加大工作力度，先后完成了《渭河

干流纳污能力分析计算报告》《丹汉江干流纳污能力分析计算报告》《21世纪陕西省水环境质量趋势预测》《陕西省黄河流域排污口普查登记报告》《陕西省长江流域排污口普查登记报告》等课题项目，为水资源的有效保护和综合治理提供科学依据。特别是开展的省界汉丹江水质监测，提出了《陕西省渭河干流、汉、丹江干流水域纳污能力及限排总量意见》，得到了省政府领导的赞扬。

（三）注重规划编制，服务水利前期工程

先后完成了《陕西省黄河流域行政区界地表水水量监测站点近期项目实施方案》《陕西省黄河流域水质站网规划》《秦岭生态保护区水源涵养保护规划》《陕西省水文事业发展规划》《陕西省水文"十二五"发展规划》《陕西省水污染应急规划》等。先后为我省黑河供水工程、省内南水北调等大中型水利水电工程提供了科学的水质监测数据。

（四）高度重视，积极处置水污染突发事件

快速有效地应对和处置各类突发性水污染事件，最大限度地减轻水污染事件带来的危害和不利影响，保障饮水安全，是新形势下我省水文工作的一项重要工作。

近两年来，我省突发性水污染事件频发，省局水环境监测中心作为代表水利厅行使水污染事件应急监测职能的单位，在事件中反应迅速、及时启动应急预案，派出监测队伍赶赴现场，并发挥水文部门熟悉河流情况，能使水质、水量同步监测的优势，准确及时地向上级部门上报污染水体水质变化情况及预报污染源迁移变化情况。我们具体采取了以下措施，进一步修订完善了《陕西省突发性水污染事件应急预案》，针对我省水文站点及水文站工作人员的具体情况，进一步细化及规范其操作行为，下发了《陕西省水文局重大水污染事件报告办法》，明确规定其报告流程及时限。各分中心为了更好地贯彻《办法》，想出了许多好办法、新举措。在各水文站沿途张贴布告、散发传单，到农民家进行宣传，要求沿途老乡发现水体污染及时报告。对及时报告并经核实情况属实的报告人给予300 ~ 500元的奖励。例如：2009年10月，神木县瑶镇水库富营氧化水污染事件；2010年3月31日凌晨，洛川县交口镇杨庄河村陕西长大石油化工产品有限公司洛川污油泥处理厂污油泥池泄漏事件；2010年4月30日，北洛河石油污染事件；2010年6月12日凌晨，丹凤县皇台矿业有限公司尾矿水下泄露事件；2010年6月20日下午，安康汉江河段施工车翻车造成局部油类水污染事件；2010年8月11日，吴起突发洪水冲断输油管线原油泄漏事件起到了关键作用，保证较好地完成了水污染事件的监测任务，真正地担当起了河流健康生命守护人。

（五）扩大服务领域，积极开展饮水安全监测

2008年以来，对全省集中式饮用水源地供水人口20万以上，日供水量5万吨以上的重要饮用水水源地进行了监测，商洛分中心加强河流水质监测，对15大河流、10座水库、4条县河的水质进行了两次全面的监测分析，编制了商洛市水资源公报，承担完成了24处农村饮水项目、5处工业饮水项目的水质监测工作。安康局也承担了汉滨区、旬阳县等农村饮水项目的近100个水质监测任务，进一步向农村饮水安全拓展。

进行了典型排污口及支流口水量水质同步监测。监测典型排污口、支流口70多个，获得监测数据近千组。开展了渭河干流、汉丹江干流省界断面的监测评价工作，编写了《地表水水源地、典型排污口、支流口及省界断面的监测评价报告》，为进一步加强水资源的保护和管理提供了一定支撑。

另外，还积极拓展业务，先后承担完成了《延安市黄陵县水资源开发利用规划》《西安市浐灞河流域水资源开发利用规划》《秦岭生态保护区水源涵养保护规划》《黄陵县沮河流域水资源开发利用潜力评价》《宝鸡市地表水资源评价》《宝鸡第二发电厂建设项目水资源论证》《锦界电厂建设项目水资源论证》《石头河杨凌供水建设项目水资源论证》等多项专项规划和技术咨询项目。

尽管我省水资源监测评价工作取得了一定的成绩，但按照实行新的最严格水资源管理制度，根据经济社会发展对水文工作提出的新要求，我们的水资源监测与评价工作还存在以下几方面问题：

一是主动服务的意识不强，紧紧围绕水资源管理工作的迫切需求开展工作不够。往往是上级安排什么工作，就完成什么工作，管理工作的需求考虑少、顾虑多，存在畏难情绪，积极主动服务、服好务做得不够。

二是站网不足，不能满足监督监测要求。省市界缺乏必要的监测断面，使省市水资源量计算不清；大型灌区退水口无水量监测断面，使退水量无法计算；重要水功能区监测站点不足，监测频次不够。

三是手段落后，监测的设施设备老化，现代化先进仪器使用较少。没有真正建立一套系统完整的水资源评价系统。现有的水资源调查评价模式，满足不了部（委）、省等各级政府对水资源公报、简报时效性的要求，不能满足我省水主管部门与水资源管理工作的需要，难以拓宽水资源评价业务、也难以更好地发挥水文水资源信息服务于经济社会的职能。

四是技术力量薄弱。长期以来，我省水资源研究评价人员不足，全省专职从事水资源研究评价工作人员只有 4 人，与兄弟省区水文机构比较，主要是省局人员少，只能应付日常工作，无力进行大量的水资源基础问题研究；市级水文机构无专职人员和科室，影响为地方水资源管理服务；水质监测专业人员缺乏，不能保证各分中心有一名分析化学专业人员。

三、强化措施，推动全省水资源监测与评价工作再上新台阶

目前，全省水文系统要紧紧围绕“三条红线”的划定和监督

监测，充分发挥水文行业优势，为实行最严格的水资源管理制度，推动我省水资源管理工作再上新台阶。为此，我们要积极做好以下几项工作。

（一）认真开展水资源公报编制工作，为各级政府决策提供依据

我们在为防汛抗旱服好务的同时，要切实把为水资源管理服务作为水文发展壮大之源，以开展水资源公报编制工作为切入点，在划定“三条红线”和实施监督监测中，发挥水文行业水质水量同步监测的优势，积极主动服务。

各级水文机构对本地区水资源状况是最为了解的，但对本地区的用水情况不一定清楚。积极争取各级政府及水行政主管部门的支持，定期收集水利工程供水、生产生活生态用水以及与水资源相关的国民经济状况的资料，进行整理分析并建立数据库，在每年编制水资源公报时，积极与水利局相关人员到各用水单位进行调查，通过实地勘测掌握各部门取用量、耗水量、用水指标等，使每年所编制的《** 市水资源公报》客观反映水资源开发利用情况，成为政府及有关部门的决策依据。

（二）强化对地表水实时监测分析、预测预报，为实行用水总量控制提供依据

随着经济社会的快速发展，用水量逐年增加，各流域已开始显现水量、水质等问题，各区域用水矛盾和纠纷也日益突出。水量分配就是在统筹考虑生活、生产和生态与环境用水的基础上，将一定量的水资源作为分配对象，向行政区域进行逐级分配，确定行政区域生活、生产的水量份额的过程。开展水量分配有利于对干旱缺水地区实行用水管理，有利于应对水质、水量、生态环境等问题，有利于各行政区、各流域统筹用水。国务院 2006 年 4 月颁发的《取水许可和水资源费征收管理条例》第十五条明确规定：“批准的水量分配方案或者签订的协议是确定流域与行政区域取水许可总量控制的依据。”水利部《水量分配暂行办法》第十条：水量分配方案主要内容中包括“跨行政区域河流、湖泊的边界断面流量、径流量、湖泊水位、水质，以及跨行政区域地下水水源地地下水水位和水质等控制指标”。由此可见，省、市有关部门在制订本行政区域的水量分配方案和实施监督管理过程中，必须要以水文监测整编成果、水文实时监测资料为依据。水量分配、水量调度、取退水管理要求对地表水实时监测分析、预测预报，加大预报模型的研发力度，逐步建立水资源实时监测评价服务系统，为水资源科学配置、调度和管理提供决策依据。

（三）加强水质、水量的同步监测，为严格控制入河排污总量提供支撑

《中华人民共和国水法》第三十二条“县级以上人民政府水行政主管部门或者流域管理机构应当按照水功能区对水质的要求和水体的自然净化能力，核定该水域的纳污能力，向环境保护行政主管部门提出该水域的限制排污总量意见”。陕西省人民政府于 2004 年批准了《陕西省水功能区划》，并在水功能区划的基础上提出了水域纳污能力及限制排污总量意见。水生态系统保护与修复的要求对水体的水量、水质和生物多样性的监测。实施水质水量同步监测，是加强对各水功能区监督与管理的重要手段。特别是饮水安全问题方面，水质、水量的同步监测尤其重要。对在监测工作中发现重点污染物排放总量超过控制指标，或者水功能区水质未达到水域使用功能对水质要求，或者饮用水源地水量、水质等情况变化可能危及饮用水安全等，除加强跟踪监测和调查外，还及时将情况报当地政府及有关部门，以便及时采取措施，保障供用水安全。

（四）开展用水计量监督，遏制用水浪费

遏制用水浪费，除加强法制保障，建立健全保护水资源和节约水资源的法律法规体系以外，还应当加强用水计量监督管理。

而水文水资源监测、计量监督在遏制用水浪费方面可以起到非常重要的作用。水文部门通过对城乡供水水源地、水功能区等水质监测分析和企业水平衡测试、城市水资源精确测验等工作，分析不同行业的用水定额，全力以赴完成《行业用水定额修编工作》，为取水许可证的颁发提供科学依据，从而避免水资源浪费。通过水文用水计量监督，一旦发现有用水浪费现象，可以利用水资源信息管理系统及时反馈到指挥决策机构，对用水浪费的单位和个人实行惩罚。

（五）强化突发性水污染事件监测，为确保饮水安全提供科学依据

各部门、局、站要切实贯彻落实《陕西省突发性水污染事件应急预案》《陕西省水文局重大水污染事件报告办法》，严格奖惩制度，确保第一时间上报，及时监测，保障饮水安全。

（六）加强能力建设，提高服务水平和质量

第一，要积极争取各级水行政部门的支持，多渠道、多途径争取投入，力争加大全省水资源费中投入的力度。进一步改善监测手段，更新仪器设备，逐步建立水资源实时监测、监控、评价、查询系统，提高服务水平。

第二，要充分发挥现有技术力量，发挥水情预测预报人员熟悉产汇流规律的优势，积极开展枯季径流预报方案的开发、降雨、径流、水资源量及水沙变化趋势的研究，为水资源管理提供科学依据。

第三，充实力量，加强培训，增强交流学习，提高业务技术水平。

（七）建立健全各项质量管理制度，提高水质监测质量与水平

11 月 8 日，水利部水文局在河北省石家庄市召开全国水质监测质量管理工作会议，安排部署水质监测质量管理工作，介绍水资源质量信息共享服务系统应用平台建设工作进展情况并提出近期工作要求。七项制度和办法如下。

（1）《水质监测人员岗位技术培训考核制度》。

（2）《质量控制考核与比对试验实施办法》。

（3）《实验室能力验证实施办法》。

（4）《水质监测仪器设备监督检查制度》。

（5）《省界缓冲区等重点水功能区水质监测质量监督检查制度》。

（6）《水质自动监测站比对实验方案和监督检查制度》。

（7）《水质监测质量管理监督检查考核评定制度》。

要求高，任务重，按照水利部对下发的七项全国性质量管理制度和办法的要求和相关技术规范，结合我局的实际，下发了《加强水质监测质量管理工作的实施方案》，希望各级水环境监测部门认真贯彻落实。

同志们，任务光荣而艰巨，挑战与机遇并存，我们一定要抢抓机遇，迎难而上，积极践行“大水文”发展理念，以优质的水文水资源信息支撑水资源的可持续利用，为经济社会的可持续发展做出新的更大的贡献。

（杨汉明）

坚定信心　再接再厉
全力做好水文测报工作

——在传达全省防汛抗洪工作小结会精神视频会议上的讲话

（2012年7月20日）

在主汛期的关键时刻，我们召开这次视频会议，主要任务是传达贯彻省防总7月19日召开的“全省主汛期两轮强降雨防汛抗洪工作小结会”精神，通报全省入汛以来情报预报工作，进一步动员全局干部职工坚定信心，迎难而上，发扬成绩，再接再厉，全力做好今年防汛水文测报工作，为我省安全度汛做出新的贡献。

前面巨兴顺副局长传达了省防总防汛抗洪工作小结会精神，李军社处长通报了全省入汛以来情报预报工作情况，希望同志们抓好贯彻落实工作，按照省防总会议精神特别是王锋厅长讲话要求，对前一段水文测报工作进行认真总结，查找不足，强化措施，同心同德，全力以赴搞好后期水文测报工作。

下面，我再讲几点意见。

一、7月以来两轮雨水情概况

受西风槽与暖湿气流的共同影响，7月上旬全省出现了2次较强暴雨洪水过程。1日至10日，全省平均降雨量68.3 mm，其中汉江流域127 mm，降雨过程分别形成南郑、汉阴、镇安、临渭4个暴雨中心，点最大降雨量南郑县喜神坝站达361 mm。强降雨使省境内29条河流36站出现洪峰133次，其中有8条河流8站出现超警戒洪峰 12 次。汉江武侯镇站 9 日 3 时出现 2700 m^3/s 超警戒流量洪水，汉江支流月河长枪铺站 4 日 14 时出现 3020 m^3/s 超保证流量洪水，为 1983 年以来最大洪水，列实测系列第 4 位，洪水量级相当于 20 年一遇。汉江支流冷水河三华石站 9 日 10 时 20 分出现 1670 m^3/s 超保证流量洪水，为历史实测最大，重现期超 30 年一遇；支流濂水河上游喜神坝河江西营站 9 日 7 时出现 405 m^3/s 洪水，为历史实测最大洪水，重现期为 30 年一遇。

二、充分肯定前一阶段水文测报工作成效

进入汛期全局各级领导把水文测报工作作为全年的重要工作来抓，同时也作为我们的立局之基给予高度重视。在进入 7 月两轮强降雨过程中，全局广大干部职工能够坚持以防汛抗洪工作为大局，以做好水文测报工作为己任，团结拼搏，准测快报，为各级领导和防汛指挥部门提供了科学准确的水雨情信息，为全省应对两次强降雨的防汛抗洪工作发挥了“参谋”和“尖兵”的重要作用。

（1）发扬水文人特别能吃苦、特别能战斗精神，全力以赴抢测洪水。在主汛期出现两轮强降雨的关键时刻，全局上下高度重视，反应迅速，于 4 日 8 时启动我省汉江流域水文测报预报Ⅳ级应急响应。省局高度重视，派出专家组迅速前往基层现场指导，各市局领导亲临一线，靠前指挥，基层测站职工严阵以待，坚守工作岗位，确保“测得到，报得出，测得准确，报得及时”。

7 月 3 日 20 时后，月河流域降大暴雨，茨沟、汉阴、八庙等站降雨量分别达 262.0 mm、118.8 mm、103.2 mm。长枪铺站杨传友站长通过分析，预感到月河将要发生一场大的洪水，迅速召集职工进行战前动员，进一步明确职责任务；在河道水位急剧暴涨、观测道路被淹的情况下，站上 6 名职工不畏艰险，不顾疲劳，连续奔波在泥泞的高杆田间，适时测洪水、取沙样，观测降雨、拍发电报，不间断地回答有关部门的汛情询问，站上职工全力以赴，各司其职，

用仪器抢测到了完整的洪峰过程，取得了宝贵的水文数据。

7月1日至4日汉江南岸支流三华石站出现的洪水过程还未退去，7日至9日新一轮的强降雨又再次袭来。冷水河流域普降大到暴雨，平均降雨量达133 mm，面对倾盆暴雨和咆哮的洪水，三华石站两名职工连续10多个小时伫立在暴雨中，蹲守在断面上不停地观测水位，54岁的老职工侯刚为了观测到准确的水位数据，冒着堤防塌陷的危险，下到齐腰深的水中，清理水尺上缠绕的树枝杂物水草，随后在桥面与水尺间来回奔跑。洪水挟带着漂浮的树木、家具、车辆等不断地冲撞桥柱，岌岌可危的桥面上已聚积约20 cm深的水流。此时，在大桥已被地方政府封闭，桥身安全已受到严重威胁的情况下，两名职工临危不惧，坚守在桥面上，手持电波流速仪在大桥上测流记载，任凭全身被雨水灌得湿透，仍然竭尽全力地抢测到了该站历史上最大洪水过程。

（2）强化责任落实，及时准确传递处理水雨情信息。为切实做好今年的水情工作，确保各类水情信息及时准确传递，省局3月下达2012～2013年度水情站报汛报旱任务书。全省安排了828处水情站报汛任务，其中水文站81处、水位站34处、雨量站615处、水库站98处，委托流域机构和邻省水文部门报汛水情站54处，水情站总数达882处。

在两次暴雨洪水过程中，各级水情人员严格执行了工作制度和任务，认真履行了岗位职责，未发生贻误汛情责任事故。期间接收处理水情信息14.5万条，通过广域网向国家防总、黄委、长江委、省防办、省信息中心等单位转发报文约27.3万条，共发送雨水情短信2800余条、编发水情快报12期。一次次及时的水文信息，为防汛指挥调度提供了科学的依据。

（3）科学研判，准确预报，为防汛决策提供依据。2012年省局布置安排主要江河控制站和大型水库站洪水预报任务33处，要求各预报任务部门达到规定量级后，制作发布洪水过程、洪峰流量和水库站洪水总量预报。布置安排依江傍河市县城区、水利风景区、中小河流水文站预警预报任务100处，其中依江傍河市县城区47处，占受洪水威胁城区的61.8%，水利风景区24处，占统计总数的87.5%，水文站27处，占全省中小河流水文站的47.3%。按照分级负责的原则要求，省局机关负责制作发布黄河、渭河、汉江、嘉陵江、北洛河、泾河控制站和冯家山、石头河、金盆、安康、石泉、石门6座参与错峰调度大型水库的洪水预报，7个市级水文局负责制作发布有预报任务的一般河流水文站洪水预报及水情预警预报。为了明确职责，夯实责任，公示了“2012年水文预报责任人员名单”。

进入7月以来，省局按照规定任务及水雨情情况及时制作发布洪水预报17站次，制作发布预警预报21站次。

在迎战“7·4”月河暴雨洪水中，安康水文局根据实时降雨情况，预报4日12时30分前后将出现2900 m^3/s的洪峰流量，实际于14时出现3020 m^3/s的洪峰流量。安康市防汛办及汉滨、汉阴区县防汛办接到洪水预报后，紧急行动，组织武警上堤巡查，迅速撤离转移受威胁群众，整个洪水过程无一人伤亡。副市长、市防汛指挥长邹顺生在市防汛会商会上对安康水文局的洪水预报给予了高度评价，他说：“水文局这次预报月河流域的洪水是2900 m^3/s，实际出现3020 m^3/s，精度这么高，令我感到意外，也出乎市上领导的想象，你们水文职工辛苦了”。

汉中水文局7月上旬制作发布预警预报15期。其中，预报胥水河升仙村站8日21时将出现800 ~ 1100 m^3/s的洪水流量，实际于20时出现917 m^3/s的洪峰流量。预报玉带河铁锁关站8日22时将出现400 ~ 800 m^3/s的洪水流量，实际于23时出现825 m^3/s的洪峰流量。

7月2日8时至4日8时，商洛市镇安县木王镇累计降雨量高达154.6 mm，杨泗镇117.2 mm，商洛水文局预测未来6 ~ 8小时旬河可能出现300 ~ 400 m^3/s的洪峰流量，达仁河将出现大洪水。

市县防汛指挥部门接到预报后，迅速组织撤离，从而有效避免了人员伤亡。

在迎战“2012汉江一号洪峰”中，省局根据实时水雨情，预报武侯镇站9日3时前后洪峰流量2650 m^3/s，实际于9日3时洪峰流量2700 m^3/s，精度达98%。为增长预见期，在武侯镇洪峰未出现时，制作汉中站预报，预报汉中站9日8时洪峰流量3100 m^3/s，实际汉中站9时洪峰流量2920 m^3/s，精度为94%。7月4日，依据汉江干支流水情，预报18时安康水库最大入库流量11000 m^3/s，实际16时最大入库流量11600 m^3/s。

总结前一段水文测报工作，我们的体会是：一是汛前准备充分，爱岗敬业意识强。基层水文站职工在大洪水面前不畏艰险，不怕疲劳，忠实地履行了岗位职责，测报洪水方案可行，测洪物资设备到位，保证了大洪水监测任务顺利完成。二是及时会商，科学研判洪水趋势非常必要。在接到两次过程重要天气报告后，省局及时组织有关技术人员会商分析暴雨落区可能涉及的河流，研判暴雨走向与洪水汇流耦合趋势，分析预估主要河流洪水量级，为防指决策指挥提供了重要参考。三是应对超强暴雨洪水措施有力。去年汛后，省局修编印发了《防御灾害性洪水水文测报预报应急预案》，依据预案适时启动了汉江流域Ⅳ级应急预案，派出以总工为组长的工作组指导一线测报工作，有序有力完成了测报工作任务。四是规章制度健全，确保了测报预报有效运行。今年省局修订完善了“水情值班带班制度”“水情信息发布制度”“水文预报制度”和“水情分析材料编发办法”等，汛期各级各部门严格执行的同时，我们加强量化考核，基本做到了有章可循，运转自如。

回顾近期的水文测报工作，虽然取得了突出成绩，但与上级领导的要求和我省防汛抗洪严峻形势的需要相比，还有一定差距，一些薄弱环节还影响着水文作用的发挥。一是水情站自动测报率不高，接近半数的重要水文站还靠人工监测报汛。二是测站人员严重偏少，洪水过程一线工作强度大，遇连续降雨要拼体力疲劳作战，测站职工十分辛苦。三是对局地暴雨引发的中小河流洪水量级，判断不足，定性的多，定量的少，难以对各级防汛部门决策提供有效支撑。

三、发扬成绩，戒骄戒躁，为确保全省今年安全度汛做出贡献

目前，全省已进入七上八下的防汛关键时期，防汛抗洪形势依然严峻，水文测报任务仍然十分繁重。因此，我们一定要克服麻痹侥幸思想，发扬成绩，戒骄戒躁，团结拼搏，全力以赴做好后期水文测报工作，为我省夺取今年防汛抗洪的全面胜利做出新的贡献。

（1）坚守工作岗位，密切监视水雨情变化。全局干部职工将继续发扬水文人顽强拼搏、连续作战的优良作风，认真总结经验，密切关注汛情动态，以对党和人民高度负责的精神，以蒋安成同志为榜样，忠于职守，尽职尽责，扎实做好后期水文测报工作，按照“信息灵、情况清、反应快、预报准、服务好”的总体要求，确保在任何情况下各类信息能报得出、报得及时、报得准确，为各级领导和防汛指挥部门防汛抢险决策提供科学决策依据。

根据省气象局今天12时主要天气报告，受北方冷空气南下和偏南暖湿气流共同影响，预计7月20日晚上到23日上午，我省自北向南有一次较明显降水天气过程。强降雨主要发生在21日，陕北北部局地、陕北南部局地、关中西部局地和陕南西部局地有大雨到暴雨，21日晚上到22日白天关中东部局地、陕南东部局地有大雨到暴雨。希望各局高度重视，密切关注，加强监测，切实做好迎战洪水的各项测报工作，及时报送信息，按规定要求发布洪水作业预报及预警预报。

（2）不断扩大中小河流预警预报范围。按照防汛需要加快增加预报河流力度，加强指导科学分析预报区域气象水文信息，采取措施补充预报力量。进一步加强中小河流预警预报技术研究，

不断创新方法、扩大预报范围，要总结探索一套行之有效的预警预报机制，不断完善傍河市县城区、水利风景区、中小河流重要水文站预警方案，争取投资引进开发基于 DEM 数字高程系统的水文预报系统模型，分区建立水情预警预报系统，不断提高预警预报水平和时效性。

（3）加快洪水预报系统研制，不断提高洪水预报质量。推进汉江、黄河预报系统研制，重点解决河系洪水连续预报和受水利水电工程影响的江河洪水预报问题。充分利用网络技术和数据库，依托先进的预报理论，建立洪峰、过程、洪量预报模型，满足防洪调度指挥和水资源管理需要。

（4）加快信息服务体系建设，开发陕西省水情综合业务系统。以加强和加快水文信息服务体系建设为突破，更好地开展水文情报预报服务，开发陕西省水情综合业务系统，提高水情信息综合分析、旱情信息分析预报、防汛会商能力。

（5）加强安全生产，切实保障职工人身安全。水文测报是一项十分辛苦的工作，测报工作往往是电闪雷鸣、风雨交加，工作环境和条件十分恶劣，特别是目前我们一些设施设备老化。因此，希望各局各站要加强职工安全思想教育，牢固树立安全第一的理念，积极做好安全隐患排查工作，抢测洪水期间必须要穿好救生衣，不能盲目地拼设施拼人力，确保职工人身安全。每次洪水过后，要对设施设备特别是关键部位进行安全检查和维护，保障测报工作顺利进行。

防汛工作事关人民群众生命财产安危，责任重大，使命光荣。我们决心在厅党组的坚强领导下，认真贯彻省委、省政府关于防汛抗洪工作的一系列决策部署，坚定信心，迎难而上，同心同德，准测快报，为我省今年安全度汛和经济社会发展贡献力量，以优异的成绩迎接党的十八大胜利召开！

（杨汉明）

法规建设

FAGUIJIANSHE

省水文系统水政工作座谈会

陕西省灌排工程河道工程和水文设施赔偿补偿保护办法宣贯座谈会

陕西省水文管理条例
中华人民共和国水文条例
中国水利水电出版社
陕西省水文条例
陕西省水文水资源勘测局
水行政许可手册
陕西省水文水资源勘测局
水行政许可手册
陕西省水文水资源勘测局
权责清单
二〇一五年十二月
陕西省水文水资源勘测局
权责清单
二〇一五年十二月

陕西水文

加强水行政许可管理
贯彻落实好“两个办法”

——在陕西省水文局水政工作会议上的讲话

（2010 年 11 月 12 日）

在全局上下认真学习贯彻党的十七届五中全会精神，努力实现年初确定各项目标任务的情况下，省局决定召开这次全局水政工作会议，对于进一步统一思想，提高认识，推动全局水政工作再上新台阶有着十分重要的意义。在此，我代表水文局党政领导班子向常年奋战在基层一线的水政干部职工表示亲切的慰问和衷心的感谢！同时，向今天前来指导我们这次会议和多年来关心支持我局水政以及立法工作的水利厅政法处等有关部门领导表示热烈的欢迎和诚挚的感谢！

前面，师光玉同志代表省局作了全面的工作报告，希望大家会后抓好贯彻落实。下面，我就进一步加强水行政许可管理，积极做好《陕西省水文资料使用审查办法》和《陕西省水文设施监测环境保护办法》贯彻落实工作讲几点意见。

一、深刻认识依法行政工作的重要性，推进依法行政工作稳步开展

自 2004 年《行政许可法》实施以来，水利厅党组十分重视，采取了多种行之有效的学习贯彻措施，建立健全了一系列配套制度和程序，加强了涉水行政许可管理，有力地促进了水利可持续发展，提高了水利行业依法行政能力和水平。

今年以来，新的厅领导班子高度重视依法行政工作，无论是在制度建设还是行政决策、行政管理方面，都十分重视依法办事、按程序办事。一是成立了以党组书记、厅长王锋同志为组长的全省水利系统依法行政工作领导小组；二是制定出台了一系列规范水利行业管理行为的规范性文件，加强了对行业管理行为的约束和规范；三是先后开展了贯彻执行水法律法规和水行政许可法律制度执行情况的调研活动；四是全面总结验收了水利“五五”普法工作。这些举措警示我们，加强依法行政工作已成为全省水利系统各级干部工作的重要任务。10月下旬，水利厅就推进水行政许可工作还专门举办了培训班，管黎宏副厅长在培训班上做了重要讲话，他要求把贯彻落实行政许可法律制度，作为落实全国依法行政工作会议的重要内容，进一步统一思想、提高认识、增强责任感和使命感，严格规范行政许可行为，大力推进依法行政进程。今天我们召开这次会议，也就是落实水利厅行政许可培训班精神的重要体现，推进我局依法行政工作稳步开展的一次重要会议。希望全局各级水政执法管理人员一定要站在贯彻科学发展观、建设依法治局的高度，充分认识做好行政许可管理、推进依法行政工作的重大意义，认真学习贯彻水利厅以及上级有关依法行政许可会议精神，强化措施，积极工作，推进我局依法行政工作健康稳步深入开展。

二、加大工作力度，切实做好《陕西省水文资料使用审查办法》和《陕西省水文设施监测环境保护办法》贯彻落实工作

近年来，我们认真贯彻《中华人民共和国水文条例》和《陕西省水文管理条例》，依照两个《条例》赋予的职责，积极工作，争取支持，经过我们多方努力和开展工作，在水利厅政法处等有关部门的大力支持下，先后于去年和今年由省水利厅颁布下发了《陕

西省水文资料使用审查办法》和《陕西省水文设施监测环境保护办法》，这对于进一步加强水文资料的使用与管理以及发挥水文服务功能、依法保护测报水文工作顺利进行产生重要积极作用。

两个办法颁布实施以来，我们在学习宣传贯彻落实方面做了大量的工作，在更好发挥水文资料作用、维护水文合法权益、促进水文工作等方面取得了一定成效。但是，我们应该清醒地看到，我们的干部在认识重视程度上还有差异，学习宣传各局发展不平衡，贯彻落实措施不扎实，取得社会成效不明显。因此，利用这次会议我再强调以下几点。

一要充分认识两个办法颁布实施的重要性。《陕西省水文资料审查使用办法》是更好发挥水文资料功能、维护水文行业地位和确保水文资料严肃性的有效举措；《陕西省水文设施监测环境保护办法》是依法保护水文测报设施不受侵害、毁坏，确保水文工作顺利进行的法规性文件。这两个办法颁布实施是经过我们坚持不懈的努力和水利厅政法处有关领导重视支持取得的结果，来之不易，我们一定要珍惜取得的成果。希望我们干部特别是各级水政执法人员，在思想上认识两个办法颁布实施在促进水文工作、发展水文事业上的重要性，促进我省各项工作健康稳定顺利开展。

二要加强学习，全面熟悉和使用办法赋予的权利。要在前期学习宣传贯彻工作基础上，再学习、再宣传，充分利用各局、水文站的有利位置，书写宣传标语，悬挂宣传横幅等，积极营造学习贯彻两个办法的浓厚氛围。特别是各级水政人员，要深入学习，深刻理解，全面把握，正确使用，努力争当学习、宣传、贯彻办法的先行者，按照办法赋予的职责和权利，推进贯彻落实工作深入开展。

三要强化措施，推动两个办法在我省有效实施。立法很重要，关键在落实。因此，我们一定要采取扎实有效的措施，推进两个办法顺利实施，进一步发挥办法应有的作用。首先，各市局要加强与地方政府和水利部门联系，主动汇报，加强协调，争取支持，努力创造办法在当地贯彻实施的良好外部环境。其次，我们各级水政干部职工一定要增强责任心和使命感，敢于负责，坚持原则，发现有违规使用水文资料和破坏水文环境设施的人和事，理直气壮地按办法有关条款去查处，积极维护办法的严肃性和约束力。

三、提高认识，强化措施，努力开创全局水政工作新局面

水政工作贯穿于水文事业的始终，为水文事业的发展提供了良好的秩序和保障，它的工作好坏关系着整个水文事业的兴衰。可以说，水政是水文工作的一项重要任务，是促进水文事业健康、快速发展的保障力量。在新世纪新阶段，随着水文事业的快速发展，如何做好水政执法工作已成为我们水政工作者的一个重要课题。

（一）充分认识水政执法的重要意义

水政对促进水文法制体系建设和推动水文改革与发展都具有重要意义。是全面贯彻实施《陕西省水文管理条例》《陕西省水文设施监测环境保护办法》等水利法律法规的需要；是保障水文事业健康快速发展的需要；是建设“水文和谐”的需要。因此，在改革和发展的新形势下，每一名水政执法人员都要以全新的观点和战略的目光正确对待水政工作，依法行政，切实肩负起查处水事违法案件、协调水事纠纷、维护本单位正常工作秩序的重要职责，保证水文事业持续、健康、稳定、和谐地不断向前发展。

（二）广泛宣传《陕西省水文管理条例》《陕西省水文设施监测环境保护办法》等水利法规

为全面提高全社会的水忧患意识和水法制观念，我们必须大力抓好水利法规的宣传工作。首先，要更新宣传理念。一要在监测范围内张贴标语，设置宣传牌、做展板或发放水法规宣传材料，让群众实实在在认识、了解水法规知识，达到依法办事的效果。二要执法与普法相结合，以执法促普法。针对水事案件的高发期，严格落

实巡视、查处制度。对案件的当事人，水政执法人员要讲清其行为违反了水法规什么条款，与之相应要受到什么样的处罚。在处理案件中，态度要和蔼、诚恳，要让当事人心服口服，立足达到用一案一事教育一片的社会效应。三要加强内部学习。组织本单位职工深入学习水法规知识，切实提高干部职工队伍的依法履行职责的整体水平。

（三）加强水政执法队伍建设

水政执法人员既是水法律法规的具体实践者和操作者，又是水文部门行使水行政执法权的代表。水政执法人员工作能力的高低，直接影响水政工作的质量和效率，是关系到水政执法成效的大问题。因此，加强水政执法队伍建设已十分重要和迫切，我们必须按照新《陕西省水文管理条例》和水文事业发展的要求，建设一支政治过硬、业务精通，使之逐步向正规化、规范化的队伍迈进。

一要有过硬的政治素质。水政执法队伍建设的根本是全面提高水政监察人员的素质，尤其是在新形势下，面临新问题、新挑战，我们必须加强水政执法人员政治思想教育。首先，组织水政执法人员系统地学习“三个代表”重要思想和科学发展观，教育水政执法人员坚持党的路线、方针、政策，在政治上、思想上始终与上级党组织保持高度一致。其次，抓好水政执法人员的职业道德教育，坚持把严格执法作为水政执法队伍的生命线、恪尽职守，秉公办案。坚持以事实为依据，以法律为准绳，严格做到有法必依、执法必严、违法必究。

二要有崇高的敬业精神。敬业精神是水政执法人员应具备的职业道德。水政执法是水文行业的一个重要工作。以主人翁的态度，干一行、爱一行、专一行、精一行，全心全意服务于水文事业。水政执法一般在基层第一线，一言一行都能反映出水政执法者的形象，是水文部门对外开展工作的“窗口”。因此，水政执法人员要有执法道德，必须遵纪守法，严格遵守水政执法纪律，正确履行肩负的重要职责，忠于法律，依法办事。

三要有精通的业务知识。随着改革开放的不断深入发展，水政工作面临着新的局面和挑战。坚持理论联系实际的培训方法，着眼于提高水政执法人员解决实际问题的能力，着眼于实现人才的可持续发展，提高水政执法人员的综合业务素质和执法能力，造成一批业务精通、经验丰富的专职水政执法队伍。水政工作人员在从事本职工作期间，必须积极参加和接受水政执法业务知识和技能培训，坚持个人自学和组织培训相结合的原则，深入学习相关法律、法规和业务知识，真正成为学法、用法的“行家”“里手”。

（四）不断完善监督、奖罚体系

为了使全局水政执法逐步走向规范化、制度化、法制化的轨道，必须完善监督、奖罚体系。首先，要强化内部监督机制，制定明确、具体、全面的监督制约制度，明确执法权限、执法程序、执法目标、执法范围，使执法的每一个环节都有制约性和公开性。并建立健全水政执法责任制度、考核制度、定期评议制度，并于年终将考核结果作为水政执法人员奖惩、升降的基本依据。其次，强化外部监督制约机制。水政执法人员的一言一行、一举一动都事关水文部门的形象，所以水政执法要增强透明度，尤其是行政处罚的事实、理由、依据，积极接受社会监督，不断发现和克服水政执法工作中存在的问题。针对通过内外监督发现的问题，要及时进行整改，保证水政执法公正、有效。

同志们，水政执法工作任重而道远，我们一定要以这次会议为契机，深入学习贯彻党的十七届五中全会精神，牢固树立科学发展观，坚持“大水文”发展理念，振奋精神，坚定信心，强化措施，努力工作，为开创全局水政工作新局面而努力奋斗！

（杨汉明）

宣传与水文文化工作

XUANCHUANYUSHUIWEN
WENHUAGONGZUO

（杨玉田 / 拍摄）

（杨晓锋 / 拍摄）

喜迎十八大 颂歌献给党
陕西省水利厅直系统职工红歌演唱会

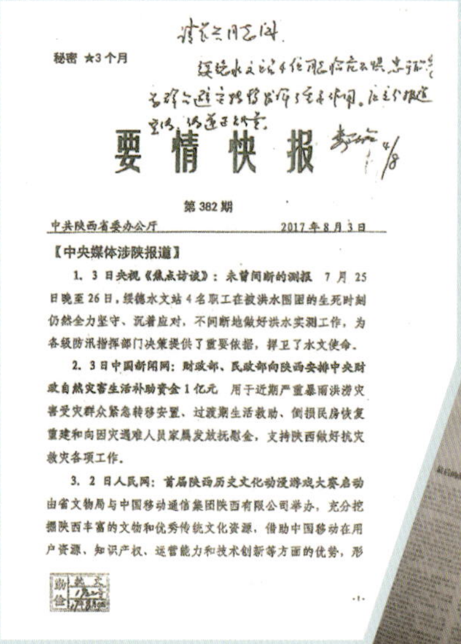
秘密 ★3个月

要 情 快 报

第382期

中共陕西省委办公厅　　　　2017年8月3日

【中央媒体涉陕报道】

1. 3日央视《焦点访谈》：未曾间断的测报　7月25日晚至26日，绥德水文站4名职工在被洪水围困的生死时刻仍然全力坚守、沉着应对，不间断地做好洪水实测工作，为各级防汛指挥部门决策提供了重要依据，捍卫了水文使命。

2. 3日中国新闻网：财政部、民政部向陕西安排中央财政自然灾害生活补助资金1亿元　用于近期严重暴雨洪涝灾害受灾群众紧急转移安置、过渡期生活救助、倒损民房恢复重建和向因灾遇难人员家属发放抚慰金，支持陕西做好抗灾救灾各项工作。

3. 2日人民网：首届陕西历史文化动漫游戏大赛启动　由省文物局与中国移动通信集团陕西有限公司举办，充分挖掘陕西丰富的文物和优秀传统文化资源，借助中国移动在用户资源、知识产权、运营能力和技术创新等方面的优势，形

·1·

统一思想　提高认识　加大力度
为水文事业又好又快发展
创造良好的舆论氛围

——在全省水文宣传工作会议上的讲话

（2012 年 4 月 13 日）

刘恒福副巡视、各位领导、同志们：

下午好！

今天，在全省水文工作会议刚刚闭幕之际召开这次全省水文系统宣传工作会议，充分说明了宣传工作在新时期水文事业改革发展中的重要地位和作用。今天，刘恒福副巡视、厅宣传中心副主任王剑应邀指导会议，在此，我代表陕西省水文局对各位领导的到来以及对陕西省水文局工作的关心、重视和支持表示衷心的感谢！

这次宣传工作会议的主要任务是：进一步贯彻落实全省水利宣传工作会议精神，总结近年来全省水文宣传工作取得的主要成效和经验，分析当前水文宣传面临的新形势，研究部署 2012 年水文宣传工作重点与任务，统一思想，提高认识，振奋精神，扎实工作，为水文事业营造良好的发展环境。

一、近年来水文宣传工作取得的成绩

近年来，在省水利厅党组和水利厅各处室的关怀与支持下，在水利厅宣传中心的直接指导下，水文宣传工作坚持以邓小平理

论和“三个代表”重要思想为指导，强化宣传手段，丰富宣传内容，主动与媒体沟通，扩大了水文的影响，提高了水文知名度，为促进水文大发展起到了鼓与呼的作用。

（一）做好汛期水文工作宣传

一是充分运用现代媒体宣传。汛期通过手机短信、局域网站、水情简报等及时向省防办和水利厅领导、各级防汛部门通报全省主要江河水库雨水情信息。关键河段区域的洪水变化情况、关键时刻水文职工在干什么、水文数据的重要性以及让领导的决策做到科学准确及时。二是抓暴雨与特殊洪水报道。积极与新闻单位沟通，在暴雨洪水的关键时刻组织《中国水利报》、陕西电视台等相关媒体记者深入一线采访水文职工测报洪水典型事迹，以期受到社会的重视与关注；同时为全局多人荣获年度各级抗洪抢险先进个人、先进集体起到了重要作用。三是跟踪特殊暴雨洪水报道。2007 年 7 月 28 日，丹江流域发生洪水，丹凤勘测队武关水文站在通信中断的情况下，职工步行 13 公里发出关键情报，使下游沿河 10 多万群众及时转移，得到消息，宣传干事立即用电话与所在的分局了解情况，与新闻单位记者联系，并在当天撰写了《洪水冲毁武关水文站设施　职工徒步 13 公里及时报汛》的专题报道，该报道第二天刊登在《陕西日报》头版倒头条位置。当天，时任陕西省省长袁纯清决定视察防汛工作，并请水文局领导现场汇报水文防汛测报工作，为解决水文存在的困难和问题提供了良好的时机。

（二）做好特殊事件的宣传

一是抓水文在抗震救灾中的宣传。“5·12”地震发生后，汉中和宝鸡部分地区成为重灾区。省局领导和宣传人员在第一时间深入一线查灾慰问，了解情况，及时采访，撰写了《用水文数据诠释震区安危》的报道，被《中国水利报》和《陕西水利》等杂志刊登，宣传了水文在抗震救灾中的重要作用。二是抓关键时期水文宣传。2011年先后两次利用陕西省广播电台《秦风热线》栏目，聚焦水文，杨汉明局长和省局有关领导、处室负责同志做客陕西省广播电台《秦风热线》直播室，集中2个小时与全省听众朋友互动，介绍陕西省水文测报工作的任务和职责、水文测报应急预案启动、汛期水情预报发布、防灾减灾效益、主要江河流量洪峰特点、工作主要措施、水文应急监测以及墒情监测等方面工作；现场采访和连线了常年驻守在一线工作的水文职工，使广大听众全面了解了全省水文工作的基本情况，认识到水文工作与他们生活密切关系，对全社会进一步重视、关心和支持全省水文事业起到良好的宣传和促进作用。2011年9月17日晚，陕南及渭河流域出现第三次洪峰前夕，组织省电视台记者冒雨深入秦岭北麓的西安水文局涝峪口水文站采访奋战在抗洪一线的水文职工，并及时在18日的《陕西新闻联播》中播出新闻特写——“夜探山中‘看水人’”，让各级领导和群众在关键时刻看到了水文人在干什么，取得了非常显著的宣传效应。

（三）做好水文重要活动的宣传

一是抓理顺管理体制的宣传。对宝鸡、商洛水文局共建共管进行了重点宣传，邀请水利部刘宁副部长等领导出席“宝鸡市水文水资源勘测局”授牌挂牌仪式，进行高规格的报道，对干部高配和设立榆林水文局等活动，扎实开展宣传报道工作。二是抓水文法规建设的宣传。围绕《中华人民共和国水文条例》和《陕西省水文管理条例》的出台组织开展座谈会及大型户外宣传活动。三是开展创建文明单位的宣传。围绕文明单位创建活动开展宣传。商洛水文局编制水文化刊物进行宣传，收到了良好的作用。四是开展“大水文”观的宣传。围绕水文站、涉河市县城区、水利风景区水情预警预报的宣传，凸显水文信息在防汛抢险决策中发挥重要作用。围绕“业务立局、科技兴局、人才强局，开放办水文”的工作思路开展宣传。例如：召开的首届“水文论坛”，水文科技论文竞赛，全省水文职工技能竞赛比武活动等，邀请媒体开展专题宣传。总之，近年来全局宣传报道数量和质量稳步上升，受到各级领导的肯定。

二、认清形势，统一思想，提高认识，增强做好宣传工作的责任感和使命感

（一）全省水利宣传工作会议精神和水利部水文局2012年水文宣传工作要点

在今年3月1日召开的全省水利宣传工作会议上，王锋厅长作了题为《加大水利宣传工作力度，为全面掀起水利建设新高潮而鼓与呼》的重要讲话。他着重强调了新闻宣传是一门艺术，是一门科学；敢于宣传、善于宣传，是新形势下对各级领导干部驾驭全局、执政为民能力的考验。他要求各级各部门把水利宣传工作放到水利工作全局中去思考，与水利改革发展同部署、同检查、同落实；要求切实加大水利宣传投入力度，把宣传工作经费列入部门预算，建立稳定的投入渠道，为水利宣传工作正常开展提供必要的资金保障和设备保障；要求加强教育培训，着力提高宣传工作人员的新闻素养和应对媒体的能力，努力培养和造就一支优秀的水利宣传队伍。这次会议规格之高、声势之大是多年来前所未有，会议把水利宣传工作在全省水利改革发展中所占的重要地位、所起的重要作用和所具有的重要意义提升到一个战略高度进行谋划和部署，着重强调了做好当前和全年宣传工作的极端重要性和紧迫性。

近日，水利部水文局印发了《2012年水文宣传工作要点》，从2012年是党的十八大召开、“十二五”承上启下和深入贯彻落实中央决策部署以及深入推动水文事业大发展的高度，要求各级各单位紧紧围绕“大水文”发展理念，突出宣传成效，唱响主旋律，占领主阵地，打好主动战，全面做好今年水文宣传各项工作，

为水文事业发展提供坚强有力的思想舆论支持，并着重从继续做好贯彻落实中央一号文件和中央水利工作会议精神的学习宣传、着力加大《陕西省水文管理条例》的宣传力度、大力做好水文情报预报工作的宣传、积极做好水文规划和基本建设的宣传、高度重视突发应急事件水文测报的宣传、着重做好重要事件和典型人物的宣传报道、做好拓宽水文服务领域的创新宣传以及深入做好水文文化和精神文明建设八大方面宣传工作进行了安排部署。

（二）当前宣传工作存在的主要问题

近几年，全局宣传工作做了大量的卓有成效的工作，取得了很大成绩，为推动水文事业的发展起到了良好的舆论作用。但实事求是地讲，我们与新时期如火如荼的水利宣传工作相比，还存在一定的差距，主要表现在以下几个方面：一是各级领导重视不够，干部职工宣传意识淡薄；二是宣传经费投入不足，表现出“缺医少药营养不良”的状况；三是部分宣传工作人员的专业性不高、实践性不强、主动性不够，宣传队伍整体素质有待进一步提高；四是对宣传工作研究少、点子少、实践少、气势小，从而造成光知道干工作，不知道搞宣传，各级领导和广大民众知之甚少或全然不知的尴尬现状。针对以上问题，全局各级领导务必要从思想上充分认识宣传工作的极端重要性和紧迫性。针对存在的问题，要扑下身子，狠下功夫，扩大宣传，进一步提高宣传工作的能力和成效。

（三）深刻认识做好水文宣传工作的重要性和紧迫性

熟悉历史的人都清楚，党在革命和建设的过程中一刻也不曾离开宣传工作。在战争年代，中国共产党正是通过宣传工作，烘托舆论氛围，发动最广大的人民群众参与战斗，得到人民的支持，才取得了最终的胜利。宣传也是世界上一切政党争取民众、引导大众舆论的主要形式。所有社会、所有国家、所有政党，利用舆论工具向人民宣传、争取民众是通用的做法。宣传更是国家发展、水利发展和水文发展的需要。国家的改革建设发展需要宣传，国家重大的方针、政策需要让人民了解。同样，陕西水文事业也需要通过宣传这种方式，把水文改革发展的举措传达给干部职工，从而统一思想、规范行动，进一步转换成广大职工凝心聚力、加快发展的能力；同时让各级领导和广大民众得到了解和熟知，以赢得上上下下、方方面面的更多关心、重视和支持，从而有力推进水文事业又好又快发展，这是宣传工作的实质和目的。我们要把宣传工作定位成：为陕西水文事业的改革发展提供理论指导、舆论力量、精神支柱、文化条件和实践沃土，着力创造舆论氛围，营造良好发展环境，全力推进水文宣传工作更加深入和广泛的开展。

水文宣传工作是全局工作的重要组成部分。各局、站、处室务必要深刻认识到：一是做好水文宣传工作是贯彻落实重大决策部署的必然要求。当前，是贯彻落实中央一号文件和水文“十二五”规划的重要阶段，是深入贯彻落实“大水文”发展理念的重要时期，中央、省和水利厅的方针政策和部署能否得到及时有效地贯彻落实，省局的工作规划、计划能否得到及时有效地贯彻落实，是摆在我们面前的重要任务。水文宣传工作，由于其重要的喉舌、纽带效应，决定了它自始至终发挥着不可替代的舆论导向、氛围营造的作用，直接影响到水文事业发展的大政方针和各项具体措施的贯彻落实，影响到陕西水文的社会形象，甚至影响到全局发展的重大战略决策和长远发展大局。因此，这就要求我们下功夫认真研究、努力做好水文宣传工作。二是水文服务经济社会发展和人民群众需要的根本要求。水文行业的社会性、公益性、服务性决定了水文同水利和经济社会发展的密切联系。水文工作的成效和作用需要让社会了解，经济社会发展需要水文信息和服务的支撑，人民大众也需要了解水文工作和越来越多的水文信息。目前，社会各界对于水文工作的内容、地位、作用、成效还没有全面深入地了解，理解不够甚至误解的情况也时有发生，这也是阻碍陕西水文健康快速发展的重要原因。因此，这就要求我们必须树立和保持高度的责任感和使命感，充分发挥水文宣传工作在宣传水文事业、服务经济社会发展、建设和谐社会中的特殊作用。三是水文事业更好更快科学发展的迫切需要。水文宣传工作对内搭建了水文政务信息的交流平台，对外成为信息服务的窗口和文化交流的阵地。通过信息交流，进一步促进政务信息的及时上传下达，使广大干部职工及时了解各项工作开展情况；通过对外信息服务，其他行业和社会公众更加了解水文，加快了水文从服务水利到服务全社会的转变；通过开展水文文化交流，丰富水文文化内涵，提升了水文文化水平和行业形象。因此，这就要求我们在做好业务工作的同时，要更加注重宣传工作，积极为陕西水文更好更快发展营造良好的舆论环境和社会氛围，汇聚全局干部职工进一步干好工作的“精气神”和释放出推动水文大发展的无穷力量。

三、“十二五”水文宣传工作思路和重点工作

（一）总体思路

“十二五”期间陕西水文宣传工作的总体思路是：高举中国特色社会主义伟大旗帜，以邓小平理论和“三个代表”重要思想为指导，深入贯彻落实科学发展观，紧密围绕全局中心工作和水文发展大局，以推进“大水文”发展理念为主线，以贯彻落实中央一号文件和水文“十二五”规划为重点，坚持把宣传水文服务水利和经济社会作为宣传工作的重要内容，坚持把弘扬和培育水文行业精神作为宣传工作的主要任务，坚持把做好思想政治工作作为宣传战线的基本职责，坚持把积极发展水文文化作为宣传部门的重要途径，形成新思路，探索新办法，开辟新途径，取得新成效，为水文事业又好又快发展提供有力的思想保障、强大的精神动力和良好的舆论氛围。

（二）“十二五”全局水文宣传工作重点

（1）做好“大水文”发展理念方面的宣传。深化“大水文”理念尤其是着重加强“行业水文”向“社会水文”转变方面的宣传，重点推进“立足水利、面向全社会服务”方面的宣传，扩大覆盖面，增强影响力，区别不同的社会群体，充分借助网络、新闻媒体的作用、开展形式多样的宣传活动，使水文深入社会，使社会认识水文。

（2）做好“业务立局、科技兴局、人才强局，开放办水文”工作思路方面的宣传。要大张旗鼓地宣传“业务立局、科技兴局、人才强局，开放办水文”的工作思路，深入思考、挖掘工作思路的内涵和外延，大刀阔斧地积极实践各项业务工作，尤其是加大在水文测验方式改革和新仪器、新设备的试验研究以及使用方面的宣传工作力度，进一步扩大水文宣传的影响力。

（3）做好两个《条例》等水文政策法规方面的宣传。深入学习贯彻《中华人民共和国水文条例》和《陕西省水文管理条例》，进一步加强两个《条例》以及《陕西省水文资料使用管理办法》《水文设施及监测环境保护办法》等配套法规制度的宣传，结合实际，采取灵活多样的宣传形式，形成社会各界了解水文、支持水文的良好社会氛围。

（4）做好防汛抗旱水文情报预报方面的宣传。防汛抗旱水文情报预报历来是水文宣传工作的重中之重。要进一步加强水文为防汛抗旱防灾减灾科学决策提供科学依据的宣传、水文监测在突发水事件中起关键作用的宣传、水文监测预测预报效益方面的宣传以及水文测报工作中涌现的感人事迹和典型人物的宣传。积极联系我省各级主流媒体下基层采访，并通过报刊、广播、电视、网络等媒体进行宣传，大力提高水文服务社会的范围和效果。

（5）做好业务能力建设方面的宣传。大力宣传以落实中央一号文件精神和水利工作会议精神以及“十二五”规划为重点，狠抓前期工作和项目落实方面的宣传，突出在《全国水文基础设施建设“十二五”规划》（陕西部分）以及我省中小河流水文监测系统建设方面的宣传，加强在水文勘测、科技研究、试验和业务技术应用以及能力提升方面的宣传，为业务工作顺利完成创造良好的环境。

（6）做好水环境监测和水资源评价方面的宣传。做好全省重点河流水功能区监测工作的宣传，做好日常藻类监测、常规河流断面和省界断面水质监测、重点城市供水水源地饮水安全监测等工作的宣传，做好全省水资源评价和河湖普查等工作的宣传，做好在重点流域和区域把“三条红线”纳入各级领导干部综合考核监测评价和考核监督机制典型事例的宣传，做好水污染突发事件应急监测工作的宣传。

（7）做好精神文明建设和水文文化建设方面的宣传。深入开展精神文明建设和水文文化建设的宣传，打造全省水文行业软实力。下大力气推进水文文化建设，深层次挖掘全局水文文化内涵并形成体系，努力把水文文化建设推上一个新台阶。加强先进典型的宣传，把抓典型、树典型、学典型的工作作为宣传工作的重点工作之一，引导广大干部职工积极投身水文工作。

四、把握舆论，突出重点，抓住关键，切实提高宣传工作成效

一是高度重视，强化组织领导。各级领导要从思想上高度重视宣传工作，切实克服宣传工作只是宣传部门的事、与己无关的思想，真正把宣传工作放到水文工作全局中去思考，与各项业务工作同部署、同检查、同落实、同考核。一定要具备不重视宣传工作的领导不是一个好领导，宣传工作做不好的领导不是一个称职领导这样的全局共识。要进一步强化领导责任，主要领导亲自抓，分管领导具体抓，落实专门机构负责管，明确专职人员具体

做。做到年度有谋划、季度有计划、每月有目标、每周有稿件、每天有行动，每时每刻有准备，并有具体的工作部署和宣传成绩。要把宣传工作纳入年度目标责任考核体系，加大考核力度，调动各方积极性，努力推进水文宣传工作，形成强大的合力和声势。

二是切实做好“大水文”发展理念和“业务立局、科技兴局、人才强局，开放办水文”工作思路方面的宣传。在做好水文重点、亮点工作宣传的同时，深化“大水文”理念和“业务立局、科技兴局、人才强局，开放办水文”工作思路方面的宣传，着重加强“行业水文”向“社会水文”转变方面的宣传，重点推进“立足水利，面向全社会服务”方面的宣传，突出在城市水文站、旅游区的水文站、水文科普知识、水文业务拓展以及水文与人民群众越来越息息相关等方面的宣传，使水文工作和科普知识深入社会、深入家庭、深入百姓，进一步扩大水文工作的覆盖面和社会影响力，抢抓宣传机遇并主动有为进行广泛宣传，全力以赴在整个社会形成“上有气象、下有水文”的普遍共识。

三是落实宣传经费，为切实搞好工作提供必要的保障。宣传是有成本的，更是需要投入的。各局主要负责同志要充分认识到它的重要性和必要性，务必要有这样的认识，尽管宣传工作的效益是隐性的，但它所发挥的作用会是巨大的，要从水文事业长远发展的眼光来看待这个问题，从这个角度看经费就不成什么大的问题，而且是必须要加大投入或不投入就会直接影响宣传和工作成效的问题。为此，各局要进一步加大对宣传工作的投入，设立专项宣传经费，落实宣传工作费用，今年为本单位购置不低于1万元标准的照相机一部，为各重要测站配置照相机一部，以实际的行动加大宣传工作力度。

四是加强宣传人才队伍培养，进一步提高宣传人员整体素质。水文宣传工作的成效如何，关键在人。这就要求各局、处室大力加强宣传人才队伍建设，关心宣传人才成长，要想他们之所想，急他们之所急，为他们更好地开展工作提供必要的工作生活条件；要重视宣传人才和加强教育培训，采取培训、交流研讨、挂职锻炼、赋予重任、提高待遇等多种形式，着力提高宣传工作人员的新闻素养和工作能力，努力培养和造就一支优秀的水文宣传队伍。各局、处室宣传通讯员要切实负起职责，增强工作的责任心和使命感，要加强学习，学会思考，提炼总结，不断进步；要树立良好作风，深入基层一线，勤奋敬业，实事求是，及时撰写宣传稿件以及努力创作出经得起实践考验的优秀新闻作品，每位宣传通讯员全年撰写和报送宣传稿件不少于20篇，进一步提高工作的能力和水平。

五是切实做好重点工作方面的宣传。做好日常防汛抗旱水文情报预报方面的宣传，进一步加强水文为防汛抗旱防灾减灾科学决策提供科学依据的宣传、水文监测在突发水事件中关键作用的宣传、水文监测预测预报效益方面的宣传以及水文测报工作中涌现的感人事迹和典型人物的宣传；做好《中华人民共和国水文条例》《陕西省水文管理条例》等水文政策法规方面的宣传，要紧密结合实际，采取灵活多样的宣传形式，形成社会各界了解水文、支持水文的良好社会氛围；做好业务能力建设方面的宣传，大力宣传以水文“十二五”规划为重点，狠抓前期工作和项目落实方面的宣传，做好我省中小河流水文监测系统建设方面的宣传，进一步加强在水文勘测、科技研究、试验、业务技术和仪器应用以及能力提升方面的宣传；做好全省重点河流水功能区监测工作的宣传，做好日常藻类监测、常规河流断面和省界断面水质监测、重点城市供水水源地饮水安全监测、部分河流省市界水质监测等工作的宣传，做好全省水资源评价和河湖普查等工作的宣传；做好精神文明建设和水文文化建设方面的宣传，要下大力气推进水文文化建设方面的宣传，深层次挖掘陕西水文文化内涵并把水文文化建设推上一个新台阶，为水文事业发展提供强大精神动力。

六是各级领导要率先垂范，多思考、多研究新形势下宣传工作的特点和规律，创造性地提出开展宣传工作新的思路和办法。各单位主要负责同志是抓好宣传工作的领头雁，务必要以身作则、结合实际进行开拓创新、大胆实践；尤其要引领各单位、各部门和测站干部职工形成一种共识，就是干了工作后要以积极主动宣传为工作能力强的表现并引以为荣的事，以不积极和不会宣传为工作能力不强的表现并引以为耻的事。各局及测站要把干部职工抢测大洪水等具有代表性业务工作的表现及成效第一时间宣传出去，同时还应及时拍摄成照片或影像并把它视为同水文技术资料一样来对待，成为今后水文资料不可或缺的重要组成部分给予足够的重视。

七是整合力量，上下联动，全面掀起水文宣传工作新高潮。各单位、部门要充分和善于利用各类媒体，充分发挥报刊、电视、广播、网络在水文宣传中的作用。省局宣传科要充分发挥职能作用，精心谋划、加强指导，不断创新宣传工作的方式和方法。全局上下要在宣传的内涵和外延、宣传口径和工作机制上加强沟通衔接，保持一致，不断提高水文宣传整体工作水准。要下大力气做好局域网络宣传工作，高度重视和有效发挥网络等新兴媒体的功能和作用，遵循网络宣传特点，充分体现水文行业特色，着力提高局域网络宣传服务质量。各局、处室应积极主动地向各级主流媒体投稿，尤其要加强向省局局域网的投稿，各局每周至少报送 1 篇宣传稿件，各个测站每两周至少报送 1 篇宣传稿件，全年报送宣传稿件 50 篇以上；省局机关处室全年报送宣传稿件 25 篇以上。各局、处室要确定一名宣传通讯员负责各单位、部门稿件的统计和报送工作，并于每季度以及 6 月 20 日和 12 月 20 日将在各级新闻媒体发表新闻稿件的情况上报省局人教处宣传科。水文宣传工作从今年起纳入全局年度考核，并作为一项重要的考核内容计入总分值。对于在宣传工作方面成绩突出的单位和部门给予通报表彰，对于表现优秀的通讯员给予通报表扬；对于没有完成全年宣传任务的给予通报批评。

同志们，做好水文宣传工作责任重大，使命光荣，意义深远。让我们在水利厅党组的领导下，凝心聚力、解放思想、开拓创新、埋头苦干、扎实工作，不断提高宣传工作整体水平，迅速掀起全局宣传工作新的高潮，为有力推动水文事业又好又快发展做出应有的贡献。

（黄兴国）

水文增强宣传意识　传承先进水文文化

——在陕西省水文局水文宣传暨水文文化博物馆建设工作座谈会上的讲话

（2017 年 11 月 22 日）

今天下午的会议十分重要，各局汇报了近年来宣传工作以及从去年水文文化作品、资料及实物征集进展情况，王高英副局长对全局宣传工作进行了总结，王建军总会计师对下一步水文宣传和水文文化博物馆建设做了安排部署，水利博物馆张发民馆长给我们做了很好的讲座，水利厅信息宣传教育中心王辛石主任就如何做好水文宣传工作作了很好的指导讲话，帮助和启发同志们增强做好宣传与水文文化建设工作重要性的认识。

下面，我就水文宣传和水文文化博物馆建设再讲几点意见。

一、充分认识加强水文文化建设工作重要性认识

当前，全局上下正在认真学习贯彻十九大精神，十九大精神是我们建设中国特色社会主义的政治宣言和行动纲领。全局党员干部要坚持认真读原著、学原文、悟原理，学通弄懂，结合水文工作实际认真贯彻落实。习近平总书记在报告中指出：“文化是一个国家、一个民族的灵魂。文化兴国运兴，文化强民族强。”文化兴则行业盛，一个没有文化支撑的行业是一个不完整的行业，或者说是一个衰败的行业。完善公共服务体系，深入实施文化惠民工程，丰富群众性文化活动。加强文物保护利用和文化遗产保护传承。习近平总书记的讲话给我们深刻揭示了加强和重视文化建设的重大意义。今天我们召开这次会议，座谈探讨水文文化建设，

研究制定水文文化博物馆建设，是高度重视水文文化建设的体现，也是贯彻落实十九大精神的有力举措。

（1）水文文化建设是促进水文现代化建设发展的必然要求。十九大报告明确指出，坚定文化自信，推动社会主义文化繁荣兴盛。认真学习贯彻十九大精神，要构建和谐水文文化，就是以和谐理念引导的水文行业文化。水文工作的核心是监测、研究水资源的质和量及其时空变化规律，咱们搞水文工作的人都知道，实际上就是对自然河流、湖泊、水的运动变化规律进行研究探讨的一门学科，实际上也是自然形态下水的一种记录和传承，所以加强水文文化建设对我们来讲也非常重要。刚才发民馆长讲，厚古不能薄今，今天相对明天而言，如果我们再不做这方面工作，难度就会进一步加大。水文工作为合理开发利用和管理水资源、防治水旱灾害、保护水环境和生态建设提供全面服务。新时期，防汛抗旱、资源水利、生态环境建设、水利信息化建设和经济社会的全面发展对水文工作提出了新的更高的要求，今年在这方面咱们做了很多有利生态文明建设的工作，做了秦岭北麓72峪整个河系水流图，贯彻娄勤俭书记提出的柔性治水的要求，以及围绕河长制作了13条河流水文特征值册子，有力地支撑了河长制工作顺利开展。按照科学发展观的要求，在当前提出“不断拓展服务领域，大力推进水文现代化，以优质的水文水资源信息支撑水资源的可持续利用，支撑经济社会的可持续发展”的“大水文”发展思路，贯彻落实《中华人民共和国水文条例》，加快水文工作法制化进程。陈雷部长提出“三个建设”，既“努力建设一支政治过硬、业务精通、善于管理、勇于创新的水文管理干部队伍，建设一支基础扎实、技术高超、勤于钻研、甘于奉献的水文专业技术队伍，建设一支爱岗敬业、吃苦耐劳、技能熟练、能打硬仗的水文技能人才队伍，为水文事业发展提供人才保障”。这几年我们所做的工作都是大家亲身经历过来的，从2010年开始，连续利用三年时间投资100多万元举办了三期培训班，共选送90名职工在扬州大学学习培训；围绕高技术人才培养，选送14名年轻职工分别在河海大学、西北大学、西安理工大学进行水文水资源专业进行研究生学习，省局也投资了一定费用。人才的培养是一个长期久久为功的过程，收效是比较慢的，但对行业长期发展来讲是非常有利的。通过这些软科学的方法，实现其管理与改革发展，更好地完成围绕水文服务体系和新的治水思路而进行的各项水文工作，由此可见，加速水文文化建设时不我待，意义重大且深远。

（2）水文文化建设是水文文化自身发展的需要。我们知道，文化作为一种“软实力”，日益成为一个国家和地区综合实力的重要组成部分。同样，一个行业的文化发达程度和特质内涵，也深刻地影响着行业的发展模式、制度选择、政策取向以及各种资源开发和生产要素组合的水平，从而也就深刻地影响着行业发展的速度、质量和水平。水文行业文化建设不是可有可无的装饰品，而是树立行业形象,密切水文与社会及各行业之间的关系,提高职工综合素质，解决行业可持续发展战略的重要手段。水文事业的发展迫切需要行业文化提供精神动力和智力支持，因为水文文化能够使水文现代化建设的宏伟目标和职工个人目标最大限度地结合起来，可以在组织内部形成基本统一的思想意识和行为准则，并渗透到水文工作的全部之中。水文职工在水文发展史中生动地诠释了水文文化的内涵。

我们为了一个小数点后数字究竟是该进还是该舍而斤斤计较；我们为了曲线的尾巴是该翘一点还是该落一点而争得面红耳赤；我们把资料记得无可挑剔，仍要在阿拉伯数字的美观程度上争个高低，这叫作“求实”。架设过河索、维修保养上油，职工不顾个人安危，争着要上钢架；人员少，任务重，大家齐心协力共同完成测报任务，这叫作“团结”。职工过生日，送上生日贺卡和祝福话语；职工有病及时看望，职工遇到了困难，积极募捐，这叫作“关爱”。为了在勘测工技能大赛上取得好成绩，勤学苦练，多次练习拆装流速仪，在心中把每个零件位置一一固化；为提高工作能力，通过自考大专或本科，逐渐承担起一个测站的测验重任，这叫作“进取”。洪水滔滔，抢测洪峰，抢搬资料、仪器，没顾上搬自己的小家；不顾个人安危，攀爬上楼顶发送水情信息；几十年守望河畔，青丝变白发，献了青春献终身，献了终身献子孙，这叫作“奉献”。我们的文化就是在这一种传承中逐渐形成的。水文文化是“软件”，是需要细心地“营造”，而不是“创造”出来的，水文文化的核心内涵，应该是自愿接受并潜移默化地渗透到每个人的心灵和行为中的那部分，我们可以从一个单位的人文环境、氛围、机制、服务、精神态度等方面感悟出来。实践中我们确实感到：优秀的行业文化存在于职工的内心，真正是一种心理感受，是无形的。

我们近年来提出的“业务立局、科技兴局、人才强局，开放办水文”“加强人才培养，注重能力建设，认真履行职责，提高服务水平”“服务防汛抗旱是水文局的立身之本，参与水资源管理是水文局发展壮大之源”“抓创新就是抓发展，谋创新就是谋未来，加快形成‘创新引领，巡测优先，驻巡结合，测报自动，应急补充，科学规范’”等一系列发展思路与措施，经过几年实践，水文服务领域大幅度拓宽，水文基础设施建设取得突破性进展，水文基础业务工作更加扎实，水资源管理与水环境保护服务工作能力得到加强，水文前期工作进一步推进，水文各项工作取得明显成效。

（3）水文文化建设是行业内构建和谐的需要。水文文化的本质应是“人”化。人是社会的主体，人与人之间融洽相处是社会和谐的基础。在行业内建立良好的人际关系，以人为本才是水文文化的“天条”。这既需要有效的利益协调机制，健全的法律调解机制，也需要思想文化的引导和道德规范的约束，道德规范对职工之间具有调解和整合的功能。我们跳出行业，看到社会越是朝多样化方向发展，越需要发挥思想文化、道德规范沟通思想感情、调节人们行为、整合社会关系的作用，越需要培育与人为善、乐于助人的道德情感和见利思义、顾全大局的处事准则。始终贯彻政治上关心放在首位、人文关怀贯彻始终、生活上关心做在经常。作为事业单位来讲，我们加强对职工在职学习培训和职称上的晋升，都是政治上关心的范畴，撇开人谈文化只能是天方夜谭。忽视了人，水文的价值观、道德观都不复存在。

（4）“十年树木，百年树人。”水文文化是百年大计、一脉相承的。陕西水文这几年发生的变化之大、成效之显著，都是在座亲身经历过来的，随着中小河流水文监测系统建设的实施，咱们陕西水文建设走在了西部前列，目前中国1万平方千米上的水文站是3.33站，而美国1万平方千米上的水文站是4.8站，欧洲是5.7站，日本是50站，日本是世界站网密度最高的国家；我们陕西是什么情况呢？陕西1万平方千米是7.6站，东部地区是9.1站，中部地区是6.1站，西部地区是2.1站，我们属于西北地区，在西北地区为什么我们走在了前列，甘肃1万平方千米只有2.1站，青海1万平方千米只有0.5站，西藏1万平方千米只有0.3站，新疆1万平方千米只有0.9站，我们全省20.56万平方千米有157个站，所以每万平方千米达到7.6站；我们水位站1万平方千米是5.54站，雨量站1万平方千米是93.3站，这些都是我们在座的各位领导干过来的，这些数字你们都很清楚。取得这些成绩，我认为正是陕西水文在前进中领悟到“求实”的重要，在发展中领悟到“团结”的力量，在生活中领悟到“关爱”的情怀，在工作中领悟到“进取”的动力，在飞逝的时光中领悟到“奉献”的伟大。在水文事业发展进程和一代一代水文人拼搏历程中领悟到水文文化、水文精神的杰出和崇高。因此，水文系统内只有积极促进水文文化建设，才能为构建和谐水文提供强大的思想道德力量。但是，我们深深懂得：社会发展的脚步越来越快，商品经济也就在慢慢地侵占人们情感的世界，虚荣繁华讲气派的不正之风像龙卷风一样覆盖了整个社会，金钱思想和装饰文化弥漫了整个社会空间。可是在水文人的世界里，我们还是能找到那种质朴、真实、自然、乐观、善于进取不计报酬的可贵品质和文化气氛，而且在这种气氛中感受到幸福精神，一种水文人朴实的精神，一种水文人憨厚老实的精神，一种水文人固守工作安贫乐道的精神。

正是这一代又一代的水文人把水文文化继承着、完善着、实践着、发扬着，文化是人的社会成果，而文化传承正是文化普遍性的内在机制，从水文这个集体的生存和发展来说，文化传承实质上就是一种文化的再生产，是水文群体的自我完善，是水文群体权利和义务的传递，是水文文化的深层次累计。

而今的水文文化是我们水文人自身精神的高度浓缩和凝聚，是我们水文文化得到集中的体现，是我们水文人文化的集大成者，是我们水文人的宝贵财富。当今，我们水文人正处于新的历史时期，全新地实践科学发展观，全新的历史机遇，全新的历史使命都在等待我们，不一样的时期，不一样的环境，却需要我们水文人用一样“求实、进取、团结、奉献”的火热的激情去传承、去完善我们的水文文化和水文精神。

二、建设水文文化博物馆是我们的光荣使命

水文文化是千百年来水文人实践的结晶，是水文工作者的精神财富，是推动水文事业发展的重要力量。为深入挖掘陕西水文历史文化、展示水文发展的成果、研究水文发展规律，详细记录和全面展示水文发展的轨迹，在水利厅领导和陕西水利博物馆的高度重视和大力支持下，省局决定在陕西水利博物馆内筹建陕西水文文化博物馆。

建设水文文化博物馆，是落实党的十八大以来以习近平总书记为核心的党中央关于文化建设系列讲话精神的具体体现，也是深入贯彻党的十九大提出的“加强文物保护利用和文化遗产保护传承”精神的有力举措。是对陕西水文发展历史及成果的一个挖掘和整理，同时也是一种保护和传承，我们有责任有义务完成好。所以，这是我们这一代水文人的光荣使命。今天我们召开这次会

议，就是对建设水文文化博物馆这一重要任务的再强调、再布置、再落实，动员全局各方面力量，推进水文文化博物馆建设步伐。

水文文化博物馆的建设，要按照水文的前世、今生和未来这个大的格局。当然这个前世到什么时间，哪一段时间为前世，哪一段时间为今生，需要水文专家和策划公司进行认真地研究和规划，总体上讲，就是要能够围绕水文的前世今生和未来大的格局去构建。有一些实物的东西，我们都知道，收起来很容易，但是有一些与历史有关水文的东西，挖掘十分困难，在我们职工当中经过多年的实践和探索，蕴藏着一些经验和谚语，这就需要我们去挖掘和整理。一是要找一个专业的设计公司对馆内进行设计，拿出预算，力争早日开工。二是积极动员宣传，做好水文各个历史时期工具、设备以及文献、史料、资料征集工作，这是一项重要而艰巨的任务，这一项任务能否顺利完成，取决于我们各级领导和干部的高度重视和广泛宣传，取决于全局干部职工的广泛参与和大力支持。从省局决定筹建水文文化博物馆以来，先后两次下发通知面向全局干部职工收集各类水文文化资料、实物。但是，从目前了解和掌握情况看，收效还没有达到预期的效果。因此，希望我局各级领导和广大干部职工要深刻认识建设水文文化博物馆的重要性和必要性，要把建设水文文化博物馆作为一项光荣的任务大力宣传、积极行动、努力工作、贡献力量。说实在话，这一点我们陕西提出是最早的，但是我们的行动是迟缓的，陕西水文是很有特点的，我们不能看到别人很伟大，我们很渺小，陕西水文堪称水文大省，水文大省应该做出水文大省的工作，应该在水文文化建设方面有所作为。同时要建立考核机制，对动员宣传好、支持力度大、收集史料多的有关部门要给予奖励和考核加分，推动水文文化博物馆早日建成。

三、健全重视水文文化建设的良好运行机制

水文文化建设事关水文事业的可持续发展，其理论性、实践

性、探索性都很强，我们不能搞一阵风和表面文章，要下大力气，健全重视水文文化建设的良好运行机制，推动陕西水文文化建设持之以恒地向纵深发展。

（一）加强组织领导，建立良好工作格局

水文文化建设是一项关系行业长远发展的全局性、基础性工作，必须加强组织领导，各局要有一名领导专门负责水文宣传和水文文化建设，我们的时间不多，所以我总想你们都还在岗位上，能够为今后留点什么。希望局长、书记能够引起重视，协调解决水文宣传和水文文化建设遇到的困难和问题，确保水文宣传和水文文化建设工作健康持续开展。重在建设，是推进行业文化建设的基本指导方针，就要把文化作为一个持续推进的过程，通过坚持不懈的努力，积少成多，聚沙成塔，汇聚成和谐文化的时代潮流；重在建设，就要树立新的文化发展观，以发展为主题，以改革为动力，解放和发展文化生产力，不断增强水文文化的总体实力。搞好水文文化建设，各级领导重视并带头抓好落实是关键，同时要设立协调有力的工作机构，形成专职部门牵头、党政工团和各职能部门密切配合、广大职工积极参与的工作格局。

（二）着力创造舆论氛围，营造良好文化环境

坚持正确导向、营造积极健康的文化舆论氛围，是促进水文事业发展的重要因素。

我们要围绕中心工作、助推大水文发展，在营造文化氛围中发挥号角和鼓点的作用，使文化建设更加贴近职工、反映生活，反映职工内心世界，结合自身实际，在培育行业精神、提炼核心理念、推动制度创新、塑造水文形象，提高职工素质等方面下大功夫，加大力气，打下坚实的基础。我们说塑造水文形象，就是要以“美”为水文形象的境界，以“厚”为水文形象的内涵，以“信”为水文形象的精髓，以“活”为水文形象的神韵。最终，通过我们的不懈努力，与时俱进，一定能营造出最佳水文文化的舆论氛围。

水文文化建设与发展离不开宣传的鼓与呼，要勇于创新，创新是永恒的主题，是工作的动力源泉，要打破旧思维，打造新的水文品牌。水文开展更高层次、更大深度、更为广泛、更有新意和更多形式的宣传，赋予水文文化建设以新的内涵。要努力推进水文文化建设的宣传力度，加强宣传队伍的建设，提高宣传人员的业务素质、文化水平与综合能力，同时要以严谨细致、认真的工作态度和昂扬的激情去创新、完善工作平台，升华宣传品位，使水文文化建设跃上新台阶。

（三）开辟多种渠道，满足职工文化需求

水文文化建设，必须以满足广大水文职工多层次、多方面、多样化的精神文化需求为目标，努力为职工群众提供内容丰富、形式多样的精神文化需求和服务。

站在构建社会主义和谐社会、和谐水文的高度，我们要按照面向基层、服务基层的要求，加大对水文文化设施建设投入，优先安排与职工群众利益密切相关的文化项目，既体现水文行业的特点，又为职工群众参与和享受文化生活创造良好条件，让人们在多姿多彩的文化活动中享受美好生活，在“文化资源”上各得其所；在“文化享有”上各得其利；在“文化创造”上各尽其能，使建设行业文化的过程成为提高职工的素质、促进职工全面发展的过程。

同志们，水文文化建设是一个全新的课题，十分重要，其重要性是由水文行业的信息基础和公益性质本身所决定的。我相信，在党的十九大精神指引下，在水利厅党组的关心和支持下，全局干部职工齐心协力，努力工作，陕西水文宣传与文化建设一定会深入开展，陕西水文文化博物馆建设迈出新的步伐，水文宣传与文化建设一定会在水文事业发展中发挥更大的积极促进作用。

（杨汉明）

改革与发展

GAIGEYUFAZHAN

（杨晓锋/拍摄）

（张　刚 / 拍摄）

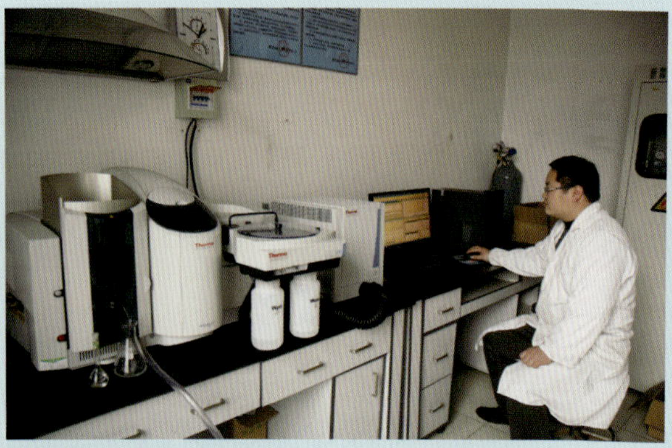

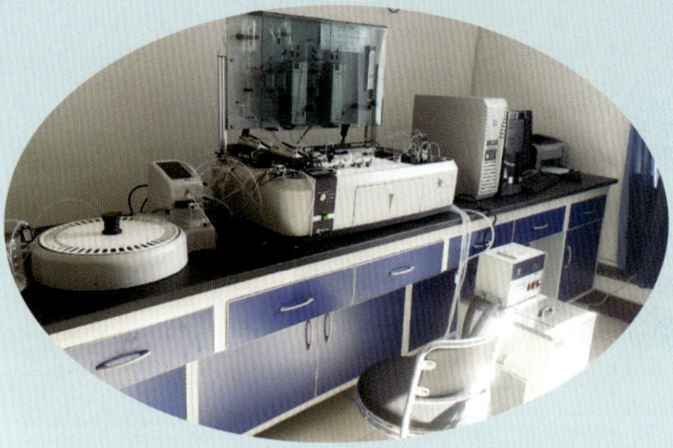

陕西省中小河流水文监测系统
建设专项检查汇报会

统一思想聚力量　抢抓机遇促发展

（2011 年 3 月 31 日）

今年是“十二五”规划开局之年，中央一号文件首次聚焦水利，省委、省政府确定今年为我省“水利建设年”。水利事业发展的新春天必将给水文事业带来前所未有的发展空间和良好机遇。如何抓住机遇，促进水文事业快速发展，是摆在水文系统各级干部面前一个现实和紧迫的问题。按照省水利厅统一部署安排，省水文局在全系统组织干部职工认真学习了中央一号文件《关于加快水利改革发展的决定》以及全省水利局长、厅直系统领导干部等会议精神。通过学习和领会精神，结合全省水文实际，谈一些认识与打算。

一、陕西水文事业面临的新发展机遇

今年中央一号文件是党中央、国务院在“十二五”开局之年，向全党和全国人民发出的大兴水利、实现跨越式发展的伟大号召，也是中华人民共和国成立以来中央出台的首个水利综合性的纲领性文件。

中央一号文件的出台，在中国水利发展史上具有划时代的意义，是一个重大的里程碑，对当前和今后一个时期水利改革发展将起到巨大的推动作用，产生深远的历史影响。

近年来，我省水文事业在部水文局的关心支持下，在水利厅党组的领导和重视下，水文工作呈现出发展快、变化大、面貌新的局面，水文事业取得了长足的发展。但从服务经济社会发展的全局来看，还存在五大突出问题。一是水文设施设备老化失修，测洪能力普遍偏低，现代化水平不高。全省有50%以上的水文站仪器实测能力达不到30年一遇洪水标准，设施设备超期服役现象严重。二是水资源监测站网不足，应急监测手段落后，不能满足实行最严格的水资源管理制度的要求。三是水情自动测报率低，水情时程信息采集密度受限，时效性不高。四是水文服务手段较为落后，特别是综合信息服务项目单一，技术层次较低，水文支撑与保障能力有待进一步增强。五是水文人才队伍结构和素质有待进一步优化与提高，专业技术人员特别是行业领军人才缺乏。针对存在的问题，全省水文系统各级领导干部务必有忧患意识，深刻认识水文是水利工作基础的重要性，增强使命感、责任感和紧迫感，统一思想增干劲，凝心聚力促发展。

水文是水利的基石，是水利发展的基础，水利事业的发展必将也为水文发展带来新的机遇。一是水文工作将进一步得到重视和支持。中央一号文件明确指出，加强水文气象基础设施建设，扩大覆盖范围，优化站网布局，着力增强重点地区、重要城市、地下水超采区水文测报能力建设，加快应急机动监测能力建设，实现资料共享，全面提高服务水平。相信随着中央一号文件的深入贯彻落实，水文工作也将越来越被重视，支持力度也会更大。二是水文投入将进一步增加。中央一号文件指出，多渠道筹集资金，力争今后10年全社会水利年平均投入比2010年高出一倍。水文作为社会公益性事业，也是水利的基础，水利投入的增加将带动水文投入随之加大。三是水文现代化步伐将进一步加快。中央一号文件指出，加快建设国家防汛抗旱指挥系统和水资源管理信息系统，提高水资源调控、水利管理和工程运行的信息化水平，以水利信息化带动水利现代化。水文担负着防汛抗旱和水资源监测等重要任务，要实现水利信息化，首先要实现水文信息化，以水文信息化带动水文现代化的逐步实施。综上所述，水文事业正迎来很好的发展机遇，这就要求全省水文系统广大干部职工必须有强烈的机遇意识，乘势而上，奋发努力，推动我省水文事业快速稳定发展。

二、认真贯彻中央一号文件精神，理清水文发展新思路

近期，省水文局将学习中央一号文件作为一项重要工作，组织干部职工深入认真学习，深刻领会和理解中央一号文件的贯彻落实在经济社会和水文事业发展中的重要意义，进一步把干部职工思想统一到党中央加快水利工作的战略部署上来，把认识和行动统一到省委、省政府重视支持水利发展上来，把力量凝聚到完成“十二五”规划和今年各项目标任务上来，增强大局意识、机遇意识和责任意识，振奋精神，转变作风，理清水文发展新思路。

结合学习贯彻中央一号文件，今年水文工作的发展思路是：认真学习贯彻党的十七届五中全会和省委十一届七次全会精神，深入贯彻落实科学发展观，拓宽和延伸“大水文”发展理念，坚持“业务立局、科技兴局、人才强局，开放办水文”和“加强人才培养，注重能力建设，认真履行职责，提高服务水平”的工作思路，抢抓机遇，积极发展水文，加强水文基础设施建设，推进水文信息化进程，以水文信息化带动水文现代化，为防汛、抗旱、水资源开发利用、水环境生态保护提供优质服务和坚强支撑，为经济社会发展和社会和谐稳定做出新的贡献。

重点在四个方面取得突破：一是进一步加强水文前期工作，加快水文基础设施建设步伐。按照部水文局、省水利厅的要求，进一步完善落实水文基础设施建设“十二五”规划后续工作；完成中小河流水文监测一期 71 站、延安水环境监测中心和延安巡测基地建设任务和榆林红石峡水文站共建任务；启动榆林水

文基地、商洛水文巡测基地、黄河流域行政区界水量监测站布设一期、渭河水量调度系统刘家河建设工程和景村水文站、省水文仪检中心、汉中水文局两站缆道改造建设工作。二是不断加强水情信息采集、传输自动化建设步伐，为各级领导决策提供科学依据。实施省级143处水情站自动测报、国家防汛抗旱指挥系统二期水情分中心、中小河流洪水易发区等项目建设，优化补充常年水情站网，提高水情信息密度，逐步实现信息采集传输的自动化；坚持以中小河流洪水易发区水情预警预报为突破，全面推进水文站、市县城区、水利旅游风景区水情预警预报的开展；积极推进洪水预报方案编制和预报系统开发，努力加强技术支撑平台建设。三是要按照建立水资源管理“三条红线”的具体要求和水资源监测的具体目标，科学调整站网，加大行政区界水质水量监测，为实行最严格的水资源管理制度提供坚强支撑。积极开展市级水资源公报编制工作；按照国家河湖普查时间节点要求，完成全省河湖普查外业测量及河流特征复核工作和全省河湖图的提取与制作等；划定陕西省重要水功能区限制纳污红线，积极开展渭河干流水生态环境监测，为各级水行政主管部门“三条红线”的制定、监督与考核、奖惩等提供科学依据。四是加强基础研究工作，开展全省暴雨频率计算工作，深化对河流上下游径流量平衡问题和水文站受涉水工程影响下的测验方式的试验分析研究，开发组建“全省水文测验设施设备信息管理系统”，开展无资料地区河流固定选址勘测和洪水调查，继续抓好全省墒情站土壤田间持水量试验分析工作。加强对重点工程建设领域的水文资料审查及技术服务，变被动为主动，使水文服务参与到工程建设前期和建设过程之中，有效发挥水文在工程建设中“参谋”和科学决策的作用。

三、以中央一号文件精神为动力，全面开创水文工作新局面

我们将以学习贯彻中央一号文件精神为动力，开拓进取，大干快上，努力开创水文工作新局面。一要加强党的建设和班子建设。加强对党员党性和宗旨意识教育，继续在广大党员中深入开展创先争优活动，发挥党员在水文事业发展中的先锋模范作用；加强班子自身政治理论和业务学习，提高个人素质和党性修养，以“建强班子，提高能力，增强活力”为目的，深入思考，深入调研，努力建设成为思考型、学习型、创新型的领导班子。二要加强科技创新和基础研究工作。加强对干部职工新科技、新知识、新仪器的学习和运用，努力提高干部职工的科技水平与掌握现代化设施仪器的能力；创造条件鼓励干部职工勇于创新、积极探索，加强水文基础和试验分析研究工作，力争出现一批有深度、有造诣、有创新的研究和试验分析成果。三要加强干部和人才队伍建设。坚持重品行、重能力、重实绩，坚持以德为先和民主、公开、竞争、择优选人用人原则，严格干部选拔任用程序，注重选拔求真务实、埋头苦干、默默奉献、不事张扬的干部，形成充满活力的水文干部队伍。继续做好在职职工硕士研究生与扬州大学培训学员的选拔和培训工作，开展“四项业务技能竞赛”活动，提高干部职工队伍业务水平与服务能力。四要进一步转变工作作风。围绕“学业务、比业务、求发展、思稳定、谋富裕”，切实转变工作作风，建立健全工作责任制，营造求真务实良好氛围，使党员干部职工真正把心思用到干事业上，把功夫下到察实情、出实招、办实事上；在广大党员干部中树立敢于负责、敢于承担的优良作风，建立健全责任追究制度，让那些敢于负责、敢于承担、创造性开展工作、独当一面者脱颖而出，形成求真务实抓落实、齐心协力促发展

的良好氛围。五要实现事业发展我发展目标。抓住水利发展和“水利建设年”的大好机遇，积极主动争取项目和资金，以项目带动解决发展中的困难。充分发挥水文技术、人才、仪器和资料成果等优势，积极承揽服务咨询项目，不断扩大收入渠道。同时依托事业发展，改善职工的工作和生活条件，尽力使水文职工感觉到所从事的工作有体面、有尊严，真正使广大水文职工特别是一线职工感受到水文发展带来的温暖，全身心投入到水文发展的激流中，为推动水文事业可持续发展建功立业。

（杨汉明）

认清形势 抢抓机遇
全面加快水文事业建设步伐

——在全省水文工作会议上的工作报告

（2011 年 4 月 12 日）

在全国水文工作会议结束不久，全省上下认真学习贯彻中央一号文件和全面进入汛前准备工作重要时刻，决定召开这次全省水文工作会议。水利厅对会议十分重视，厅党组成员、副厅长张玉忠莅临会议并将作重要讲话。在此，我代表省水文局领导班子及全体干部职工，对张厅长的到来和关心支持水文工作表示热烈的欢迎和衷心的感谢！

这次会议的主要任务是：回顾总结“十一五”和 2010 年水文工作，表彰先进，传达全国水文工作会议和水情工作会议精神，分析水文发展面临的新机遇，安排部署 2011 年水文各项工作，动员全局干部职工进一步解放思想，振奋精神，抢抓机遇，真抓实干，统一思想聚力量，同心协力开新局，加快推进水文信息化建设步伐，再创我省水文事业发展新辉煌。

一、“十一五”回顾和 2010 年水文工作取得的成效

（一）克难攻坚，开拓创新，“十一五”水文工作取得长足发展

“十一五”，是陕西水文事业充满挑战和考验的五年，也是水文发展史上大投入、大建设、大发展、大改革的五年。五年来，全省水文坚持以科学发展观为统领，立足于为防灾减灾、水资源管

理和水环境保护服务，围绕民生水利、资源水利、生态水利三大主线和水资源短缺、洪涝灾害频繁、水土流失严重、水环境恶化的“四水问题”，努力提高自身服务手段、服务质量和服务效益，在水文立法、水文监测和情报预报、管理体制改革、水文基础设施建设与事业投入、服务领域、科技和基础工作、精神文明建设等方面取得了可喜的成绩，水文服务地方经济建设的基础作用更加凸显。

一是前期工作成效显著。全面完成《陕西省水文事业发展规划》《陕西省水文基础设施建设“十二五”规划》等12项规划和《陕西省重点地区旱情监测与分析系统工程建设项目建议书》等30余个水文基础设施建设项目建议书和可研报告。

二是基础建设步伐加快。落实各项水文基础设施改造建设资金近7200万元，其中中央投资约4000万元，地方投资约3200万元，较“十五”增长3.5倍。改造市级水文巡测基地4处，省水情中心1处和水情分中心3处，水环境监测分中心1处，建设改造面积约4800 m^2；改造建设水文（位）站51处，建设改造面积约12200 m^2，水文测站职工工作和生活条件发生了可喜变化。

三是职工生活条件有较大改善。坚持以人为本，使职工行路、饮水、用电难等问题得到有效解决，危旧站房得到全面改善，为市级水文局及测站职工建设成套住房132套，建筑面积达14400 m^2，基层职工工作和生活条件得到了较大改善。

四是水文站网建设进一步完善。报汛站由“十五”末的352处增加到现在的460处；在全省11个市区和各大灌区开展土壤墒情监测工作，由开始的20个监测试验站点增加到41个站点；水质监测由34个常规断面，增加了重要水功能区、水源地、省市界、排污口等164个监测断面。

五是水情预测预报工作加强制度化建设。洪水预报推行分级负责制、预报员责任制、首席预报员制和分析会商制四项制度，全面开展了水文站、涉河市县城区、水利风景区共86个断面水情预警预报，在防汛抢险决策中发挥了重要作用，受到了各级政府和防汛指挥机构好评。

六是水文立法成果明显。《陕西省水文资料使用管理办法》和《陕西省水文设施及监测环境保护办法》颁布实施。共查处水事案件20余起，有力维护了水文合法权益。

七是《水文年鉴》汇编工作顺利进行。《水文年鉴》汇编恢复后，我局继续承担了黄河流域第4卷第8册泾洛渭区和长江流域6卷共7册年鉴的汇编工作，汇编质量显著提高，其中2007年度黄河流域第4卷第8册泾洛渭区水文年鉴，被全国水文年鉴终审会评为优等。

八是水文科技含量不断增加。成立“陕西省水文局科学技术委员会”，《陕西省水文信息化建设规划》通过专家组初审，全省大江大河重点防汛河段的14个水文站建成了视频监视系统；投资400多万元购置了ADCP、电波流速仪、全站仪、测深仪、GPS等先进的监测仪器和设备。

九是水文体制改革不断理顺。《陕西省水文管理条例》赋予省水文机构一定的行政职能，省水利厅明确的25个行政许可项目中，由我局负责承办的“迁移或改建水文测报设施与设立专用水文测站审批”“水文资料使用审批”两个行政许可项目稳步实施。2008年，省编委下发文件，理顺了我省水文体制与机制，省局局长、书记高配为副厅级，其他班子成员升格为正处级，6个主要处室负责人，基层局长、书记高配为副处级。

十是水文共建共管工作稳步推进。宝鸡、商洛水文水资源勘测局分别加挂“宝鸡市水文水资源勘测局”和“商洛市水文水资源勘测局”，水利部刘宁副部长、宝鸡市戴征社市长等领导出席了“宝鸡市水文水资源勘测局”授牌挂牌仪式，省水利厅与宝鸡市人民政府共同出台了《宝鸡市水文水资源勘测局实行省市共建共管暂行办法》，建立健全了水文单位与地方政府共建共管的长效机制，为全国首创。陕西省水利厅与榆林市政府签署了“关于榆林市水文工作实行共建共管的实施意见”，地市共建共管稳步推进。

十一是服务支撑能力不断提升。围绕“三条红线”开展水资源水环境工作，积极开展全省20万人口以上主要地表水源地的饮水安全监测和重要水功能区、省市界、典型排污口、退水口及支流口水量水质同步监测工作，应对突发性水污染事件能力进一步得到提升。

十二是党建、精神文明建设及人才队伍建设为水文事业发展提供了坚强的保障。先后开展了以“学习贯彻党章，永葆共产党先进性”和“巩固先进性教育成果，‘携手基层，强站创优’”为主题，深入红色教育基地感受英烈现身革命、“创佳评差”与创先争优等系列学习教育活动。完成了宝鸡、商洛2个党总支和省局机关4个党支部的换届工作，发展新党员26名。开展了以“规范化建设、制度化管理”为主要内容的文明单位创建系列活动。修订并出台了《陕西省水文水资源勘测局文明单位管理办法》。全局有10个水文站创建为厅级文明单位，46个水文站创建（复查）为省局系统文明测站，6个水文站成为地方文明单位。先后开展了“业务技术标兵”和“扎根测站优秀站长”等活动，举办了第三届水文勘测工技能大赛，举行了首届水文专业论文竞赛会，举办各类培训班48期，培训各类人员1200人次。有54人取得专科学历，44人取得本科学历证书，有4人取得正高级工程师任职资格，46人取得副高级职称任职资格。选拔任用正科级干部10名，副科级干部12名。

（二）团结拼搏，克服困难，取得了2010年水文工作显著成效

2010年，在厅党组的正确领导和关心下，坚持“大水文”发展理念，坚持“业务立局、科技兴局、人才强局，开放办水文”的工作思路，团结拼搏，迎难而上，开拓创新，扎实工作，全局呈现出“静下心来谋发展，一心一意搞建设；全力以赴抢测报，兢兢业业求实效”的良好局面，水文事业发展取得了显著成就。

一是水文测报工作受到各级领导高度肯定。去年，我省发生了近年来少有的大范围、长历时、高强度的降雨过程，致使全省多条河流出现五十年一遇以上特大洪水。面对严峻汛情和汹涌洪水，水文干部职工不畏艰险、抢测洪水、科学研判、精心预报，完整施测了6轮暴雨洪水过程，为各级领导和防汛部门决策提供了科学依据，水文测报工作受到省水利厅王锋厅长、水利部水文局邓坚局长、水利部刘宁副部长和省市领导的高度肯定。

二是水环境监测和水资源评价工作成效突出。核定57条河流纳污能力和提出限排意见，完成了“21世纪陕西省水功能区水资源质量变化调查评价”，为水行政主管保障饮水安全和纳污红线控制提供依据；加强应急预警监测，按照预案，反应快捷，参与处置了北洛河、渭河等一系列油泥等污染事件；完成“宝鸡、渭南两市用水现状和需求调查分析”研究工作，提出了渭河水量调度期地表水耗水量成果。全面完成了全省河湖名录的清查登记。

三是水文资料质量明显提高。全面完成了2009年度的水文资料复审、验收和流域汇编工作。共提交各类成果936站年，按照《陕西省水文资料复审考评办法》，对80处水文（位）站进行量化考评，评比出资料整编甲等站78站，甲等率达97.5%。完成水文年鉴流域汇编刊印工作。

四是规划计划工作扎实开展。按照科学严谨、适度超前原则，陕西省中小河流治理和中小型水库除险加固、山洪地质灾害防治、洪水易发地区生态环境综合治理以及防汛非工程措施建设规划等专项规划顺利编制完成。《陕西省水文信息化建设规划大纲》通过省局科技委和省水利厅有关专家的审查，此项工作走在全国同行的前列。

五是拉动内需和地震灾后重建工程建设进展顺利。全面完成黄陵、神木、安康等19处水文站危旧房改造建设任务、陕西省中小河流（洪水易发区）水文监测一期工程180处雨量站和9处水位站自动采集传输建设任务；按时完成了武侯、略阳、林家村等7处水文站“5·12”地震灾后重建任务。

按照厅下达特大防汛补助经费200万元，自筹资金60万元，对安康、柳林、竹林关等20处水文站的水毁项目进行了修复建设。

六是服务领域不断延伸。在2009年开展洪水易发区预警预报和主要河流未来36小时预报深受地方政府好评的基础上，进一步完善预案，预测预报质量明显提高；在汉江流域设立专用水位站2处，为引汉济渭工程可研提供了翔实的水文数据，受到了部委专家的高度评价。

七是新仪器、新设备对比试验研究工作顺利实施。首次在秦渡镇水文站安装了H—ADCP并成功进行了比测实验，实现了无人、实时、在线、不间断远传断面水位、水温、不同层流速、流量和小流速的监测数据，流量测验方法效率高、效果好；受水利工程影响的志丹、丹风水文站，利用新仪器、新设备进行了设计，得到地方政府的认可，为今后受水利工程影响的测报工作顺利开展进行了积极探索。

八是水文法规建设取得新突破。进一步完善和规范了《陕西省水文资料使用管理办法》的审查程序，在网络上公告了《水文资料审查申请书》以及《陕西省水文局行政许可事项流程》，从细节上明确了水文资料审查的程序及要求。同时针对3个涉水工程建设水资源论证项目进行了资料审查，确保了所使用的水文资料可靠完整。

九是行业管理逐步进入规范化。坚持以严格的制度和公平的考核办法带动水文各项工作健康发展，全年先后制定下发了《陕西省水文局汛前检查工作细则》《陕西省水文测验质量管理及考评办法》《陕西省水文局其他应收款管理暂行规定》以及《陕西省水文测验设施、设备仪器管理办法》和《陕西省水文资料复审考评办法》等相关规定办法。

十是资金保障能力进一步增强。加强同上级有关部门和金融等机构的联系，汇报情况和问题，寻求政策支持和资金帮助，使筹资渠道不断增加，事业经费、报汛费、水资源费等投入增加明显，水文设施设备维修养护经费等问题得到突破性解决。据初步统计，落实事业经费760.74万元，水文专项资金1062.8万元，基本建设资金326万元。经向省财政、社保部门多次反映，争取落实医疗保险资金179.92万元，使汉中、商洛、延安、安康水文局反映强烈的医疗参保资金问题得到解决，解除了职工的后顾之忧。

十一是党建和精神文明建设内容丰富成果丰硕。坚持理论学习，干部职工的思想认识不断提高，思想观念进一步解放，谋事业、抓落实、干实事蔚然成风，组织26名处级干部参加了省委组织部举办的自主选学，干部学习后收获很大。积极在全局党员中开展创先争优活动，在关键时刻和困难面前，党员领导干部能够靠前指挥、率先垂范；共产党员能够冲锋在前，勇挑重担；充分发挥了基层党组织的战斗堡垒作用、领导干部的模范带头作用和共产党员的先锋模范作用。深入扎实开展文明单位创建活动，安头、马道、安塞、青泥湾水文站创建厅级文明单位顺利通过验收；秦渡镇、安头和长枪铺3个水文站跨入省局文明单位行列。

十二是党风廉政建设工作深入开展。加强反腐倡廉制度建设，出台了《省水文局党员干部反腐倡廉学习教育制度》《省水文局水文水资源建设项目监督监察制度》，加强了党员干部教育。认真履行监察职责，加强水文工程督察监察，做好水文工程招标投标及质量验收的监督检查工作，确保水文建设项目高效、安全、廉洁运行。进一步做好信访办案工作，妥善处理群众来信来访，对反映的问题及时受理，并给予妥善答复。全年我局无重大违规违纪问题。

十三是经营创收工作呈现崭新局面。紧紧依托水文行业优势，在立足水利的同时，进一步拓展了水文服务范围，成立注册了陕西省水文科技工程有限公司。先后完成了《西安—商洛天然气管道防洪评价》《石头河杨凌供水工程水资源论证》《陕西有色榆林循环经济产业园水保方案》等的编制工作。全年共承揽技术咨询项目20个，经营创收完成产值1900万元，职工奖金福利增长8%以上。

回顾总结“十一五”和2010年的工作，我们之所以能够取得新的成效，主要有以下几点启示。

一是“大水文”发展理念为推动水文事业发展指明了方向。二是坚持了“业务立局、科技兴局、人才强局，开放办水文”的发展思路。三是加强汇报，主动沟通，争取支持为水文事业快速发展营造了良好环境。四是班子团结，队伍稳定，单位和谐为增强水文发展活力提供了组织保证和力量源泉。五是艰苦奋斗，顽强拼搏，敬业奉献的优良传统进一步发扬。

在肯定成绩的同时，我们应该清醒地看到，我们的工作离上级领导的要求，离经济社会发展对水文工作的需求，还有一定的差距，还存在一些亟待解决的问题。主要表现为：一是水情自动测报率低，仅达到25.8%，远低于全国75.8%的平均水平，致使水情时程信息采集密度受限，时效性差；二是水环境监测能力偏低。省市界水质水量监测站点不足，省水环境中心急需提升监测能力和服务水平，缺少突发性事件应急监测工具和设备仪器；饮用水安全监测手段落后，重要水源地没有建立自动监测站点。三是水文设施设备和仪器老化失修，常规测验设备、仪器不足，存在安全生产隐患，测洪能力普遍偏低，现代化水平不高。四是干部职工素质有待进一步提高，工作责任心和能力需进一步增强，抓落实和扑下身子干实事的作风需不断改进。五是干部职工发展经济的意识和紧迫性不强，行业缺乏创收主导产业，部门之间收入不平衡，职工收入特别是基层测站职工收入相对较低。以上这些问题必须引起我们的高度重视，在以后的工作中认真研究解决。

二、认真学习贯彻全国水文工作会议精神，充分认清水文发展面临的新形势

3月24～25日，全国水文工作会议在江西南昌召开。水利部党组成员、副部长刘宁出席会议并发表重要讲话。谈到“十二五”时期水文工作时，刘宁副部长提出，总体目标是：大力夯实水文人才、水文法规和水文站网三个基础，切实强化水文管理、水文监测、水文服务、水文科技和水文文化五项工作，基本形成法规完善、体制健全、站网合理、技术先进、信息及时、预报准确、运行可靠、精兵高效、管理科学、服务全面的社会水文管理服务体系。

全国水文工作会议明确了“十二五”以及2011年水文发展的重点目标任务，蓝图已经绘就，目标令人振奋。我们一定要深刻认识新时期搞好水文工作的重要性和新形势下水文肩负的历史重任，充分认识水文事业发展面临的新机遇。

（一）牢牢把握中央一号文件给水文发展带来的新机遇

中华人民共和国成立60多年来，首次以中央一号文件强调水利改革发展问题，并在经济社会发展五年规划中把水利放在十分重要的位置。在水利事业发展的大好形势下也必将为水文发展带来新的机遇。一是水文工作将进一步得到重视和支持。《中共中央 国务院关于加快水利改革发展的决定》（以下简称《决定》）指出，“加强水文气象基础设施建设，扩大覆盖范围，优化站网布局，着力增强重点地区、重要城市、地下水超采区水文测报能力建设，加快应急机动监测能力建设，实现资料共享，全面提高服务水平”。我们相信，随着《决定》的深入贯彻落实，水文工作也将越来越被重视，支持力度也会更大。二是水文投入将进一步增加。《决定》指出，“多渠道筹集资金，力争今后10年全社会水利年平均投入比2010年高出一倍”。水文作为社会公益性事

业，也是水利的基础，水利投入的增加必将使水文的投入也将随之加大。三是水文现代化步伐将进一步加快。《决定》指出，“加快建设国家防汛抗旱指挥系统和水资源管理信息系统，提高水资源调控、水利管理和工程运行的信息化水平，以水利信息化带动水利现代化”。水文担负着防汛抗旱和水资源监测等重要任务，要实现水利信息化首先实现水文信息化，以水文信息化带动水文现代化的逐步实现。

（二）紧紧抓住省委、省政府高度重视支持水利发展这个机遇

站在新的起点上，新一届省委、省政府把水利摆在更加突出的位置，强调要把水利作为全省“十二五”发展的重点来谋划，在水利建设方面干成几件大事实事，并就突破水资源瓶颈制约、实施渭河全线整治、南山支流治理等做出重大部署。省委、省政府研究讨论了关于贯彻落实中央加快水利给改革发展的决定的实施意见，并决定把今年确定为“水利建设年”。水文是水利的基石，是水利发展的基础，特别是省委、省政府提出的突破水资源瓶颈制约、实施渭河全线整治、南山支流治理等重大任务都离不开水文。因此，水利正在迎来新春天的同时，水文事业发展也将迎来新的大好机遇。这就要求全局干部职工必须要有强烈的机遇意识，主动出击，抢抓机遇，扎实工作，提供支撑，推动我省水文事业发展新跨越。

三、明确目标，突出重点，全力做好“十二五”和2011年水文工作

2011年，是“十二五”开局之年，做好全年的工作对于“十二五”开好局、起好步意义十分重大。在新的一年，我们总的要求是：以科学发展观为统领，以提升水文服务能力为先导，坚持“大水文”发展理念，抢抓机遇求发展，凝聚力量促和谐；以人为本增福利，齐心协力保稳定，迎难而上，开拓创新，顽强拼搏，逐步使水文站网布局更趋科学合理，水文信息化建设进一步加快，社会化服

务功能进一步增强，水情预警预报质量进一步提高，城市水文服务逐步开展，水文职工生产、生活条件和收入明显改善与提高，人才队伍建设进一步加强，水文领军人物逐步凸显，水文服务经济社会话语权更加牢固，全面促进我省水文事业健康快速发展。

在新的一年，我们的发展思路是：认真学习贯彻党的十七届五中全会和省委十一届七次全会精神，深入贯彻落实科学发展观，拓宽和延伸“大水文”发展理念，坚持“业务立局、科技兴局、人才强局，开放办水文”和“加强人才培养，注重能力建设，认真履行职责，提高服务水平”的工作思路，抓住党中央、国务院出台的《决定》和省委、省政府确定2011年为全省“水利建设年”以及我省治理渭河的大好机遇，积极发展水文，加强水文基础设施建设，推进水文信息化进程，以水文信息化带动水文现代化，为防汛、抗旱、水资源开发利用、水环境生态保护提供优质服务和坚强支撑，为经济社会发展和社会和谐稳定做出新的贡献。

（一）“十二五”期间重点目标任务

加快水文测报设施建设步伐：新建省水文水资源监测中心、榆林巡测基地等3处省市级基地，改造省水文仪器检测中心和9处巡测基地，新建21处水文站、3处水文实验站、30处水位站、933处雨量站、11处水量监测断面、208处墒情站、3处蒸发站，改造42处水文站、6处水位站和528处雨量站。

提高水情预测预报自动化水平：建设延安、安康、商洛、榆林、咸阳、铜川6个水情分中心及所属雨量站和水文站信息采集、传输、接收、转发、处理系统，适当补充59个遥测雨量站点、37易涝区水位站点、4个水文站点。建设中小河流洪水易发区规划的水雨情自动测报系统，规划新建水文站74处，改建水文站33处；新建水位站90处，改建水位站2处。

加强水环境监测硬件建设：新建榆林、咸阳水环境分中心，改造省水环境中心，汉中、安康和商洛水环境分中心，建设7处水源地水质自动监测站和移动实验室，新增和改造223处水质功能区监测站点。

推进水资源工作深入开展：以陕西省国家水文数据库和全省水文信息计算机网络的建设成果为基础，实现对水资源信息规范化、标准化、自动化、共享化管理，提高水资源信息服务的工作效率、成果质量、服务水平。新建黄河流域11处省级地表水量监测站、9处地表水监测断面。长江流域新建1处地表水监测断面、5处水文站。

加快水文数据库更新改造步伐：完成省级节点水文数据库的基础软件和硬件环境建设，完成水质数据和部分原始观测数据的建库与数据整合，开发陕西省水文数据库信息服务平台，开展市级节点试点建设，初步形成基于陕西省水文数据库系统的综合信息服务能力。具备支撑水利信息系统业务功能实现的技术条件，基本达到《中华人民共和国水文条例》对水文资料发布、汇交和共享及服务的要求。

（二）2011年着力抓好几项重点工作

一是高度重视，落实责任，切实做好今年防汛抗旱测报工作。防汛抗旱工作是关系到我省经济社会发展的一件大事，水文测报工作又是防汛抗旱和抢险救灾工作的千里眼和排头兵。我省是一个局部洪涝灾害频繁的省份，根据我局做出的水情分析预报，2011年我省主要江河年径流量接近年平均水平，陕北局地、关中和陕南偏东部河流出现超警戒洪水可能性较大。因此，今年的防汛形势不容乐观，我们一定要从全局的高度，充分认识搞好水文测报工作的重要性，坚决克服麻痹侥幸思想和消极畏难情绪，牢固树立水患意识，要立足于来大水、抗大洪、抢大险，严格按照《陕西省水文局汛前检查工作细则》的要求，扎实细致地做好迎战全流域超标准洪水的各项准备工作。要进一步健全落实水文测报责任制。防汛工作涉及方方面面，突击性、时效性很强。要做到万无一失，就必须层层落实责任，要一级对一级负责。做好汛前检查，抓紧修复水毁水文设施，完善预案，把工作落到实处。高质量完成水文测报任务和水质监测以及渭河枯水期径流预测预报工作，为各级领导和防汛抗旱指挥部门提供及时准确的水雨情和旱情墒情信息。

二是进一步加强水文前期工作,加大水文基础设施建设力度。以扎实的前期工作促进项目的审批落实，以项目争取资金，推进水文基础设施建设扎实有效进行。按照部水文局、省水利厅的要求，进一步完善落实水文基础设施建设“十二五”规划后续工作；完成中小河流洪水易发区水文监测一期71站和榆林红石峡水文站共建及升仙村、张家山、安康等5处水文站缆道、测验设施改造建设任务，实施延安水环境监测中心和延安巡测基地建设任务。启动榆林水文巡测基地、商州水文巡测基地建设、渭河水量调度系统刘家河和景村水文站低水水文测验设施改造、省水文仪检中心改造建设工程。

三是不断加快水情信息采集、传输自动化建设步伐，为各级领导决策提供科学依据。充分发挥水文信息在防汛抗旱中的“参谋”和“耳目”作用，积极实施省级143处水情站自动测报、国家防汛抗旱指挥系统二期水情分中心建设，优化充实常年水情站网，多渠道补充汛期水情站网，提高水情信息密度，逐步实现信息采集传输的自动化；坚持以中小河流洪水易发区水情预警预报为突破，全面推进水文站、涉河市县城区、水利风景区水情预警预报的开展。积极推进洪水预报方案编制和预报系统开发，努力加强水文技术支撑。

四是增强紧迫感,加快我省水文信息化建设进程。水文信息化，就是充分利用现代信息技术、开发和利用信息资源的水文现代化过程。包括对水文信息进行采集、传输、处理和利用，提高水文信息资源的应用水平和共享程度，从而全面提高水文建设和预测预报的效能和效益。依据水利部水利信息化建设的总体要求，结合我们的实际和需求，通盘考虑，本着统筹规划、整合资源、信息共享、技术先进、超前发展的思路，对我省水文信息化进行规划和设计，逐步使我省水文信息化建设形成高标准、规范化、一体化和资源信息共享。水文信息化工程的技术含量高、建设难度大，所涉及的领域多，因此，必须争取上级的资金投入，组建专门的机构，打造一支掌握先进信息技术、熟悉水文专业知识的高素质人才队伍，以加快全省水文信息化建设进程，为实现水文现代化奠定坚实基础。

五是夯实责任，积极做好水资源监测和河湖普查工作。要按照建立水资源管理“三条红线”的具体要求和水资源监测的具体目标，科学调整站网，加大行政区界水质水量监测，为实行最严格的水资源管理制度提供坚强支撑。划定陕西省重要水功能区限制纳污红线，积极开展渭河干流水生态环境监测，强化监测质量管理，提高服务能力和水平，为各级水行政主管部门“三条红线”的制定、监督与考核、奖惩等提供科学依据。积极开展市级水资源公报编制和渭河干流省市界水质水量监测工作，加强排污口监督管理；按照国家河湖普查时间节点要求，完成全省河湖普查外业测量及河流特征复核工作和全省河湖图的提取与制作等工作。

六是加强基础研究工作，不断提高水文服务支撑能力。在水文资料深加工方面加大力度，开展全省暴雨频率计算工作，深化对河流上下游径流量平衡问题和水文站受涉水工程影响下的测验方式的试验分析研究，开发“全省水文测验设施设备信息管理系统”，开展无资料地区河流固定选址勘测和洪水调查，继续抓好全省墒情站土壤田间持水量试验分析工作。各市局应对巡测基地和巡测队进行深入的论证规划，划清管辖范围、测站和巡测路线及方式，积极开展测验工作试验分析研究，逐步在有条件的测站进行有人看管无人值守的试点，不断改善职工的工作条件。今年省局专门列出 15 万元的科研经费，各市局也要拿出一定的配套资金，推动科技创新工作在全局深入开展，促进水文新技术、新设备使用试验研究工作，不断提升水文科技含量与服务支撑能力。

四、转变作风，真抓实干，为确保今年各项目标任务完成提供坚强保障

水文发展的思路已经确定，重点任务已经明确，关键是要在狠抓落实上下功夫。我们要以学习贯彻中央一号文件精神为动力，开拓进取，大干快上，努力开创水文工作新局面。

一要加强党的建设和班子建设。围绕中国共产党成立90周年，开展丰富多彩、形式多样的庆祝活动，加强对党员党性和宗旨意识教育，继续在广大党员中深入开展创先争优活动，按照党员的岗位和职责，切实做好党员承诺制，发挥党员在水文事业发展中的先锋模范作用；加强班子自身政治理论和业务学习，提高个人素质和党性修养，一个领导干部的影响力、凝聚力是一个人的品行、作风、能力的综合反映。一个不研究工作、不善于思考问题、思路不清，一个在其位、不谋其政，不探索自己分管工作创新、上台阶的领导同志，就不可能带出一支业务精、作风正、素质高的队伍来。以“建强班子，提高能力，增强活力”为目的，深入思考，深入调研，不断创新，努力建设学习型、思考型、创新型的领导班子。

二要加强科技创新和水文业务工作。根据时代发展和经济社会对水文工作的新要求，加强对干部职工新科技、新知识、新仪器的学习和运用，不断丰富干部职工的科技知识与提高掌握现代化设施仪器的能力；要创造条件，积极鼓励干部职工勇于创新、积极探索，加强水文基础和试验分析研究工作，力争出现一批有深度、有创新的研究、分析成果，逐步是我们的领军人物不断涌现和话语权不断增多。全局各级干部都要深刻认识重视和加强水文业务工作的重要性，真正要把水文业务作为水文生存与发展的重要任务来抓，积极在全局干部职工中营造一个学习业务、提高

能力、争创一流业绩的良好氛围，积极组织职工学习各种水文规范和有关规定，认真执行水文测验“四随”要求和“陕西省水文测验质量管理及考评办法”，严格平时业务工作检查与考核，不断提高测报质量和水文资料的真实性、可靠性。

三要加强干部和人才队伍建设。坚持重品行、重能力、重实绩，坚持以德为先和民主、公开、竞争、择优选人用人原则，严格干部选拔任用程序，把那些思想素质高、群众口碑好、工作能力强的优秀年轻职工充实提拔到科级队伍中来，注重选拔求真务实、埋头苦干、默默奉献、不事张扬的干部，形成充满活力的水文干部队伍。目前，要积极做好国家重要站和省级重要站站长科级待遇的试点工作；按照有关条件和要求，认真做好全局后备干部的考察培养工作，建立后备干部队伍，为那些想干事、能干事、干成事，能为单位谋发展、得到职工拥护的年轻优秀同志创造条件、提供展示平台。高度重视，坚持做好人才培训工作，切实做好在职职工硕士研究生以及优秀职工在扬州大学学习深造的选拔和培训工作，各市局要增加职工教育、培训经费的投入，利用汛前和汛后有利时机，加强干部职工理论和业务知识和技能培训。广泛开展“四项业务技能竞赛”活动，提高干部职工队伍业务水平与工作能力，以此为契机，为积极发现人才、培养人才、使用人才创造条件。同时，按照人事改革和岗位聘任有关要求，对那些取得大专学历、具有一定的业务技能和在技术岗位或管理岗位的优秀工人逐步向技术或管理岗位聘任，理顺职工队伍结构，提高职工队伍士气与活力。

四要进一步转变工作作风。要用中央一号文件精神鼓舞和激励每一位干部职工，围绕“学业务、比业务、求发展、思稳定、谋富裕”，切实转变工作作风，建立健全工作责任制，营造求真务实良好氛围，使党员干部职工真正把心思用到干事业上，把功夫下到察实情、出实招、办实事上；要求全局各级党员干部经常深入基层，深入群众，充分了解职责范围内的详细、真实情况，掌握实实在在的数据。同时要在广大干部中树立敢于负责、敢于承担的优良作风，进一步健全岗位责任制和责任追究制，认真、负责地履行好每一项职责，扎实、细致地做好每一项工作。要强化目标责任考核这一抓手，各市局、机关各处室要根据“陕西省水文局年度目标责任考核暨领导班子、领导干部考核评价暂行办法”，结合部门和工作实际，细化考核指标，完善考核办法，能量化的尽可能量化，要加强平时和半年工作考核，增强考核的针对性和科学性，促进考核工作公开、公正、透明，真正使考核工作起到激励先进、鞭策后进，使人人肩上有担子，迎难而上共谋事业发展。

五要加强精神文明和党风廉政建设工作。加强两级中心组学习，努力创建学习型机关、学习型党组织，深入学习贯彻党的十七届五中全会精神和省委十一届七次全会精神，不断提高干部职工思想素质，把所有力量凝聚到实现“十二五”规划提出的各项目标任务上来；深入开展文明单位创建活动，深化创建内容，加强管理，在保持创建成果上下功夫；积极在职工中开展社会主义核心价值体系学习教育，弘扬以爱国主义为核心的民族精神和以改革创新为核心的时代精神，引导职工自觉履行法定义务、社会责任和工作职责；积极开展健康有益的文化娱乐活动，活跃职工文化生活，增强单位生机与活力。各级要认真贯彻中纪委、省纪委六次全会精神，按照新修订的《关于执行党风廉政建设责任制的规定》的要求，进一步落实“一岗双责”的政治责任和“五个一”的工作内容。深入开展对各项重大决策部署执行情况的监督检查，今年，随着项目投资的加大，结合省厅的工作安排，陕西省水文局制订了项目稽查工作实施方案，将抽调专人适时对近年来安排的重点水文项目、投资较大项目等已竣工或在建拟建项目进行重点稽查，确保项目高效顺利推进。要采取多种形式积极开展反腐倡廉宣传教育活动，时刻用《中国共产党党员领导干部廉洁从政若干准则》

的要求规范和约束领导干部廉洁从政的行为，在继续开展反腐倡廉制度创新的基础上，应重点强调已有制度执行效能的发挥并抓好落实，切实转变领导干部作风，时刻保持党同人民群众的血肉联系，要大力弘扬求真务实和艰苦奋斗的优良作风，认真落实中央有关厉行节约的规定，大力弘扬批评和自我批评的优良作风，始终保持共产党人的蓬勃朝气、昂扬锐气、浩然正气。

六要实现事业发展我发展目标。要进一步增强经济意识，树立发展水文经济是富裕职工、构建和谐队伍的重要理念。要紧紧抓住水利发展和“水利建设年”的大好机遇，积极主动争取项目和资金，赢得各级各方面的关心和支持，以项目带动解决发展中的困难，加快水文事业的发展步伐。我们全局各级干部要站在全局发展的高度，把增加职工收入作为全局抓工作、促发展坚持的一个重要方面，下定决心，奋起直追，要充分发挥水文技术、人才、仪器和资料成果等优势，积极承揽服务咨询项目，不断扩大收入渠道，今年要在去年的基础上职工收入增加8%。同时要依托事业发展，改善职工的工作和生活条件，尽力使水文职工感觉到从事的工作有体面、有尊严，真正使广大水文职工特别是一线职工感受到水文发展带来的温暖，全身心投入到水文发展的激流中，为推动水文事业可持续发展建功立业。

同志们，做好“十二五”和今年水文工作，机遇大好，任务艰巨。让我们在水利厅党组的正确领导下，认真学习贯彻中央一号文件，振奋精神，抢抓机遇，开拓创新，扎实工作，全力以赴抓落实，凝心聚力促发展，在水利事业发展的新春天中大干苦干、再创佳绩，为全省防汛抗旱和经济社会发展做出新的更大的贡献，以优异的成绩迎接中国共产党成立90周年！

谢谢大家！

（杨汉明）

凝心聚力　团结拼搏
推进陕西水文事业实现新跨越

（2011年11月1日）

加强协作兴水文，嘉宾相聚叙友情。我们很高兴迎来了西北地区及黄河流域水文同行各位领导和嘉宾，相聚在美丽的古城——西安，交流经验，凝聚共识，共商流域水文事业发展大计；加强协作，增进友谊，共建新型美好水文合作关系。在此，我代表陕西省水文水资源勘测局和全省水文干部职工，向来自流域机构及有关省（市、区）的水文部门的领导和与会代表表示热烈的欢迎！向多年来关心支持陕西水文事业发展的兄弟省、区水文部门领导和嘉宾表示衷心的感谢！

陕西省位于我国西北地区东部的黄河中游，全省土地面积20.6 km^2，总人口3730余万人，分陕南、关中、陕北三个自然区。全省行政区有西安、榆林、延安、宝鸡、咸阳、铜川、渭南、汉中、安康、商洛10个市和杨陵国家农业示范区。2011年生产总值1.2万亿元，财政收入2570多亿元。陕西横跨黄河、长江两大流域，黄河流域控制面积13.4 km^2，占全省总面积的2/3，长江流域控制面积7.2 km^2，占1/3，多年平均降水量670 mm，多年平均地表径流量425.8亿 m^3，水资源总量445亿 m^3，全省人均水资源量为1280 m^3。陕西省水文局下设延安、宝鸡、西安、汉中、安康、商洛6个市级水文局，1个省水环境监测中心、5个水环境监测分中心和213个水环境监测断面。截至2011年12月，省水文局所属基本水文（位）站105处，雨量站774处；报送水情站828

站，其中常年报汛水情站386处，汛期报汛水情站334处，水库和辅助水情站108处。

全局现有在职职工688人，离退休职工365人。在职人员中专业技术干部369人，占在职职工的53.6%，高级工程师88人、正高级职称4人；另有委托雨量观测员556名。

去年甘肃水文协作会议以来，陕西水文在各级领导的关心支持下，坚持以科学发展观为指导，认真贯彻全国水文工作会议和全省水利局长会议精神，团结拼搏，扎实工作，水事业发展取得了显著成效。2011年，我局荣获水利系统“爱水杯”夺杯先进单位，在今年“五一”劳动节前夕，我局被省委、省政府授予“陕西省先进集体”荣誉称号。

下面，我将陕西省水文有关情况汇报如下。

一、理清发展思路，为完成今年目标任务奠定基础

2012年，是实施“十二五”规划承上启下的重要一年，也是深入贯彻中央一号文件，实现水文大发展、大变化的一年。根据新形势、新任务，我们确定了今年的发展思路是：认真贯彻党的十七大和十七届五中、六中全会精神，深入贯彻落实科学发展观，继续走“大水文”发展之路，进一步贯彻落实2011年中央一号文件和中省水利工作会议精神，紧紧抓住省委、省政府把水利作为兴陕富民的主要工作的大好机遇，增强信心，开拓创新，以实施中小河流水文系统工程建设为契机，加大新仪器、新设备的推广使用力度，加快水文基础设施和水文信息化建设步伐，为防汛抗旱、水资源开发利用、节约保护以及重点水利工程提供坚强的服务支撑，为经济社会发展和社会和谐稳定做出新的贡献。新的思路为全面搞好今年各项工作打下了良好基础。

二、高质量办好全国水文工作会议，认真贯彻全国水文工作会议精神

全国水文工作会议今年由我省首次承办，接到任务后，我局积极向厅领导汇报，多次研究会议筹备有关工作，在厅领导和有关处室的重视支持下，我们举全局之力，办好了这次水文盛会。全国水文工作会议结束后，我们采取有力措施抓好会议精神的贯彻落实工作。一是及时召开全省水文工作会议，迅速学习传达全国水文工作会议精神，着重学习转达胡四一副部长在会议上的重要讲话和邓坚局长的总结讲话，把干部职工的思想统一到部水文局提出的今年各项目标任务上来。二是深刻理解“大水文”的内涵，坚持走“大水文”发展之路，深入贯彻落实 2011 年中央一号文件和中省水利工作会议精神，坚持“跳出水利看水文，立足水利谋发展，紧跟政府寻需求，瞄准需求找突破”，不断提高水文支撑水利和经济社会发展的能力。三是进一步认识到水文事业发展面临的大好形势和机遇，重点安排了全面实施中小河流水文监测系统建设工程，加强水文测报和旱情墒情监测工作，积极推进按行政区域设立水文机构工作，加强水质水量同步监测评价、严格水功能区监督管理，扎实做好中小河流洪水易发区水情预警预报工作，加快水文基地建设进度，加快引进和推广新仪器新设备应用步伐和坚持以人为本、不断改善和提高职工福利待遇等 8 项重点工作，提出了完成各项任务的 6 条举措，为推进我省水文发展新跨越打下了坚实基础。

三、积极开展旱限水位研究，为应对大旱提供了科学依据

今年上半年，陕西省 70% 的水情站连续 20 天以上无有效降雨。根据旱情发生发展的趋势，我局克服时间紧、任务重等困难，完成了全省主要江河水库旱限水位（流量）分析研究成果，及时

上报国家防办和部水文局，得到了厅领导的表扬和肯定。及时编发水情快报，分析全省雨情、水情、水库情势以及我省旱情情况，为我省防抗旱灾提供了及时准确的科学依据。

四、高度重视，精心组织中小河流水文监测系统建设工作

我局高度重视中小河流水文监测系统建设工作，成立了领导小组，依照《中小河流水文监测系统建设指导意见》和《实施意见》，提出了“坚持以人为本，科学谋划，探索新路，因地制宜，努力实现陕西中小河流水文监测、传输、预报的信息化、现代化建设”的建设思路，严格按照“项目法人责任制、招标投标制、工程监理制、合同管理制”四项制度进行建设管理，制定下发了《陕西省中小河流水文监测系统建设管理实施办法》《陕西省中小河流水文监测系统建设管理工作程序》《陕西省中小河流水文监测系统工程质量管理办法》《陕西省中小河流水文监测系统建设工程资料整编办法》和《陕西省中小河流水文监测系统建设资金使用管理办法》，坚持按制度规范项目建设程序，有力地促进了项目建设的顺利实施。全省 33 处水文站改造、92 处水位站建设、1526 处雨量站、8 个水情分中心改造、1 处省级水文应急监测队的建设全面开工。组织编制了中小河流水文监测系统建设 2012—2013 年度 74 处新建水文站、11 处水文巡测基地、156 条河流水文预警预报软件初步设计和任务书；完成延安水文巡测基地、水环境监测分中心建设主体工程。目前水文站改造、水位站、雨量站建设已完工。

五、全面完成全省水文资料复审验收，资料整编质量明显提高

对全省 2011 年水文测验整编资料进行了复审，共取得基本站

各类整编成果1021站年，经过量化考评，水文资料整编81站全部达甲等，甲等率100%。积极配合流域机构进行水文资料汇编刊印，主持完成了《水文年鉴》第4卷第8册汇编工作。水文测验基础研究和设备仪器对比试验分析工作正常开展，全省墒情监测站田间持水量等土壤参数的试验工作全面完成；完成了部水文局下发的关于征求《悬移质泥沙测验规范》《土壤水分监测仪器通用技术条件》《水文缆道设计规范》等的修改意见以及上报工作；完成我省41处国家重要水文站重新申报工作。

六、加强水环境监测和水资源评价工作，为实现最严格的水资源管理制度提供技术支撑

积极开展水功能区水质监测工作，完成常规河流断面、省界断面的水质监测任务；开展了沿渭河城市以藻类为重点的水生态监测工作。修订完成了《陕西省主要江河行政市（区）界断面最小流量指标方案》及《陕西省2015年考核水功能区达标率指标分配方案》，为实行“三条红线”的监督考核提供了依据；基本完成了全省主要河流的纳污能力的核定，提出了分阶段分区域的限制排污意见，为严格控制入河排污总量，实现水功能区限制纳污红线目标提供了科学依据。完成了2011年全省水资源简报、公报的编制工作。

七、加强职工培训，全力打造适应“大水文”发展要求的职工队伍

水文要发展，人才是关键。为了使干部职工能够适应“大水文”发展理念的需要，推动水文事业健康快速发展，必须要有一支素质高、技术精、能力强的职工队伍做支撑。一是采用与大专院校联系进行脱产培训，连续三年每年选送30名优秀职工到扬州大学进行为期一年的学习培训，今年最后一批30名学员于6月上

旬结业。至此90名职工利用三年学习培训后全部投入到水文事业发展之中。二是根据水文业务需要选择对口的院校对职工进行短期学习培训。年初，我们分别与西安理工大学和西安文理学院联系，举办了中小河流预报研修班和水环境中心分析人员培训班，学习培训时间长达50天，培训职工80多人，培训投入之大、时间之长前所未有。三是各市局根据工作需要加强对职工业务学习培训。我们充分利用汛前和汛后召开站长会以及资料整编有利时机，加强对基层职工水文测验、资料整编水化分析等业务进行学习培训。总之，通过一系列学习培训，全局职工学业务的风气不断浓厚，业务能力进一步增强，为水文事业发展提供了坚强的人才保障。

八、水文预报及时准确，充分发挥“耳目”“尖兵”作用

进入7月份，陕西全省连续发生多次强降雨洪水过程，广大干部职工坚守测报工作一线，不畏艰险，准测快报，成功测报了汉江支流冷水河三华石站出现1670 m^3/s超保证历史实测最大洪水，特别是在安康月河暴雨洪水中，预报7月4日12时30分前后将出现2900 m^3/s的洪峰流量，实际于14时出现3020 m^3/s的洪峰流量，及时的准确预报，为迅速撤离转移受威胁群众赢得了宝贵的时间，整个洪水过程无一人伤亡。在迎战7月21～23日陕北强降雨过程中，依据实时水雨情情况，适时启动我省黄河流域水文测报预报Ⅳ级应急响应，提前预测黄甫川、清水川、孤山川、窟野河、秃尾河等河流上游将出现洪水过程，部分河段可能出现致灾洪水。7月26～28日黄河出现自1989年以来最大洪水，提前11小时预报龙门站洪峰流量7600 m^3/s，准确率99.7%；提前23小时预报潼关站洪峰流量4100 m^3/s，准确率96.5%，洪水传播时间仅相差2.3小时。8月31日至9月3日汉江洋县站出现自1998年以来的最大洪水，提前7小时预报汉江洋县站洪峰流量8350 m^3/s，预报准确率96.5%。进入主汛期，陕西省水文局共收转水雨情信息300.6万

条，发送水雨情手机短信 7010 条，发布洪水预报 43 期，预报精度评定优秀 21 期，良好 8 期；制作水情预警预报 141 站次，编发水情快报 47 期，水情简报 12 期。水文部门的准确预测预报为各级领导和防汛部门抢险决策提供了科学依据。

回顾一年来陕西水文工作，我们获得了深刻启示。一是必须树立强抓机遇的意识，紧紧抓住中央一号文件确定加快水利改革发展的大好机遇，加强前期和计划项目审批落实工作，争取资金投入，全力推动水文事业跨越发展。二是必须坚持“大水文”发展理念，加强职工和高层次人才培养，努力打造适应“大水文”发展的人才队伍，为水文发展提供坚强的人才保障。三是汛前准备充分，爱岗敬业意识强。基层水文站职工在大洪水面前不畏艰险，不怕疲劳，忠实地履行了岗位职责，测报洪水方案可行，测洪物资设备到位，保证了大洪水监测任务顺利完成。四是必须大力弘扬勇于创新、敢于担当的工作作风，努力锻造一支拉得出、顶得住、冲得上，能打硬仗的水文干部职工队伍，推动水文各项工作任务顺利完成。五是必须坚持不懈地做好水文宣传工作，采取多种措施加强水文宣传工作，赢得了上级领导和社会各界对水文工作的关心和支持，为水文事业快速健康发展创造良好环境与氛围。

一年来，陕西水文工作虽然取得了一些成绩，但是，与经济社会发展对水文的要求相比，我们的工作做的还很不够，与兄弟省份水文部门相比，我们还存在着一定差距。主要体现在按行政区域设立水文机构进展缓慢、先进的测报设施设备引进和使用还相对滞后、技术拔尖人才特别是专家型人才还比较少、水文话语权还不够等方面。这次会议能够在陕西举办，我们将认真学习和借鉴流域机构和兄弟省区的先进经验，抢抓机遇，开拓创新，推动陕西水文事业再上新台阶。

各位领导、各位代表，机遇大好催人奋进，加强交流促进发展。这次西北地区及黄河流域水文协作会议在陕西举办是我们的荣幸，也是加强水文行业之间学习交流、增进友谊的极好机会，我们将尽最大努力为各位领导和与会代表提供热情周到的服务，诚挚地希望各位领导和代表会后在陕西多走走、多看看，欣赏三秦大地的美景，领略周秦汉唐文化的神韵，观赏黄河壶口瀑布的怒吼，拜谒人文始祖黄帝的伟业，吸取“三国”文化的精髓，探寻红色革命的足迹，品尝陕西美味的小吃，愿陕西给您留下美好的记忆。

最后，祝各位领导、各位代表在陕西考察期间心情愉快，身体健康，返程顺利！

谢谢大家！

（杨汉明）

坚定信心　再鼓干劲
全面推进水文跨越发展

——在全省水文工作会议上的工作报告

（2012 年 4 月 10 日）

在全国水文工作会议刚刚结束不久、全省上下全面进入汛前准备工作的重要时刻，省水利厅决定召开这次全省水文工作会议，充分体现了厅党组对水文工作的高度重视。今天，厅党组成员、副厅长薛建兴亲自莅临会议并将作重要讲话，省级有关部门领导也莅临指导会议。在此，我代表省水文局领导班子及全局干部职工，对各位领导的到来和关心支持水文工作表示热烈的欢迎和衷心的感谢！

这次会议的主要任务是：传达贯彻全国水文工作会议精神，全面总结 2011 年水文工作，表彰先进，安排部署 2012 年水文工作，动员全局干部职工进一步坚定信心，振奋精神，抢抓机遇，再鼓干劲，静心凝智谋发展，励志聚力抓落实，全面推进我省水文事业实现跨越式发展。

现在，我就 2011 年水文工作总结和 2012 年水文工作部署先讲几点意见。

一、2011 年水文工作成效显著，“十二五”水文发展开局良好

2011 年，我局认真贯彻落实中央一号文件和中央、省水利工作会议精神，抢抓我省渭河治理、引汉济渭、东庄水库前期工程和中小河流水文监测系统建设的大好机遇，增强信心聚力量，抢

抓机遇促发展，各项重点工作取得了显著成效。

（一）成功测报30年来强秋淋洪水

2011年，全省先后经历15次大范围降水过程。省内设站河流有55条82站出现洪峰846次，其中29条河流36站出现超警戒流量洪峰111次，3条河流3站出现超保证流量洪峰，洪峰次数和超警洪峰次数均为10年之最。6月20～22日陕南强降水，我局提前2个小时准确预警预报，为白河县迅速组织沿岸5个乡镇、1000余户、4000余名受威胁群众的安全转移争取了宝贵撤离时间。9月份，陕北南部、关中及陕南先后出现三次大范围秋淋降水过程，造成汉江、渭河出现超警戒洪水，渭河下游出现1981年以来的最大洪水过程。降水强度之高、洪水量级之大多年少有。面对严峻汛情，广大水文干部职工发扬特别能吃苦、特别能战斗的优良传统，顾全大局，不畏艰险，准测快报，科学研判，为各级领导和防汛指挥部门科学决策提供了及时可靠的水文信息，为创造渭河抗洪史上的奇迹奠定了坚实基础。我局得到了省政府、省防总的充分肯定，被省政府授予“2011年防汛抗旱抢险工作先进集体”光荣称号。

（二）水文基础设施建设成绩斐然

2011年，我们抓住延安水文巡测基地、延安水环境监测分中心改造建设的机遇，筹措整合资金，统一规划，启动实施了延安水文水资源局机关改建项目，项目完成后将从根本上改善延安水文局的工作、生活条件；坚持以人为本，调整建设思路，强化工程管理，完成了中小河流洪水易发区水文监测一期251处雨量站、9处水位站建设以及省级水情站自动测报143处站点建设任务，水文信息自动采集率大幅度提升。在测站改造建设中，首次在秦渡镇水文站安装使用了声学多普勒H-ADCP流速仪，在升仙村水文站安装了雷达流量计，达到了水位、流量等水文要素实时自动监测的目的。

（三）中小河流水文监测系统建设全面启动

坚持以规划促进项目的审批，以项目争取资金。按照规划我省落实中小河流水文监测系统建设三年总投资4.03亿元。组织编制的《2011年中小河流水文监测系统实施方案》，通过了省水利厅、省发改委的审批，2011年投资1.41亿元，其中中央投资9343万元、地方配套4717万元全部到位。为规范建设程序，确保工程质量和资金使用效果，全面提升建设管理水平，制定完善了《陕西省中小河流水文监测系统建设管理实施办法》《陕西省中小河流水文监测系统建设资金使用管理办法》等五个规范性文件，为确保我省中小河流水文监测系统建设顺利实施奠定了坚实基础。

（四）水文基础测验工作进一步夯实

一是全省80处水文站中测验质量甲等站79站，乙等站1站，甲等率超过90%。二是对2010年度全省水文资料进行了复审验收，共取得各类整编成果944站年，甲等率超过90%。三是年鉴汇编刊印工作全面完成。四是完成2010年原始资料和整编成果资料归档、入库任务。五是完成2010年水文整编成果的转换及装载入库工作。六是启动全省水文测验设施设备信息管理系统工作，建立了仪器、设备、设施登记台账并形成完整的电子文档。七是完成了省水文数据库前期升级改造工作，基本实现数据查询检索功能。

（五）水资源评价水环境监测能力稳步提升

一是积极开展我省“三条红线”指标体系建立，组织完成了《陕西省主要河流行政区界断面控制流量指标方案》及《陕西省各市区水功能区“十二五”考核指标方案》并通过审查，为实现最严格的水资源管理制度，划定我省“三条红线”提供了科学依据。二是围绕省委、省政府关于全面整治渭河的要求，完成《陕西省渭河流域地表水水量水质监测规划》《宝鸡市社会经济用水现状及需求分析》《渭南市社会经济用水现状分析》，为渭河水量调度提供了科学依据。三是强化城市供水水源地饮水安全监测，完成渭河、丹江、汉江纳污能力核定，提出了限排意见，完成“21世纪前十年陕西省地表水水功能区水资源质量调查评价”，为各级水行政主管部门做好水资源开发利用与保护、水环境综合治理工作提供了翔实资料。四是河湖普查工作深入有序开展，按照全国河湖普查工作要求，圆满完成陕西境内 2011 年河湖普查各项工作任务。

（六）大水文、大服务能力进一步增强

围绕我省大型水利工程建设积极参与前期服务工作，在汉江干流、子午河上设立两处专用水文站，为引汉济渭工程可研、设计提供了翔实的水文数据；为东庄水库水文监测站网布设提供了设计方案，受到了部委专家的高度评价。精心为世园会提供情报预报服务，累计向西安世园会报送雨量信息 710 次，水位、流量信息 468 次，含沙量信息 82 次，预警预报 2 次，为确保世园会安全顺利进行做出了积极贡献，受到西安世园会组委会的高度赞扬。

（七）水文科技含量不断增加

推广应用了中国洪水预报系统平台，极大地提高了洪水作业预报的时效性和预报精度，水情信息网络传输率达到 99%，投资 400 多万元的先进仪器设备下发配置使用。向省水利厅上报科研项目 11 项，其中“典型暴雨洪水分析与现行水文手册实用性对比研究”项目列入 2011 年省水利科技项目，下达科研经费 20 万元，为近年首次。积极参与厅第六届陕西水利优秀科技论文评选，获得了一等奖一名、二等奖二名、三等奖四名的较好成绩。

（八）全力打造适应“大水文”发展要求的专业人才队伍

水文要发展，人才是关键。连续三年每年选送 30 名优秀职工到扬州大学进行为期一年的学习培训，在此基础上着眼高层次人才培训，8 名职工被河海大学和西安理工大学录取为在职研究生学习；组织主要技术干部赴南京进行新仪器、新设备学习培训，全年分期举办了土壤墒情监测、水文资料整编、水资源公报编制规程、水文基建财务管理暨规划与建管、宣传等 10 多个专题培训班，参加学习培训累计达 600 人次，培训班密度之强、培训人数之多创历年之最；“全省水文职工技能竞赛”成功举办，一批年轻化、专业化的优秀人才脱颖而出。

（九）不断加强水文法规建设，依法行政工作稳步推进

受部水文局委托，陕西省水文局承担了起草制定《水文资料使用审查管理办法》的任务，接受任务后，精心安排，积极工作，认真调研，以《陕西省水文资料使用管理办法》为基础，起草了《水文资料使用审查管理办法》初稿，组织省政府法制办、省水利厅有关专家对初稿进行了审查，并进行了细致严密的修改和完善。目前，《水文资料使用审查管理办法（送审稿）》已上报部水文局，受到了部水文局的表扬。为了加强全省水文站网管理，充分发挥水文站网的功能和作用，更好地履行法律法规授予我们的行政许可职能，调研起草制定了《陕西省水文站网管理办法》。目前该办法已上报省水利厅政法处审查。同时，按照省水利厅安排，我们认真完成了陕西省水行政处罚自由裁量指导标准涉及水文工作的内容，为推进依法行政工作打下了良好基础。

（十）开源节流，财务和经营创收工作成效显著

加强同上级有关部门的联系与汇报，寻求政策支持和资金帮助，筹资渠道不断增加，融资规模持续扩大，事业经费、报汛费、水资源费等投入增加明显。一是全年落实事业经费 1917.65 万元，增幅 152.08%；专项资金 1260 万元，增幅 18.55%；落实基本建设资金 9822 万元。二是制定下发《陕西省公务卡管理暂行办法》《三公经费管理办法》《仪器设备采购管理办法》，初步建立和完善防止“小金库”的管理体制，将各项财务收支纳入部门预算统一核算，严格财政性资金的使用和管理，为彻底解决“小金库”问题提供有力的制度保障。三是大力开展会计基础合格单位创建活动，强化“三公”经费管理，全面推进公务卡改革和扩大公务卡适用范围，减少了现金支付结算，减轻了财务管理工作量，提高了资金的风险防范意识和资金支出的透明度。四是依托行业优势，大力开展经营创收工作。全年承揽了《陕西省天然气总公司靖西三线、关中环线防洪评价项目》《山洪灾害县级非工程措施设计》《中小河流洪水易发区水文监测一期工程初设》等合同项目，坚持横向协作的经营原则，经营管理实现了项目经理管理制，经营型人才基本实现梯次搭配，项目储备进一步增加，服务水利工程效益明显提高，职工收入显著增加。

（十一）党建和精神文明建设扎实开展

围绕庆祝建党90周年，把加强党的建设作为建设学习型、思考性和创新型领导班子的重要工作来抓，继续在广大党员中深入开展创先争优活动，按照党员的岗位和职责，切实做好党员承诺制，开展了征文和水文书画摄影展等丰富多彩、形式多样的庆祝活动，党员的党性观念和模范带头作用进一步增强。政治理论学习风气进一步好转，干部职工思想素质明显提高，抢抓机遇的能力强了，干事创业的劲头更足了。组织参加了省水利厅直系统“石头河杯”游泳、羽毛球、乒乓球比赛并取得了较好成绩。共青团工作进一步得到重视和加强，省局团委进行了选举换届，组织团员青年进行拓展训练，成功举办了“振奋精神、把握机遇、建功立业”演讲比赛活动，团员青年的朝气活力和干事创业的热情不断高涨。积极开展文明单位创建活动，创建工作受到厅文明委的充分肯定，秦镇、安康、茶店、灵口等6个水文站跨入水利厅文明单位行列。制订计划，精心安排，扶贫帮扶工作扎实开展。宣传工作有声有色，水文社会影响力不断增强，陕西省广播电台《秦风热线》两次聚焦水文工作，在渭河出现第三次洪峰前夕，《陕西新闻联播》以新闻特写——“夜探山中‘看水人’”，对水文工作进行深度报道。全年共在各类新闻媒体发表水文宣传稿件300多篇。通过大力宣传，使广大听众和观众比较全面地了解了水文测报工作的基本情况，对于全社会进一步了解水文、重视水文，关心和支持我省水文事业更好发展起到了良好的宣传和促进作用。

（十二）强化党风廉政建设，加强重大事项监察监督

积极贯彻上级有关会议精神，安排部署全局党风廉政建设工作，制定并签订了《2011年度党风廉政建设及反腐败工作目标责任书》，制定下发《陕西省水文局2011年党风廉政建设及反腐败工作要点》和《陕西省水文局2011年反腐倡廉责任分工一览表》，及时调整党风廉政建设责任制领导小组，各市局配备了专职的纪检监察委员。加强对水文工程建设项目的监管和资金使用情况的监督检查。结合省水利厅对项目稽查工作的安排部署，我局制订了《2011年水文建设项目稽查工作实施方案》，成立了项目稽查领导小组和工作机构，明确了项目稽查工作的职责范围、内容、程序和方式，全年完成对所属6局建设项目稽查工作，有力地促进了全局水文工程建设的顺利实施，有效地预防了建设领域腐败现象的发生。

回顾一年来水文工作，我们获得了深刻启示。一是必须树立强抓机遇的意识，紧紧抓住中央一号文件确定加快水利改革发展的大好机遇，加强前期和计划项目审批落实工作，争取资金投入，全力推动水文事业跨越发展。二是必须坚持“大水文”发展理念，加强职工和高层次人才培养，努力打造适应“大水文”发展的人才队伍，为水文发展提供坚强的人才保障。三是必须践行以人为本、执政为民的宗旨，坚持把水文基层作为工作的重心，想方设法增加基层职工收入，让水文改革发展成果更好地惠及基层水文职工。四是必须大力弘扬勇于创新、敢于担当的工作作风，努力锻造一支拉得出、顶得住、冲得上，能打硬仗的水文干部职工队伍，推动水文各项工作任务顺利完成。五是必须坚持不懈地做好水文宣传工作，采取多种措施加强水文宣传工作，赢得了上级领导和社会各界对水文工作的关心和支持，为水文事业快速健康发展创造良好环境与氛围。

这些成绩来之不易，是水利部水文局和厅党组高度重视、正确领导的结果，是省级有关部门和水利厅有关处室大力支持、鼎力推进的结果，是全局广大干部职工同心协力、顽强拼搏的结果。

借此机会，我代表陕西省水文水资源勘测局，向长期关心支持水文工作的各级领导、各有关部门和地方水务部门表示衷心的感谢！向长年奋战在水文一线的广大干部职工致以崇高的敬意和诚挚的问候！

在肯定成绩的同时，我们应该清醒地看到，我省水文发展还存在着一些困难和问题：一是按行政区域设立水文机构进展缓慢，争取有关部门关心支持水文工作还需更加努力。二是按照我省中小河流水文监测系统建设要求，解决新建水文站人员编制、维护运行费及土地征用问题越来越突出。三是随着我省经济社会的快速发展，水文设施屡遭损坏、毁坏，城市景观、公路、铁路等建设侵占水文测验河段事件时有发生，直接影响了水文工作的正常开展。四是水文宣传工作有待进一步加强。这些问题，必须引起我们的高度重视，在今后的工作中认真加以解决。

二、认真贯彻落实全国水文工作会议精神，充分认识水文发展面临的新机遇

3月26～27日，全国水文工作会议在我省隆重召开。水利部副部长胡四一出席会议并作讲话，陕西省副省长祝列克、水利部黄河水利委员会主任陈小江出席会议并致辞，水利部水文局局长邓坚主持会议并做了总结讲话，水利部水文局党委书记蔡阳主持了会议。陕西省人民政府副秘书长胡小平、陕西省水利厅厅长王锋出席了会议。中央机构编制委员会办公室、国家发改委等部门相关负责人应邀出席会议。各流域机构，各省、自治区、直辖市水利（水务）厅（局），新疆生产建设兵团水利局负责人以及水文部门负责人，部有关司局和直属单位、有关科研院校负责人参加会议。我省水利厅主管防汛水文工作的薛建兴副厅长、省地下水管理监测局李泽洲局长和我参加了会议。省局领导班子成员、各市水文局局长、书记和机关各处室负责人列席了会议。

水利部副部长胡四一在讲话中充分肯定了2011年水文工作取得的成绩。他说，一年来，全国水文系统以贯彻落实中央一号文件和中央水利工作会议精神为主线，努力践行“大水文”发展理念，发扬水文行业精神，团结协作，真抓实干，各方面工作均取得了显著成效，为水利改革发展提供了有力支撑，为经济社会科学发展做出了积极贡献。一是防汛抗旱水文测报任务圆满完成；二是水文法规体系建设取得新进展；三是水文管理体制改革更加深入；四是水文建设投入大幅增加；五是服务水资源管理工作全面推进；六是科技教育和国际交流合作进一步加强；七是重点建设项目积极推进；八是精神文明和水文文化建设成果丰硕。

胡四一副部长指出，2011年，中央出台一号文件，召开了最高规格的水利工作会议，对加快水利改革发展做出全面部署。今年初，国务院出台三号文件对实行最严格水资源管理制度提出明确要求。我国水文事业正迎来前所未有的发展机遇，要认真分析、准确把握，牢牢抓住推动水文事业跨越式发展的主动权。一要紧紧抓住水文大投入的重大机遇。贯彻落实好国家支持水文发展的政策，加快推进水文基础设施建设，为我国水文事业发展打下坚实基础。二要正确把握水文大服务的重大机遇。按照“大水文”发展理念的要求，准确把握水文服务的切入点和落脚点，切实加强水文基础设施和水文服务能力建设，逐步从主要为防汛抗旱和水利工程建设服务，发展到为水利改革发展提供全方位服务，拓展到为经济社会可持续发展提供水文信息保障。三要积极抢抓水文改革发展的重大机遇。正确把握水文改革发展的重大机遇，着力于管理体制、投入机制、服务能力以及用人制度等重点领域和关键环节的改革创新，更好更快发展水文事业。

胡四一副部长强调，“十二五”是水文事业加快建设、全面发展的关键阶段。他从管理水平、人才队伍、机制保障等方面深刻分析了当前水文工作中存在的不足，对全面加强水文建设管理工作做出安排部署。一要提高认识，切实加强领导。各级水行政主管部门要切实加强对水文项目建设管理工作的组织和领导，建立健全组织机构，明确管理职责。二要强化措施，切实加强队伍建设。各地要抓紧建立健全专门的规划计划和建设管理机构，组建稳定的人员队伍；加强业务培训，提高工作人员的政策和业务水平；优化队伍结构，大力培养或引进熟悉基本建设程序和要求的专业人员。三要严格程序，切实加强制度建设。要严格按制度办事，努力提高项目建设质量、投资和工期控制的管理水平；进一步加强法制教育，增强法制意识，严格按照基本建设程序和规章制度，切实履行“四制”，确保“四个”安全。四要明确责任，切实加强监督检查。各地要实行建设项目的动态管理和全过程监控，及时掌握项目建设动态，解决项目建设过程中的问题；要建立监督检查机制，加强对在建项目的日常监督管理，发现问题及时整改，确保项目的完成和投资效益。五要多措并举，切实加强运行维护。想方设法增加编制，落实人员，明确职责，切实管好用好水文设施设备。积极协调财政部门，尽快落实运行维护经费，确保建设工程良性运行。深化管理体制改革，大力推进地市水文机构双重管理和县级水文机构建设。积极探索精兵高效的水文测报模式，积极开展水文巡测，推进水文测报自动化、现代化。

胡四一副部长最后要求，各级水文机构要按照水利部总体部署，认真完成年度工作任务，力争各项工作再创佳绩。一是全力做好今年防汛抗旱水文测报工作。要扎实做好汛前准备和汛期测报工作，拓展预测预报服务范围，加大水情信息社会化服务力度。二是努力为水资源管理提供优质服务。要着力推进《全国省界断面水资源监测站网规划》的实施，抓好《国家地下水监测工程》项目前期工作，积极推进地市界水资源监测断面建设，做好水功能区水文监测站网建设工作，积极推进重要入河排污口的监测，加强水资源分析预测工作。三是进一步加强水文行业管理。要完善水文法规体系，加快水文管理体制改革，强化规划前期工作，加强水文标准化建设。四是全面推进中小河流水文监测系统建设。要狠抓前期工作，确保成果质量；加强沟通协调，确保项目顺利实施；完善制度体系，严格建设管理程序；加快建设进度，尽快发挥建设成效。五是积极做好国家水资源监控能力建设项目。要建立项目管理办法并做好2012年中央项目的组织实施，做好2013年预算申报工作，适时开展中央建设项目2012年度财务决算，做好项目监督、检查和指导，开展相关技术培训等工作。六是圆满完成河湖普查工作任务。认真做好普查填表上报工作，扎实做好数据汇总审核，加强普查数据质量控制，做好河湖普查成果报告编制工作，认真做好河湖普查成果的保管和保密工作。七是办好第五届全国水文勘测技能大赛。人力资源和社会保障部、中华全国总工会和水利部将联合举办的第五届全国水文勘测技能大赛，各地要高度重视，加强组织，认真做好选拔推荐工作，提前做好各项准备工作。八是积极推进水文文化建设。结合本单位实际，制订针对性、科学性和可操作性强的水文文化建设方案，加强研究和成果交流，提炼水文文化内涵，加强水文文化的宣传，积极组织开展丰富多彩的文化活动。

水利部水文局邓坚局长在总结讲话中指出，要准确把握会议精神实质。他说，这次会议的主要精神集中体现在胡四一副部长的讲话中，我们要认真学习，深刻领会，进一步提高认识，统一思想，切实把握好会议精神实质。尤其是对当前良好机遇的判断和把握，一定要向前看、把方向、下大力、强措施、抓突破、促发展。一要以发展的眼光，看待改革发展中出现的新情况新问题。二要以开拓创新的精神，推进水文事业跨越式发展。三要以求真务实的作风，全面完成好各项工作任务。

在谈到今年具体工作时邓坚局长指出，今年是党的十八大召开之年，是实施“十二五”规划承上启下的关键一年，也是加快水文建设、强化水文管理的重要一年。结合胡四一副部长提出的2012年工作重点，全国水文系统要切实抓好以下具体工作：

一要全力做好防汛抗旱水文测报和情报预报工作。要立足于防大汛、抗大旱、抢大险、救大灾，切实抓好今年的水文测报和情报预报工作。认真做好水文测报汛前准备，全面加强洪水预报工作，切实加强旱情信息报送和综合分析评估，加大突发水事件应急测报工作力度。

二要努力为最严格的水资源管理提供优质服务。各地要紧密围绕《国务院关于实行最严格水资源管理制度的意见》，进一步完善体制，加强水量水质监测，夯实为水资源管理服务基础。要进一步明确水文机构职责职能，加强水资源监测能力建设，提升水质监测服务水平，积极推进藻类监测。

三要加快水文法规体系和政策制度建设。要继续完善水文条例配套规章制度，争取出台《陕西省水文资料使用审查管理办法》部门规章，调研起草《水文资料汇交管理办法》并开展征求意见、论证工作。各地要以《水文条例》为统领，加强地方水文政策法规建设。开展《水文条例》贯彻实施情况的调查，积极推进有关水文政策出台。部水文局将协调有关部门，争取尽快出台《水文业务经费标准定额》。各地水文部门要认真研究，用好政策，积极向当地财政部门争取运行维护管理经费。

四要加强水文测站保护和站网管理。要认真贯彻、严格执行去年水利部颁布的《水文监测环境和设施保护办法》和《水文站网管理办法》的有关规定，加强水文测站保护，严格实施影响国家基本水文测站监测的工程审批制度，尽快划定水文监测环境保护范围。要规范水文站网管理，新建国家基本水文站要按程序报批备案，纳入国家水文站网管理。按照《水文站网管理办法》的规定，水利部已发文部署了开展重新申报确认国家重要水文站的工作，各地务必高度重视，认真开展。

五要进一步理顺水文管理体制。理顺水文管理体制和机制是水文改革发展的重要保障。要坚持常抓不懈，继续推进省级水文机构的升格。要尽快实行按行政区划设置地市水文机构，推进地方水文工作双重管理体制改革。要认真分析研究事业单位分类改革思路，根据现阶段水文工作的特点和社会需求，因地制宜、积极稳妥地推进县级水文机构设置工作。

六要着力推进规划前期工作。规划前期工作是争取加大水文投入和做好水文基础设施建设的重要基础和有力保障。要认真做好全国水文事业发展规划修编和报批工作，切实做好《全国水文基础设施建设"十二五"规划》报批和前期工作，进一步加强规划计划队伍建设。

七要切实做好中小河流水文监测系统建设与管理。中小河流水文监测系统项目投资规模大、建设项目多、社会关注度高，是专项稽查和审计的重点领域之一。另外，中小河流水文监测系统点多面广，虽然一个站点的投入并不多，但是都代表着水文行业的形象，如果一个站点出问题，就可能影响全局，造成不可挽回的严重后果。因此，各地水文部门务必要高度重视，提高认识，强化措施，切实抓好项目建设管理工作。

八要做好国家水资源监控能力建设项目的建设管理工作。近期，水利部将下发《关于加强国家水资源监控能力建设工作的通知》，各地要参照部项目办的组建模式，成立项目管理机构，强化项目建设管理。要按照《国家水资源监控能力建设项目实施方案（2012—2014年）》的要求，切实做好实施方案的编制，进一步完善年度实施方案，切实落实相关经费，完成好年度建设任务。

九要全面完成全国河湖普查工作。要在近期抓紧完成河湖特征数据的校核工作，尽快提交反馈，为正式普查填表奠定扎实基础；要在6月底前完成普查填表上报和数据汇总审核等工作，加强数据质量控制，确保普查成果的准确性和权威性；要在完成普查填表工作的基础上，抓紧开展普查成果报告编写工作，力争提交高质量的普查成果报告。

十要加快推进几项专项系统的建设与应用。要开展好国家防汛抗旱指挥系统二期工程建设，积极推广新一代通信卫星资源的应用，高度重视全国中小型水库防汛报警通信系统建设。根据国务院批复的总体规划，“十二五”期间将建设全国中小型水库防汛报警通信系统，项目总投资30亿元，水文测报设施是重要建设内容。因此，要高度重视，积极介入，给予支持和配合，做好前期准备工作。

十一要加强科技教育、人才队伍建设和计量管理工作。要大力推进《全国水文科技发展规划（2011—2020年）》的实施，积极组织好10月在广西南宁举行的第五届全国水文勘测技能大赛，组织好2012年中国水文学术讨论会，进一步加大教育培训力度，切实加强水文计量管理工作。

十二要做好水文宣传、精神文明建设和安全生产工作。各单位紧密围绕中心工作，突出重点，强化宣传策划组织，整合宣传资源，上下联动形成合力，推进水文宣传工作再上新台阶。积极推进水文文化体系建设，今年部水文局将印发《关于加强水文文化建设的若干意见》，各地要结合本单位实际，制订相应的水文文化建设方案；今年还将正式出版《水文文学作品集》，举办“全国水文系统摄影展”，部署开展“第二届全国文明水文站创建评选工作”，希望各单位给予大力支持和配合。今年是国家确定的“安全生产年”。水文安全生产是水利安全生产的重要组成部分，水文测验是水利安全生产的重点领域，安全生产的任务十分艰巨。我们要以对水文职工生命和国家财产高度负责的态度，切实把水文安全生产工作纳入重要议事日程，加强领导，落实责任，健全制度，强化监督，构建水文安全生产长效机制，加强宣传教育，增强安全生产意识，狠抓隐患排查治理，努力消除事故隐患，确保水文安全生产。

今年全国水文工作会议能够在我省召开，充分说明了水利部水文局对我省水文工作的重视与关心，我们一定要积极行动，采取切实有效措施抓好会议贯彻落实工作。一要认真学习转达好胡四一副部长的重要讲话和邓坚局长的总结讲话精神，各市水文局、各水文站要迅速召开职工会议，把两个讲话精神传达到每一位职工，把干部职工的思想统一到讲话精神中去。二要充分认识当前水文事业发展面临的重大机遇，增强搞好水文工作的责任心和使命感，要树立强烈的机遇意识，要在全局形成一种统一思想聚力量、抢抓机遇谋发展的浓厚氛围。

三、扎实做好 2012 年水文工作，再创水文发展新佳绩

2012 年，是实施“十二五”规划承上启下的重要一年，也是深入贯彻中央一号文件，实现水文大发展、大变化的一年。做好今年的各项水文工作，对于全面推进中小河流水文监测系统工程建设顺利实施，为党的十八大胜利召开创造良好的和谐稳定的环境具有十分重要的意义。我们要认真贯彻党的十七大和十七届五中、六中全会精神，深入贯彻落实科学发展观，继续走“大水文”发展之路，进一步贯彻落实 2011 年中央一号文件和中央、省水利工作会议精神，坚持“跳出水利看水文，立足水利谋发展，紧跟政府寻需求，瞄准需求找突破”，不断提高水文支撑水利和经济社会发展的能力。紧紧抓住省委、省政府把水利作为兴陕富民的主要工作的大好机遇，增强信心，开拓创新，以实施中小河流水文系统工程建设为契机，加大新仪器、新设备的推广使用力度，加快水文基础设施和水文信息化建设步伐，为防汛抗旱、水资源开发利用、节约保护以及重点水利工程提供坚强的服务支撑，为经济社会发展和社会和谐稳定做出新的贡献。重点要抓好以下几方面的工作。

一是全面实施中小河流水文监测系统建设工程。坚持以部水

文局指导意见为依据，结合陕西水文实际，以人为本，科学谋划，探索新路，因地制宜，努力实现陕西水文中小河流水文监测、传输、预报的信息化、现代化的工作思路。积极实施中小河流水文监测系统中改造33个水文站、8个水情信息中心站、2个水位站、387个雨量站，新建90个水位站、1139个雨量站、1个省级水文应急监测队，总投资1.4亿元的建设任务。中小河流水文监测系统建设项目投资规模大、建设项目多、社会关注度高，务必要高度重视，提高认识，强化措施，切实抓好项目建设管理工作，要加强制度建设，严格按制度办事，规范项目建设程序，切实履行“四制”，加强项目资金管理，确保工程质量和项目安全。

二是加强水文测报和旱情墒情监测工作。要始终把搞好水文测报工作作为我们的主业，采取得力措施，提高水情信息采集、传输自动化能力，在超常规大洪水面前保证“测得到、报得出，报得准确，报得及时”，充分发挥水文信息在防汛抗旱中的“参谋”“耳目”和基础支撑作用，为各级领导和防汛抗旱部门决策提供科学依据。

三是积极推进按行政区域设立水文机构工作。积极贯彻水利厅党组会议纪要精神，深化水文体制改革，稳步实施按行政区域设立水文机构工作，加快榆林设立水文局和共建共管步伐；加强协调与沟通，争取理解和支持，积极启动铜川、咸阳两市设立水文局并共建共管工作。认真贯彻水利部通知精神，高度重视，扎实做好国家水文站重新申报确认工作。

四是加强水质水量同步监测评价，严格水功能区监督管理。全面完成陕西省重要江河湖泊水功能区纳污能力核定和分阶段限排意见，完成渭河、汉江排污口核查工作，分析论证渭河排污口整治方案，积极参与渭河、汉江干流生态环境监测与研究，完成《陕西省行政区界地表水质量监测方案》及《陕西省水功能区监测方案》，为控制用水总量，严格水功能区监测管理提供依据。完成“红碱淖”湖泊水下地形及容积首次测量工作，全面完成全省河湖普查工作任务。

五是扎实做好中小河流洪水易发区水情预警预报工作。强化措施，完善预案，增加投入，改善设施设备条件，不断提高水文站、市县城区、水利旅游风景区水情预警预报工作的水平，努力提高情报预报精度和时效性，为保障人民群众生命和财产安全提供信息服务。

六是加快水文基地建设进度。完成延安水环境监测中心和延安巡测基地建设任务；启动商州水文巡测基地建设，积极实施渭河水量调度系统刘家河和景村水文站低水水文测验设施改造和省水文仪检中心改造建设工程。

七是加快引进和推广新仪器新设备应用步伐。加强试验分析研究工作，争取资金投入，对有条件的测站加大引进和推广新仪器新设备应用力度，减轻职工工作强度，逐步向有人看管、无人值守过度；加快实施典型暴雨洪水分析与现行水文手册实用性对比研究工作。

八是坚持以人为本，不断改善和提高职工福利待遇。坚持事业发展我发展的目标，把增加职工收入作为保稳定、建和谐、促发展的重要任务，切实发挥陕西水文科技工程有限责任公司的作用，走向社会，加强联系，发挥水文行业人才、资料、仪器等方面优势，积极承揽技术咨询服务项目，扩大收入渠道，职工收入在去年基础上再增加 8% 以上。

四、凝心聚力抓落实，真抓实干推动水文跨越式发展

目前，全省水文事业已经进入快速发展的重要战略机遇期，能否抓住用好这一重要机遇期，是对我们水文人最大的考验。全省水文系统广大干部职工一定要增强信心，凝聚力量，强化措施，真抓实干，努力推动水文事业实现跨越式发展。

第一，扎实做好汛前准备工作，确保水文测报工作顺利进行。扎实细致的汛前准备工作是做好水文测报工作的重要基础。我们一定要站在讲政治、讲大局、讲稳定的高度，增强责任心和使命感，牢固树立水患意识，要立足于来大水、抗大洪、抢大险，严格按照“陕西省水文局汛前检查工作细则”的要求，对各局、站认真检查备汛工作，抓紧修复水毁水文设施，完善预案，全面扎实地做好汛前各项准备工作，为做好水文测报工作奠定坚实基础。要进一步健全落实水文测报责任制，汛期要实行半军事化管理，所有职工要全部到岗到位，分工明确，夯实责任，在特大洪水面前，发扬水文人特别能吃苦、特别能战斗的精神，全力以赴投入到今年的水文测报工作之中，确保在流域发生超警戒洪水时测得上、报得出、报得及时、报得准确，为我省今年安全度汛做出应有的贡献。

第二，加强党建、精神文明和党风廉政建设工作，为促进水文事业发展提坚强的政治保障。党建、精神文明和党风廉政建设，是水文工作的重要组成部分，也是促进和保障水文事业发展的十分重要的工作。全局党员干部要务必高度重视，扎实推进党建、精神文明和党风廉政建设工作深入开展。一是加强党的基层组织建设。深入开展学习型党组织建设和创先争优活动，加强党员思想教育，积极开展党员承诺制，充分发挥基层党组织战斗堡垒和党员模范带头作用；加强入党积极分子党的知识学习和教育培养工作，坚持成熟一个发展一个，保证党员发展质量，不断增强党的新鲜血液。二是加强精神文明建设。继续深入开展文明单位创建活动，要不断深化创建内容，在行业管理和提高职工素质上下功夫，积极响应部水文局号召，部署我局开展“第二届全国文明水文站创建评选工作”，力争我局有 1 ~ 2 个水文站跨入全国文明水文站行列，树立陕西水文行业的新形象。加强对干部职工社会主义核心价值体系和职业道德教育，提高职工的道德素质和文明素养；各级工会组织要广泛开展职工喜闻乐见的文化娱乐活动，尽可能开展一些参与面广泛和职工喜爱的活动，不断增强职工体质；各级团组织要进一步加强团员青年思想教育活动，结合水文行业特点，开展演讲比赛、帮扶献爱心以及业务知识竞赛等活动，不断激发团员青年的朝气与活力；加强离退休干部职工管理，改进工作方法，提高服务质量，创造条件不断改善离退休干部职工的学习和娱乐环境，使老同志高兴愉快地安度晚年，享受水文发展成果。三是坚持不懈地抓好党风廉政建设。严格执行《中国共产党党员领导干部廉洁从政若干准则》，领导干部要牢固树立廉洁从政意识，推进水文系统反腐败工作深入开展。认真贯彻问责、问廉、问效工作机制，促进干部依法行使权力。各级干部要认真执行党的廉洁自律各项规定，常修为政之德、常思贪欲之害、常怀律已之心，真正做到自重、自省、自警、自励。加强水文工程建设、重大事项和大宗资金使用的监督监察，确保工程安全、干部安全和资金安全。

第三，加强领导班子和干部队伍建设，不断增强水文事业发展的活力。团结有力的领导班子是水文事业开拓进取的有力向导，良好的干部队伍素质是确保水文事业顺利发展的坚强后盾。要切实加强各级领导班子思想建设，进一步增强班子成员顾全大局、团结协作的自觉性，提高运用科学发展观干事创业水平。领导干部要胸怀坦荡，光明磊落，不要处处计较个人得失和贪图享乐，在自己职责范围内尽力给职工办好事，树立干部的良好形象，要发扬民主、协商共事，严格执行民主集中制的各项制度规定，自觉接受党员和群众的监督，坚决纠正那种上级监督是对自己不信任、同级监督是和自己过不去、下级监督是吹毛求疵的错误认识，努力形成心齐气顺、风正劲足的局面。坚持民主、公开、竞争、择优选拔使用干部原则，为科学发展选干部、配班子、建队伍、聚人才，坚持服务科学发展，促进科学发展。各级领导要关心爱护优秀年轻同志的成长，认真做好全局后备干部的考察培养和使用工作，把那些想干事、能干事、干成事，能为单位谋发展、得到职工拥护的年轻优秀同志提拔到领导岗位，形成充满活力、富有朝气、奋发向上的干部队伍。

第四，坚持密切联系群众，切实改进工作作风。密切联系群众是我们党的优良传统，优良的作风是我们干好事业的有力保障。一要大兴调查研究之风。认真贯彻省委部署的在全省各级机关干部中开展的“三问三解”（问政于民、问需于民、问计于民，解民忧、解民怨、解民困）活动要求，两级班子成员要深入基层，了解基层工作和职工思想动态，帮助解决影响水文测报工作和职工学习生活的实际问题，深入探讨创收增收渠道，改善和提高职工福利标准。二要大兴求真务实之风。建立健全工作责任制，营造求真务实良好氛围，使党员、干部真正把心思用到干事业上，把工夫下到察实情、出实招、办实事上；真正的求真务实，必然要求真抓实干，把各项工作一步一步地展开，一项一项地分解，一件一件地落实。要善于听真话，集思广益，明辨是非，发挥集体智慧，做出符合实际的科学决策。三要敢于负责，敢于承担。各级干部要加强自身学习，不断提高业务技能和管理工作水平，要善于思考，超前谋划，对自己分管的工作敢于负责，勇于担当。坚决消除那种萎靡不振、得过且过，对上级的要求部署不认真执行，对职工的诉求推三阻四，对发展的问题茫然无措的不良风气，努力在全局干部中营造一个求真务实抓落实、真抓实干促发展的大好局面。

第五，加强水文宣传和水文文化建设，不断提高水文的社会影响力。水文宣传是扩大水文影响和争取上级领导关心支持的一个重要窗口，也是激励全局干部职工奋发向上和争创一流业绩的重要举措。近年来，我们在防汛测报工作中涌现出了一批不畏艰险、准测快报的先进集体和吃苦耐劳、任劳任怨的先进职工，水文测报工作受到了上级领导的高度肯定。但是，我们的宣传工作还比较薄弱，王锋厅长多次要求我们重视加强水文宣传工作。因此，希望全局各级领导要增强搞好水文宣传工作重要性的认识，积极选好配好宣传人员，增加宣传设备投入，关心爱护宣传人员，采取多种激励措施多方位宣传水文，努力开创陕西水文宣传工作新局面。积极开展丰富多彩的水文文化活动，实现“内铸魂，外塑形”。内铸魂就是广大水文干部职工要有坚定的理想信念和高尚的思想品德与道德情操；外塑形要使我们的职工队伍具有吃苦耐劳和勇于拼搏与能打硬仗的精神风貌。积极开展向先进模范人物学习活动，用模范人物的先进事迹和先进的理论以及水文文化武装人、塑造人、教育人、激励人，弘扬水文人多年来形成的艰苦朴素和勤劳质朴的优良传统以及默默无闻、敬业奉献的精神，夯实全局干部职工奋发进取的思想基础和精神支柱，努力打造一支“基础牢，素质高，能力强，讲政治，守纪律，能吃苦，能战斗，能奉献”的水文干部职工队伍。

第六，坚持以人为本、执政为民理念，确保单位和谐稳定。今年是国家确定的“安全生产年”。全局各级干部职工都要增强安全意识，高度重视，落实责任，加大安全生产检查力度，把日常检查与开展专项整治活动结合起来，狠抓隐患排查治理，努力消除事故隐患，确保水文安全生产。积极做好群众来信来访工作，虚心听取职工意见和建议，积极解决职工意见大、反映突出的问题，把实现好、维护好、发展好职工的利益放在越来越重要的位置，多做暖人心、消怨气、鼓士气的思想政治工作，以“最大决心、最大诚意、最大努力”解决职工合理诉求，化解矛盾，凝聚力量，确保单位和谐、队伍稳定。

同志们，水文事业改革与发展面临的机遇良好，任务艰巨，使命光荣。让我们在水利厅党组的正确领导下，坚定信心，锐意进取，开拓创新，扎实工作，推进全省水文事业跨越式发展，以优异成绩迎接党的十八大胜利召开！

谢谢大家！

（杨汉明）

认真贯彻落实党的十八大精神 扎实推进水文事业科学发展

——在全省水文工作会议上的工作报告

（2013 年 4 月 10 日）

在全国水文工作会议结束不久，省局决定召开全省水文工作会议。水利厅对会议十分重视，厅党组成员、副厅长薛建兴莅临会议并将作重要讲话。在此，我代表局领导班子及全体干部职工，对薛厅长的到来和关心支持水文工作表示热烈的欢迎和衷心的感谢！

这次会议的主要任务是：以党的十八大精神为指导，贯彻落实全国水文工作会议和全省水利局长会议精神，总结 2012 年水文工作，表彰先进，安排部署 2013 年水文工作，动员全局干部职工进一步贯彻落实党的十八大精神，坚定信心，振奋精神，转变作风，真抓实干，坚定不移地推进我省水文事业科学发展。

一、求真务实，团结拼搏，2012 年各项工作取得新成效

2012 年，我局在厅党组的正确领导和关心下，坚持以科学发展观为指导，抢抓省委、省政府把水利作为兴陕富民主要工作的大好机遇，增强信心，开拓创新，以实施中小河流水文监测系统建设为契机，加大新仪器、新设备的推广使用力度，加快水文基础设施和水文信息化建设步伐，为防汛抗旱、水资源开发利用、节约保护以及重点水利工程提供了坚强的水文技术支撑，充分发挥了基础和支撑作用，我省水文事业发展取得新的成效。一是水

文情报预报工作成效显著受到表扬。二是规划计划工作和水文基础设施建设成绩斐然。三是水文勘测与分析工作进一步夯实。四是水资源评价水环境监测能力稳步提升。五是水政监察工作稳步推进。六是水文科技含量不断增加。七是财务审计工作取得新成就。八是经营创收工作再创新局面。九是党建、精神文明建设深入开展。十是党风廉政建设不断加强。十一是水文宣传和水文文化建设成效显著。十二是服务保障能力进一步提高。省水文局2012年5月被省委、省政府授予先进集体，连续三年被省水利厅目标考核先进集体。

回顾总结2012年的工作，我们之所以能够取得新的成效，主要有以下启示：一是坚持“大水文”发展理念，水文工作领域不断拓宽，水文支撑经济社会发展能力进一步增强；二是坚持“业务立局、科技兴局、人才强局，开放办水文”的发展思路不动摇，正确的思路为水文发展带来了生机，促进各项工作扎实稳步开展；三是坚持抓好职工学习培训，职工素质和业务技术水平明显提高，为水文事业发展提供了人才保障；四是坚持以人为本，千方百计增加职工特别是基层职工收入，职工向心力凝聚力进一步增强；五是坚持发扬水文人艰苦奋斗、勇于奉献和能吃苦、能打硬仗的优良传统，是我们搞好各项工作和推动水文事业发展的不竭动力。

成绩的取得，离不开厅党组的关心和支持，离不开省厅各处室的大力帮助，离不开全局干部职工的辛勤努力工作，但是，我们也清醒地看到我省水文工作存在的差距和问题：一是我省按行政区域设立水文机构进展缓慢，目前我省还有榆林、咸阳、铜川、杨凌四地市未设立水文机构。二是在中小河流水文监测系统建设中，新建水文站土地征用、人员编制问题亟待解决。三是新建自动监测站运行维护费未落实。四是工作人员严重短缺，测站人员严重不足，给水文测报工作带来一定影响。以上问题必须引起我们的高度重视并下力气认真解决。

二、明确思路，突出重点，全力做好 2013 年水文工作

2013年，是全面贯彻十八大精神开局之年，也是实施"十二五"规划目标任务的关键之年。因此，我们一定要以坚忍不拔和埋头苦干的毅力做好 2013 年各项工作。新的一年我们的发展思路是：认真学习贯彻党的十八大精神，落实国务院办公厅《实行最严格水资源管理制度考核办法》及水利部《关于加快推进水生态文明建设工作的意见》，以科学发展观为指导，坚持"大水文"发展理念，坚持"三夯实、五强化"要求，继续走"业务立局、科技兴局、人才强局，开放办水文"之路，振奋精神，克难攻坚，全力做好水文测报工作，以中小河流水文监测系统建设为契机，夯实水文技术基础支撑，提高水文服务能力，做好水文现代化顶层设计，推进水文现代化建设步伐，为我省经济建设和防汛抗旱工作做出新的贡献。重点做好以下几项工作。

一是高度负责，全力以赴做好今年水文测报工作。要始终把搞好水文测报工作作为我们的首要任务，坚决克服麻痹侥幸思想，牢固树立水患意识，要立足于来大水、抗大洪、抢大险，严格按照"汛前检查工作细则"要求，扎实细致地做好汛前各项准备工作，认真修订落实各种测报方案，坚守岗位，强化责任，确保完成省局下达的报汛报旱任务书的目标任务，确保在发生超保证流量洪水情况下，测得到、报得出、测得准确、报得及时，切实做好旱情墒情监测和渭河枯水期径流预测预报以及旱警水位研究工作，按省防办要求，全力做好 699 座水库报汛工作，为各级领导和防汛抗旱部门决策提供科学依据。坚持做好主要河流、大型水库洪水预报，力争完成黄河干流主要控制站、汉江白河站预报方案编制；继续开展中小河流水情预警预报工作，依托项目带动，力争各局预报系统平台建成试运行。要加强与城市有关部门联系，争取理解和支持，推进城市水文监测工作，建立城市水文监测站网，

探索城市产汇流特性，为城市防洪、除涝、供水、水生态环境保护提供科学依据。

二是做好规划计划工作，加强项目建设管理。抢抓机遇争取水文建设投资，抓好“十二五”规划项目省级水文巡测基地、省水环境监测中心初步设计报告编制和报审工作；开展水文现代化2013—2020年和远期2030年规划工作，争取上半年拿出提纲，年底前拿出初稿；完成我省2012—2013年中小河流水文监测系统建设项目中20个新建水文站、1个新建水文巡测基地、9个改建水文巡测基地和62条河流预警预报服务软件建设任务。严格遵守工程建设有关制度，认真贯彻工程管理“四制”要求，从源头规范项目建设行为，加强监督检查，严格按照设计标准和要求进行施工，确保工程质量和技术标准符合规范要求；加强项目建设财务管理，强化保证金、履约保函等管理举措，实施有效监督和风险防范，加大稽查检查力度，确保工程安全、资金安全、干部安全和生产安全。

三是加强水文业务基础工作，进一步推动水文信息化建设。切实做好试验分析研究，继续做好水文测验和新设备新仪器对比试验分析工作，提高水文测验质量；开展水文站站网图编制工作，做好中小河流新建站水文信息采集、报汛和资料整编工作；新设立的水文信息中心，要结合我省水文实际，通盘考虑，本着统筹规划、整合资源、信息共享、技术先进、超前发展的思路，根据水利现代化，对全省水文信息化进行规划和设计，逐步使我省水文信息化建设形成高标准、规范化、一体化和资源信息共享，根据全省水文信息化规划和中小河流系统建设，建成水文业务系统平台，加快推进实施省水情中心网络系统改造，加快全省水文信息化进程。

四是加强水质水量监测工作，为“三条红线”考核提供可靠支撑。国务院今年1月发布了《实行最严格水资源管理制度考核办法》，这是为尽快落实最严格的水资源管理制度做出的重大决策。我们一定要抓住大好机遇，发挥水文站网和技术优势，做好有关工作。一要科学谋划，做好水资源、水生态监测工作，力争在能力建设和制度建设上有所突破。完成《陕西省行政区界水资源监测设施方案》《陕西省国家重要水功能区监测设施方案》及《陕西省水资源保护监测规划》和《共建共管实验室建设规划》，争取尽快实施。二要积极参与红线考核指标体系建立工作。目前，《实行最严格水资源管理制度考核办法》已明确了2015年、2020年和2030年各省用水总量、万元工业增加值用水量、农业灌溉用水有效利用系数和水功能区达标率四项考核目标。结合我省现状，制定四项考核指标和2015年前分年度考核目标，将全省分年度目标分解到各市区；各市水文局要主动加强与地方水务部门的联系，积极参与市级到各县四项指标的制定工作。三要进一步强化参与考核的各项技术培训，完善质量保证体系，确保统计校核的用水总量、万元工业增加值用水量、农业灌溉用水有效利用系数值合理可靠，监测的水功能区达标率数据准确，提高指标考核公正性和公平性。

五是加强水文体制机制创新工作，积极探索事业单位分类改革。积极调研，大胆探索，推进事业单位分类改革工作稳步开展；加强汇报，争取理解和支持，力争水文人员短缺问题有较大幅度解决；要积极汇报，扎实工作，切实与长江水利委员会水资源保护局和黄委水资源保护局做好汉中、宝鸡水环境监测分中心共建共管工作，推进我省水环境监测分析工作再上新台阶。

六是加强职工培训和科技创新，为水文事业发展提供坚强的技术人才支撑。水文要发展，必须有一支素质高、技术精、能力强的职工队伍做支撑。因此，要高度重视职工培训工作，人教处要结合我局实际提出培训计划，要根据水文发展趋势和现代化的需要，加强职工新科技、新仪器、新设备知识学习培训，不断丰富干部职工的科技知识与提高掌握现代化设施仪器的能力，充分发挥新仪器、新设备在水文测报工作的作用，提高水文测报工作的能力和科技含量。要重视科技创新，要创造条件，积极鼓励干部职工勇于创新、积极探索，加强水文基础和试验分析研究，力争一批有深度、有创新的研究、分析成果，扩大水文的社会影响力。在科技创新方面，延安水文局黄陵水文站职工赵水文同志树立了好的榜样，他克服各种困难、虚心学习请教、坚持不懈地搞技术科研，在他的努力下，取得两项技术革新成果并获得国家专利，我希望全局职工要向赵水文同志学习，学习他那种努力学习、刻苦钻研的创新精神，学习他勇于吃苦、不断探索的工作态度，努力在全局营造一种尊重知识、尊重人才、尊重创造的浓厚氛围。

三、认真贯彻落实十八大精神，为水文事业发展提供强大精神动力

（一）用十八大精神武装干部职工思想，把力量凝聚到推动各项工作上来

十八大报告，总结了改革开放以来特别是最近十年来党领导中国发展建设的经验与启示，勾画出中国未来发展的美好蓝图。报告对生态文明建设进行了重要阐述，这对水利以及水文工作带来了新的发展机遇，也给我们工作带来了动力和压力。因此，我们要在前一阶段学习贯彻的基础上，加大学习贯彻力度，进一步把十八大精神学深学透，领会精神实质，使十八大精神入心入脑，真正把干部职工思想统一到中央的方针政策上来，把力量凝聚到十八大确立的各项目标任务上来，振奋精神，真抓实干，促进水文各项工作顺利进行。加强两级中心组学习，领导干部要发挥带头示范作用，在全局干部职工中要大兴学习之风，特别是各级干部要把学习作为一种政治责任、一种生活方式，有针对性地学习掌握做好领导工作、履行岗位职责所必备的各种知识，努力使自己真正成为行家里手，积极在全局形成重视学习、善于学习的浓厚风气。

（二）加强党建、精神文明建设，为促进水文事业发展提供坚强的政治保障

党建、精神文明建设是推动水文各项工作顺利开展和促进水文事业发展的重要保障，我们必须要深刻认识和高度重视。首先加强党的基层组织建设和党员思想教育。深入开展学习型党组织建设和创先争优活动，各党支部（总支）要坚持组织党员学习邓小平理论、“三个代表”重要思想和科学发展观，坚持用党的理论方针政策武装党员思想，坚决克服那种只要照顾、不要组织纪律和只讲索取、不讲奉献的狭隘思想，坚持学习党章、遵守党章，用党员的八条义务严格要求每一个党员，不断增强党员的党性观念和大局意识、责任意识、奉献意识，充分发挥基层党组织战斗堡垒和党员模范带头作用，为水文事业发展提供坚强的政治保障。其次加强精神文明建设。加强干部职工社会主义核心价值体系和职业道德教育，弘扬以爱国主义为核心的民族精神和以改革创新为核心的时代精神，以昂扬向上的精神面貌和扎实细致的工作作风做好本职工作，为习主席提出的中国梦贡献力量；继承和发扬水文人多年来形成的艰苦朴素、爱岗敬业、认真负责、默默奉献的优良传统，努力形成促进水文持续稳步发展的正能量。扎实深入开展文明单位创建活动，要根据形势和任务要求，不断深化创建内容，着重在行业管理和提高职工素质上下功夫，在改变面貌和改善职工工作生活条件上下功夫，使测站职工能安心工作，快乐生活，各局要结合实际，精心安排，扎实工作，推动文明单位创建工作深入开展，今年力争我局有 1 ~ 2 个水文站跨入全国文明水文站行列，有 3 ~ 4 个水文站创建厅级文明单位或局系统文明测站。

（三）坚持不懈抓好党风廉政建设，努力营造风清气正、干部清廉的良好环境

认真学习贯彻第十八届中纪委第二次全体会议和第十二届省纪委二次全会精神，学习贯彻习近平总书记在第十八届中纪委二次会议上的重要讲话和关于厉行勤俭节约反对铺张浪费重要批示精神，深刻认识加强党风廉政建设和反腐败斗争在水文事业发展中的重要性，高度重视，扎实工作，全面贯彻标本兼治、综合治理、惩防并举、注重预防的方针，推进水文系统党风廉政建设和反腐败工作深入开展。认真贯彻问责、问廉、问效工作机制，促进干部依法行使权力。全局各级干部特别是领导干部要认真执行党的廉洁自律各项规定，坚持发扬艰苦奋斗精神，树立长期过紧日子的思想，坚决反对铺张浪费和奢靡之风，常修为政之德、常思贪欲之害、常怀律己之心，真正做到自重、自省、自警、自励。

（四）加强水文政风和干部作风建设，打造一支素质高、作风正、干实事的干部队伍

各级干部要深刻认识新一届中央领导提出改进工作作风、密切联系群众八项规定的重要意义，克服官僚主义和形式主义，坚持讲真话，报实情，办实事，求实效，下大力气精简文件和会议，倡导开短会、讲短话，力戒空话、套话，提高会议质量和实效；要按照省局的安排和部署，扎实开展“讲政治、守纪律、履职责、转作风”学习教育活动，高度重视，精心组织，紧密结合本单位、本部门实际，查问题、找原因、定措施、真整改，务必活动取得良好效果。各级干部要把加强政风和干部作风建设作为推动水文事业发展一项重要举措来抓，认真贯彻局党委下发的《关于改进工作作风密切联系群众实施办法的通知》要求，领导干部要率先垂范，身体力行，带头改进工作作风，带头深入基层调研，带头密切联系群众，带头着力解决问题，以自己的实际言行影响和带动身边的干部职工，促进全局各级干部作风和水文行业风气不断好转，努力在全局形成一个扑下身子抓落实、敬业负责干实事的良好局面。

（五）加强工会、共青团和离退休职工管理工作，凝聚各方力量形成推动水文发展的强大合力

工会、共青团组织是领导班子团结联系职工和青年人的桥梁与纽带，也是推动水文发展、促进单位和谐的重要群众组织，我们一定要重视和加强工会、共青团工作。工会要积极参政议政，广泛收集意见，积极建言献策，多做释疑解惑工作，积极组织职工广泛参与、有利于身心健康的文化娱乐活动，活跃职工文化生活；共青团组织要积极开展工作，面对新形势和新任务要求，不断加强团员和青年人的思想教育工作，教育团员青年树立坚定的理想信念，勤奋学习，增长才干，发挥青年人敢想、敢说、敢干的特点，充分利用学雷锋、“五四”青年节等节日开展美化环境、献爱心活动，展示青年人朝气蓬勃、积极向上的良好形象。高度重视离退休职工管理工作，改进工作方法，提高服务质量，创造条件不断改善离退休职工的学习和娱乐环境，使老同志高兴愉快的安度晚年，享受水文发展成果。同时老同志也要不断加强学习和提高思想境界，增强大局意识，自觉遵守单位各项规章制度和做出的决定，积极支持单位各项工作，为水文事业发展奉献余热。

同志们，发展时不我待，机遇稍纵即逝。促进水文事业科学发展面临的任务艰巨，使命光荣。让我们在水利厅党组的正确领导下，认真贯彻落实党的十八大精神，抢抓机遇，开拓创新，坚定信心，真抓实干，奋力推进我省水文事业发展再上新台阶，为我省经济社会发展和防汛抗旱工作做出新的更大的贡献！

谢谢大家！

（杨汉明）

职工教育与人才培养

ZHIGONGJIAOYUYU RENCAIPEIYANG

（李军平／拍摄）

（张　刚／拍摄）

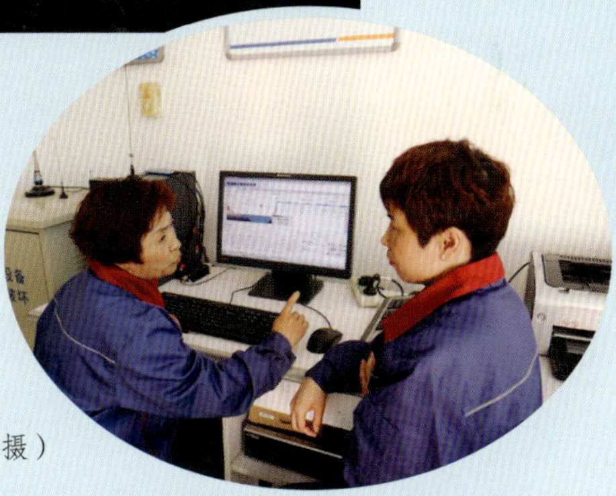

（李军平／拍摄）

（李军平／拍摄）

学业务比技术赶先进 不断提高水文话语权

——在全省水文职工技能竞赛闭幕式上的讲话

（2011年9月17日）

这次全省水文职工技能竞赛在省水利厅、汉中市人民政府和勉县人民政府等有关部门和领导的关心与大力支持下，经过参赛队员和工作人员两天多的共同努力，今天圆满落下帷幕。在此，我代表省水文局和“陕西省水文职工技能竞赛”活动组委会，向各位领导对这次水文职工技能竞赛活动以及我省水文工作的关心支持表示衷心的感谢！向这次竞赛取得优异成绩的代表队和队员表示热烈的祝贺！

本次技能竞赛是今年陕西省水文局开展的较大规模的职工技能比武活动，在4月份省局下发开展技能竞赛活动通知后，各市水文局十分重视，指定一名领导分管这项工作，成立竞赛活动领导小组，多数水文局在基层和机关年轻职工中开展了竞赛选拔活动，经过层层选拔组成了技术精湛、素质较高的参赛队员。通过这次竞赛充分展现了我省水文职工新的技能水平，进一步展示了目前我省水文职工新的精神风貌，同时也涌现了一批业务强、水平高、技术精湛的优秀职工，这为我们今后参加全国水文职工技能竞赛和提拔使用年轻职工奠定了良好基础。因此，我希望取得优异成绩的代表队和队员要发扬成绩，戒骄戒躁；成绩较差的代表队和队员，要认真总结，查找不足，继续努力。要以这次技能竞赛活动为契机，在全省水文职工队伍掀起一个“学业务、比技术、赶先进”的热潮，激发广大职工爱岗敬业、奋发向上的精神，营造“比、学、赶、帮、超”的良好氛围，把职工队伍的整体素质再提高到一个新高度，从而推动全省水文事业更好、更快地发展。

目前，全省水利工作会议胜利召开并为我省水利事业发展指明了方向、明确了目标、规划了新的蓝图，全省水文事业发展也迎来了难得的大好机遇，我们一定要认真贯彻落实全省水利工作会议精神，准确把握厅党组对当前我省水利事业发展面临新形势新机遇提出的目标和任务，树立看不到机遇是蠢人，抓不住机遇是庸人，用不好机遇是罪人的思想，进一步提高认识，振奋精神，增强信心，明确措施，全力抓好贯彻落实工作，增强信心聚力量，强抓机遇促发展。

开展技能竞赛活动也是贯彻落实陕西省水文局提出的“业务立局、科技兴局、人才强局，开放办水文”发展思路的重要举措，是提高职工队伍业务技能素质的有效手段。今后我们要继续全面加强职工队伍建设，形成“学而优则重用”的氛围，创造一个公开、公平、公正的竞争氛围，为优秀人才的脱颖而出创造条件。全省各级水文部门，必须把提高职工职业技能作为一项主要工作抓实、抓细、抓出成效。要通过本次竞赛，切实提高职工业务技能水平。具体要抓好三个结合：一是把技能竞赛与提高服务质量相结合。我们要将技能竞赛作为树立、展示良好形象的主要平台，并通过转变服务理念，增强服务意识，全面提高服务质量，进一步巩固、提高水文地位与话语权，推动整体工作迈上一个新台阶。二是把技能竞赛与提升职工整体素质相结合。造就一支高素质的职工队伍是我们适应新形势、抢抓新机遇、实现新跨越的必备条件。因而，我们要将技能竞赛作为检验、考察队伍素质的重要途径，并通过开展多形式、多档次的竞赛培训，使职工的知识更新、能力提升和素质提高，形成梯次式人才队伍，为长远发展打下坚实基础。

三是把技能竞赛与评优评先、奖励晋级相结合。我们要通过技能竞赛这个舞台，让更多德才兼备、技术领先的职工有展示才能的机会，也为选拔人才提供更加公开、透明的渠道。

同志们，水文事业发展机遇大好，任务艰巨。我们要认真贯彻落实全省水利工作会议精神，在水利厅党组的领导和重视关心下，在有关部门的大力支持下，振奋精神，抢抓机遇，迎难而上，开拓进取，为全省防汛抗旱和经济社会发展做出新的贡献！

最后，在国庆节即将来临之际，我代表省水文局领导班子预祝各位领导和全省水文职工身体健康，生活愉快，节日快乐！

谢谢！

（杨汉明）

学有所思提高水平　管好用好各项资金

——在全省水文基建财务管理暨规划与建管人员培训班上的讲话

（2011 年 11 月 24 日）

年末将至，各项工作繁忙，省局决定举办这次全省水文基建财务管理暨规划与建管人员培训班，对于进一步提高全局财务与计划人员的业务素质，加强财务与计划管理工作，推进水文各项前期工作和水文工程建设安全，有着十分重要的意义。为了确保这次学习培训的效果，我们将邀请到厅财审处、计划处与质检站等部门的领导和专家给我们作辅导讲座。在此，我代表省水文局领导班子对莅临指导这次学习培训并进行讲座的领导和专家表示热烈的欢迎和衷心的感谢！同时，向多年来默默无闻、辛勤工作在基层的财务、计划工作岗位上的同志们致以亲切的问候！

财务、计划工作是水文工作的重要组成部分，财务管理的规范化程度是衡量一个单位管理水平的重要指标，计划建设工作是争取项目与资金、确保水文工程建设顺利开展的非常重要的工作。这次学习培训是在全省中小河流建设动员会召开不久，建设项目即将全面展开的情况下举办的，目的是进一步提高水文系统财会、计划建设队伍人员的专业素质，规范我局财务、计划建设管理工作，推进水文工程建设安全、有效、顺利开展。这次培训邀请的领导和专家他们工作都很忙，为我们授课进行了精心的准备，他们理论功底扎实，实践经验丰富，很多是结合新形势下财务、计划建设管理的新变化、新规定、新要求专门准备的，具有很强的针对性和操作性，对我们来讲是一次难得的学习机会，希望同志们发扬水文人吃苦奉献，求实敬业的作风和精神，严格遵守培训纪律，认真听讲，积极思考，全面领会，学有所思，学有所得，学有所长，经过学习培训，不断提高财务、计划建设工作的管理水平，为促进水文事业发展奠定良好的坚实基础。

下面，我讲几点意见。

一、充分肯定规划计划与建设管理工作取得的成效

近年来，我省水文规划计划建设管理工作紧紧围绕行业规划、项目前期和工程建设，不断转变观念，调整工作方式，做了大量卓有成效的工作，取得了显著成效。

一是规划体系逐步健全。通过多年的工作实践和积累，目前已经逐步形成了以五年规划为龙头，有关专项规划相配套的水文规划体系，为争取稳定的水文投资奠定了基础，扎实全面的前期工作也得到了部水文局、流域委水文局及省水利厅的充分肯定。

二是项目前期逐步完善。为适应水文设施工程现行审批要求，在前期工作设计时能全面贯彻执行部水文局 2011 年出台的《水文设施工程项目建议书编制规程》《水文设施工程可行性研究报告编制规程》《水文设施初步设计报告编制规程》，规范了水文设施工程前期工作程序，促进了我省水文设施工程前期工作的标准建设和规范管理。

三是建设管理逐步规范。在工程建设中能遵守国家有关法律、法规，严格执行项目法人责任制、招标投标制、建设监理制和合同管理制，同时，为规范我省水文工程项目建设程序，强化水文工程项目建设管理工作，出台了《陕西省水文工程项目建设管理办法》《陕西省水文水资源建设项目验收管理办法》等相关办法，确保我省水文工程项目建设统筹计划、统一管理、规范建设。

四是基础设施建设成效显著。通过“十一五”及近期的建设

资金陆续投入，全省60%的水文站基础设施得到不同程度的更新改造，4处水情（分）中心、5处水环境监测分中心、4处市级水文巡测基地得到改造建设。ADCP、电波流速仪、全站仪、GPS全球卫星定位系统、双频回声测深仪、原子吸收仪、原子荧光仪等先进水文、水环境监测仪器设备得到配置应用。

二、当前面临的主要问题

在总结取得成绩的同时，就目前我省前期工作和建设管理现状而言，通过近期的工程验收和项目稽查工作，还发现重计划、轻规划，重项目、轻效益，重投资、轻管理的现象依然十分严重，主要表现在以下几个方面。

一是前期设计仍以申请资金为目的，设计周期短，前期经费不足导致现场踏勘不足，设计深度不够、不细致。有前期工作与实际需要脱节现象，造成工程施工阶段变更多，在变更过程中又不能按程序履行变更报批手续，给工程管理、财务决算以及工程验收带来困难。

二是各局无专门规划计划和建设管理工作人员。大部分人员兼职和临时抽调，无工作经验，未接受过专业培训，造成了前期工作不连续，规划设计和建设管理水平参差不齐，亟待提高。

三是施工资料管理不正规、不完整，归档不及时。在以往的工程督查和验收中，发现各局不同程度地存在工程资料不完整、有关内容不一致、有的项目资料内容相互矛盾、有的已验收工程不按规定整理归档有关报告资料，甚至出现部分工程资料遗失的现象。

四是已建工程不及时结算，或者久拖不验，有的工程建成多年，仍没有进行验收，有的测站已经进行了第二次、第三次改造建设，但第一次的建设项目还没有验收，为水文后续投资和资金审计埋下隐患。

五是资金监管不力，挪用现象依然存在。省局下拨的专项工程资金，不经审批和不办理项目变更手续，随意将资金调整，给工程验收和资金审计带来一定困难。

因此，针对以上问题，我们举办这次学习培训班就显得尤为重要，也很有必要，希望同志们要引起重视。

三、提几点要求

一要充分认识举办此次培训班的必要性和紧迫性。中央一号文件和中央、省水利工作会议，把水利提升到关系经济安全、生态安全、国家安全的战略高度，出台了一系列推动跨越式发展的重大举措，水利改革发展迎来了新的春天，中央、省对水利的重视和支持、水利建设的投入强度和社会关注度前所未有。与此同时，水文发展也迎来了难得的历史机遇，水文事业经费出现跨越式增长，水文基础设施建设进入资金量大、项目多的建设期。面对新形势、新机遇，财务和计划建设管理工作面临新的更大的挑战，对财务与计划建设管理人员提出了新的更高的要求。而水文基本建设项目点多面广，项目虽小，管理难度却大，同时我局财务和计划基础工作薄弱，内控制度不健全，核算还不够规范，不能适应新形势下财务与计划建设管理工作的要求。因此，提高财务与计划人员的专业技能和管理水平是当务之急，是我们水文队伍建设的一个重要目标，也是我们举办这次培训班的目的所在。

二要提高认识，把基建财务管理放在突出的位置。今年是“十二五”的开局之年，根据规划，未来3年中小河流投资将达4亿多元，仅2011年中小河流建设投资就高达1.4亿元，是水文投资历史之最。管好用好这些资金，充分发挥资金的效益，对我们的财务管理工作是一次严峻的考验。今后一个时期财务管理工作将十分繁重，财务人员任重道远，财务管理责任重大。最近省局对涉及近两年来的危房改造、水毁修复、灾后重建及中小河流治理等项目进行了项目稽查，从通报的情况看，大额现金支出、核算不规范等问题仍然存在，这些问题应该引起各级领导和财务人员的高度重视。确保水文基建资金的安全，是我们全体水文财务人员的重要职责，在新形势下各局领导和财务人员要切实增强做好财务管理工作的紧迫感、责任感和使命感。要以更强的责任心、更扎实的财务专业知识和技能，更规范、科学的管理，发挥核算、监管的职能，保证资金充分发挥使用效益。财务人员要积极建言献策，当好领导的参谋和助手，把好财务关，增强责任感，做到“常在河边走，就是不湿鞋”，各级领导要本着对事业高度负责的态度，切实履行项目法人职责，把项目建设财务管理放在更重要的位置，从严要求，廉洁从政，确保“资金安全，工程安全，干部安全”。

三要以建设项目为重点，严格规范资金管理。一是严格遵守基本建设有关制度，认真贯彻工程管理的“四制”和专项资金报账制要求。二是各单位要严格执行《建设工程价款结算暂行管理办法》和《现金管理条例》坚决按财务规定办事，大额的支出，必须转账支付，不得现金结算。三是强化基本建设项目会计基础工作，在核算中严格执行会计基础规范要求，规范会计行为。四是强化建设项目资金报账制管理，规范报账行为，严格按程序办理报账手续，在支付环节严格按合同办事、做到资金支付和项目概（预）算、工程进度相一致。五是按资金性质分类管理，专款专用，专户核算，不得随意挪用和挤占。

四要增强责任感和使命感，切实做好中小河流水文监测系统建设工作。针对中小河流水文监测系统投资规模大、建设站点多、涉及面广、单项工程规模小、前期工作及建设管理难度大等特点，一是加强组织领导，建立健全组织机构。各局要尽快成立中小河流水文监测系统建设管理机构，落实专门工作人员，明确职能分工与责任。二是狠抓前期工作，保证成果质量。要从实际需要和水文发展的理念上下大功夫，花大力气，把前期工作做实、做细。三是要严把项目审批关，对于各局报送的建设方案，省局将严格进行审核，必要时派技术人员现场核实。四是要严格执行计划，项目变更时要严格履行变更报批手续，对超计划、超规模的建设项目各局自行筹措资金，省局不再追加计划。五是要严格按照“四制”要求进行管理，尤其在工程招标过程中，要按照水利工程招标投标办法，加强各级监督管理，确保招标工作公开、公正，杜绝暗箱操作和人情工程。六是要加大工程验收力度，对于完工项目，各局要认真准备验收资料，及时申请验收，确保建设一个、完成一个、验收一个，确保后续投资的顺利实施。

五要加强制度建设，用制度管人管事。各局要严格执行《基本建设财务管理制度》《国有建设单位会计制度》《水利基本建设资金管理办法》等规章制度。近年来，我们不断加强制度建设，财审处、计划处在制度建设方面做了大量富有成效的工作，在建设项目管理模式方面做了有益的探索。相继制定了《陕西省水文局工程建设项目财务管理暂行办法》《陕西省水文水资源勘测局内部审计工作暂行办法》《陕西省水文局专项建设资金报账制管理暂行办法》《陕西省水文工程项目建设管理办法》《陕西省中小河流水文监测系统建设管理实施办法》等一系列制度办法，建立了比较完善的资金管理体系和工程建设管理措施，为建立有效的内部控制制度、规范基建财务管理和核算、约束财务行为、促进基本建设健康稳定发展奠定了坚实的基础。各局要认真贯彻落实，并要结合实际，健全自身制度体系，明确资金管理使用办法、标准、程序，使财务管理和工程建设在制度下有序运行。实现用制度管人、管事、管钱的目的。

六要建立财务监督检查机制，保障资金安全。实践证明，投资大的项目是热点，也是审计关注的重点，还是容易出问题的地方。各局要加大自查力度，把财务检查与自查工作相结合，经常性开展回头望工作，做到未雨绸缪，对审计、稽查中发现的问题，认真对待和反思，及时整改，总结经验，实现资金监管制度化、规范化。

财务审计处要强化内部审计监督工作，加大监管力度，督促和指导项目竣工决算的编制，多层次、多角度、多环节地开展财务监督检查工作。做到资金监管重心下移、关口前移，要对资金的运行全过程进行跟踪监督，确保资金规范化管理运行。

同志们，财务与计划建设工作任务繁重，责任重大。我们一定要牢固树立“大水文”发展理念，深入贯彻落实全省水利工作会议精神，以这次学习培训为契机，增强责任心和使命感，紧紧围绕省局中心工作，开拓奋进，扎实工作，努力开创我省水文财务与计划建设工作的新局面，为推动水文事业又好又快发展做出新的贡献！

（杨汉明）

工作调研

GONGZUODIAOYAN

（张　强/拍摄）

财源广进

陕西水文系统
建设学习型职工队伍的主要做法

（2010 年 7 月 29 日）

今年以来，陕西省水文局认真学习贯彻党的十七大和十七届四中全会精神，加强学习型职工队伍建设，坚持把发展作为第一要务，牢固树立“大水文”发展理念，按照“业务立局、科技兴局、人才强局，开放办水文”的思路，采取了项目带动、以老带新、岗位自学、院校培养、实战演练等一系列重要举措，创新学习形式、落实学习任务、强化学习措施、考核学习效果、提高学习质量、加强人才培养，建设学习型职工队伍初见成效，有力推动了全局各项工作顺利开展和水文事业快速发展。

一、建设学习型职工队伍的重要性和必要性

党的十七届四中全会通过的《中共中央关于加强和改进新形势下党的建设若干重大问题的决定》和胡锦涛总书记在全会上的重要讲话，把更好地实施人才强国战略作为推进党的建设新的伟大工程的重要任务进行了部署，提出了要坚持党管人才，创新人才工作体制机制，增强人才资源配置机制活力，以高层次人才、高技能人才为重点统筹抓好各类人才队伍建设。这是在新的历史起点上，对以改革创新精神进一步做好人才工作提出的更高要求。对陕西省水文局来说，建设学习型职工队伍、不断提升干部职工素质、进一步优化人才工作机制面临新形势和新要求。一是职工

队伍中专业技术人才尤其是具有话语权、权威性的行业领军人才缺乏；老一代与新一代在思想观念、知识结构、人才梯次等方面既存在相互碰撞、交流融合，又存在着青黄不接以及专业技能水平和综合素质亟待提高的现实需要。二是作为防汛抗旱、水资源管理等方面的“尖兵”和“耳目”，水文在全方位服务经济社会发展中提供极为重要的技术支撑，这是水文发展壮大的现实需要。三是高素质职工队伍是水文事业持续、和谐发展的关键。水文工作的有效开展、水文事业的发展壮大、构建“和谐水文”以及实现水文现代化，都离不开高素质的人才队伍，这是推动水文事业又好又快发展的现实需要。今年是“十一五”的最后一年，即将进入“十二五”，水文事业将迎来新一轮发展的重要机遇，同时也面临诸多挑战。面对繁重的工作任务和不断变化的新形势，建设学习型职工队伍，充分发挥各级党组织和党员干部在推动科学发展、服务基层职工、凝聚人心、促进和谐等方面有着重要的作用，把党的政治优势转化为科学发展的优势，具有重要的现实意义。

二、建设学习型职工队伍的主要做法

陕西省水文局紧密结合业务工作实践和党建工作实际，积极探索创新，扎实开展学习型党组织建设；以“加强人才培养，注重能力建设，认真履行职责，提高服务水平”的工作思路，实施人才强局战略，深入推进学习型职工队伍建设。主要做了以下几个方面工作：一是精心组织，狠抓落实。全局各级党组织把学习型职工队伍建设作为当前抓好党建的重要任务，不断丰富学习内容，创新学习方式，规范学习管理，担当本单位的落实者、组织者和督促者。各市水文局把学习活动与学习内容纳入党员干部职工目标管理中，做到了统一部署、统一检查、统一考核、统一表彰。商洛水文局从去年开始就向所辖的各党支部、勘测队、水文站以及机关科室下发了通知，将基本要求、主要任务、战略目标和方法步骤细化到各项具体任务，落实到党的思想建设、组织建设和作风建设等各个方面。二是领导示范，“传帮带”效果好。陕西省水文局中心组坚持把开展领导干部、专家带头讲业务列入计划中，充分发挥副高职称以上技术人才的示范带动作用。分管业务工作的副局长、总工程师、副总工程师在中心组学习会上做讲座，引导大家对专业技术问题的研讨。在学习动员阶段，商洛水文局各级领导积极发挥榜样作用，做到了“五带头”，即带头制定学习计划、带头做学习笔记、带头撰写学习心得体会文章、带头进行学习交流、带头积极践行当标杆，大力推进了活动有效开展。在讨论过程中，他们结合实际进行剖析，带头查摆问题，就如何进一步解放思想，冲出心理的“大山”，突破思维的“峡谷”，促进工作上挡提速谈自己的想法，形成了“一级带着一级学，一级做给一级看”的良好风气，发挥了正确导向作用，深化了教育效果。延安水文局在总结青年职工三年来教育培训经验的基础上，今年开展了结对辅导，党员承诺“一帮一”活动，经该局党支部研究，确定了部分政治素质高、业务能力强的党员，辅导帮助青年职工学习政治理论，学习业务知识，促进青年职工健康成长。三是以项目为载体，培养和锻造人才。各市水文局通过积极开展建设项目水资源论证、防洪影响评价、水保项目编制、水功能区监测、水量水质综合评价、突发性水污染监测和预测等工作，为水资源保护做出了贡献。通过积极争取，参与地方水利发展规划、水资源综合规划以及其他专业发展规划，在水利水电、道路桥梁等水工程的设计、施工期间提供基础信息服务和技术支持。通过积极与水土保持部门联系配合，利用自身的站网和人员优势，开展水土保持监测和研究，为保护和修复水生态系统做好工作。通过加强水文信息化建设，提高水文信息化的社会共享水平，利用互联网及时公布实时雨、水情信息以及大型水库蓄水情况、地下水动态信息和行政区界断面水质监测分析信息、旱情监测成果等，向社会提供服务，为各级领导和有关部门提供了决策依据，使水文服务更多地融入社会和群众生活之中，使更多的职工参与到项目建设之中，在具体的工作中培养技术带头人和锻造实用人才。四是变被动为主动，职工自学成风气。商洛水文局根据“全员学习、终身学习”的要求，结合本系统、本单位的发展远景，组织全体职工明确学习目标，每年制订个人自学计划。党员个人积极参加各类学习型组织，将学习带入家庭、带入各站科室，发挥党员在建设学习型单位中的表率作用。该局“五有”（有学习制度、有学习阵地、有学习记录、有学习体会、有学习效果）学习保障措施得到落实；职工每年做到“四个一”（主学一门专业、选读一本书、撰写一篇论文、争取一项技术创新）。机关离退休党支部坚持政治理论学习不放松，尤其以党的十七大精神和新党章为学习重点，分章节进行学习讨论，通过学习讨论，党员正确认识了形势，准确把握和深刻领会了中国特色社会主义的科学体系，进一步明确了党员的权利和义务。五是实施人才强局战略，夯实水文发展基础。根据全局技术力量薄弱和水文专业技术干部专业结构不合理的现状，加大职工培养力度，经与扬州大学联系，结合陕西水文工作实际编制教学计划，从2009年起，利用三年时间分三批选送90名青年职工到扬州大学进行水文水资源专业进修培训，第一批30名学员今年6月份已结业。同时我们还将选送优秀青年职工到河海大学、西安理工大学深造，学习目标为获取硕士学位，为陕西水文未来发展夯实基础。此外，庞雷、张宏斌被聘为水利部第四批建设项目水资源论证评审专家，师奎被聘为水利部水文局第二批《中华人民共和国水文年鉴》评定专家。六是形式丰富多样，注重学用相长。各单位在学习中充分利用专题学习研讨、主题教育活动等传统形式开展学习，推荐了阅读书目，广泛开展了读书活动，探索了网络学习、在实践中学习等新的学习方式，一些单位和部门积极参加自主选学、开展主题联学，学习形式大为丰富。汉中水文局按照《汉中市直工委关于开展“天汉书香”读书学习活动实施意见》的安排部署，成立“天汉书香”读书学习活动领导小组，制订了《汉中水文局“天汉书香”读书学习活动实施方案》，积极推行学习型党组织建设。同时，我们注重结合水文业务工作实际开展学习，普遍加大了业务培训力度，通过专业知识竞赛和技能比赛激发学习动力，激励在工作中学习、在学习中工作。去年7月至12月，在全系统开展了水文专业论文竞赛活动，经过层层筛选推荐，共征集论文31篇。召开了首届水文专业论文竞赛会。同时还精心组织参加全国水文技术工人论文竞赛活动。经过基层推荐，陕西省水文局联评，共推选了6篇论文参加全国水利行业技术工人技术技能论坛活动，其中有5篇论文获奖，一等奖1篇，二等奖2篇，三等奖2篇。

今后，陕西省水文局将紧紧围绕“业务立局、科技兴局、人才强局，开放办水文”这一战略目标，不断加强领导，强化措施，营造氛围，创造条件，增加投入，加大水文系统人才培养工作力度，力争通过几年的不懈努力，使一批想干事、能干事、干成事的年轻专业技术人才脱颖而出，为推进陕西水文现代化提供坚强的人才智力支撑。

（郑生民）

加快水文信息化建设步伐
为经济社会发展提供强有力支撑

——从今年暴雨洪水对水文工作的思考

（2010 年 8 月 30 日）

陕西省步入 7 月主汛期，经历了五次强降雨过程，出现了近年来少有的长历时、多频次、大范围、高强度降雨。受强降雨影响，我省汉江及支流、丹江、渭河及支流等先后出现多次洪峰，多条河流出现百年一遇以上较大洪水，黄河流域防汛Ⅲ级应急响应、渭河流域防汛Ⅳ级应急响应……

面对滔滔洪水，全省水文系统广大干部职工在省委、省政府，省水利厅的坚强领导下，以“大汛面前，责任如山”之决心，顶风雨、战恶浪，顽强拼搏，准确测报，科学研判，精确预报，及时、准确地为各级领导和防汛指挥部门抗洪抢险决策提供了科学依据，为避免人民群众生命财产遭受更大的损失做出了重要贡献，以实际行动诠释了“特别能吃苦、特别能忍耐、特别能战斗”的水文精神，受到了有关部门和领导的好评。

一、准测快报，科学研判，防汛抗洪水文测报彰显重要作用

从 7 月 14 日至 8 月 25 日，省境内先后有 62 条河流 90 处水文站出现洪峰 523 次，其中有 31 条河流 34 站出现超警戒洪峰 66 次，8 条河流 9 站出现超保证洪峰 12 次，防汛测报工作面临着严峻的挑战。

（一）不畏艰险，准测快报

面对洪水，陕西省水文局广大干部职工以强烈的责任心和使命感顽强应对，坚守工作岗位，夜以继日地战斗在防汛测报最前线，顶风雨、战恶浪，克服各种困难，完整施测了今年入汛以来四次暴雨洪水过程。7 月 18 日 22 时，当我省高滩站出现超历史实测最大洪水，高滩镇河街全部淹没冲毁，洪水位距站房地平线仅 1 m 左右，高滩镇居民已全部撤离，镇政府已清理撤离现场时，只有水文站的工作人员还坚守在工作岗位上。为了安全起见，职工腰系绳索观测水位，面对巨大洪魔仍不退缩，设法避险坚持工作，准确施测了 6090 m^3/s 超保证流量（5500 m^3/s）洪峰，为 1989 年建站以来最大洪峰；武关水文站在电力、通信中断和测报工作十分困难的情况下，职工步行穿越泥石流多发的五千米路段送出水情电报，为上级领导部署防汛抢险赢得了时间；张河站职工任养群同志在断面停电的情况下，冒着生命危险，在齐腰深的水里，仍坚持观测，测得了宝贵的水文资料。测站职工抢测洪水的感人事迹不胜枚举，体现了当代水文职工忠于职守、无私奉献的可贵品质，也充分展示了新时期我省水文职工顾全大局、迎难而上的良好精神风貌。

（二）加强会商，科学研判

在关乎人民群众生命财产安危的重要关头，我局水情人员始终把党和人民群众的利益放在首位，制定定时会商机制，不辞辛苦，通宵达旦地收集、传递和汇总雨水情信息，坚持 2 时、8 时、14 时、20 时在雨水情信息收集整理半小时内组织会商，在雨水情发生变化时增加会商次数，分析研究主雨区江河水情发展变化趋势，预测预报江河水库洪水，达到洪水发布标准的及时发布洪水过程预报，及时向上级有关领导和防汛部门通报有关重要水情信息。据统计，从 7 月 14 日至 8 月 25 日，我局共接收处理雨水情电报 52000 多份，通过网络向国家防总、流域机构、省防总等单位转发水情电报126000余份，及时向国家防总以及地方防汛部门提供水情分析资料1500余份，发布中小河流、市县城区段、水利风景区和水文站水情预警预报148站次、洪水预测46站次、洪水作业预报62站次，预报精度均达到90%以上。

（三）精确预报，成效显著

自7月以来，准确及时的水情预测预报，为各级领导和防汛指挥部门组织防汛抗洪和抢险救灾赢得了时间，争取了主动，使洪水灾害损失降到最低。在7月18日15时我局预报安康水文站将要出现25000 m^3/s流量时，安康市防汛部门依据我局汛情分析、预测和建议，安康市人民政府于7月18日先后两次对安康城区低洼地带群众下达了1号、2号撤离令，及时组织撤离群众3万多人，避免了人民群众生命和财产的更大损失。7月23日，当黑河张河水文站出现重要汛情时，我局及时向咸阳市防办和下游亭口镇政府通报晚间23时出现大洪水，由于及时通报了水情信息，亭口镇镇政府获知水情信息后，立即组织群众转移，亭口水库施工现场100多人和亭口镇亭北村3668人全部安全撤离，水库工程施工机械车辆及重要物资也全部安全转移。24日0时00分亭口观测断面洪峰流量达1800 m^3/s，亭口镇亭北村、驻地厂矿企业、居民区均已被水淹没达1.5 m以上，没有发生一起人员伤亡事件。

（四）反响良好，领导肯定

水文测报预报为各级领导和防汛部门洪水调度及指挥决策提供了可靠的科学依据，受到了有关部门和领导的肯定，先后有宝鸡市副市长王拴虎，宝鸡市水利局常崇信局长，安塞县委书记雷鸣雄、县长程引弟等10多个市、县领导先后来到水文局或水文站进行慰问并看望水文职工，长武县亭口镇政府、咸阳市亭口水库工程建设管理处代表亭口人民群众和施工单位打电话对水文部门提供及时准确的水情信息表示衷心感谢！旬阳县桂花乡人民政府特向安康水文局发来了感谢信。在 8 月 19 日省防总指挥长、水利厅王锋厅长对水文测报工作给予高度肯定：近一个月来紧张严峻的防汛形势，给水文测报工作带来考验，水文局工作很努力，在一线的广大水文职工不分昼夜工作，冒着危险测报洪水，及时发布预报信息，社会反响好，工作成效显著，请代表我向他们表达感谢和慰问。各级领导的关心和爱护是对水文工作的高度肯定。

二、对迎战全省近期特大暴雨洪水中水文工作的几点思考

近期 5 次大范围暴雨洪水过程，历时长、范围广、雨量大，为历史少有。其历时特征与 2003 年洪水具有较多的相似性。

一是降雨过程相似。2003 年洪水降雨持续 50 天，2010 年降雨已持续 40 天。2 个年型降雨过程中间均有间断，降雨覆盖基本相同，降雨总量及降雨强度相似。

二是暴雨降雨洪水呈现出前强后弱的态势。1 ~ 2 次降雨出现超历史纪录站数较多，其中陇县东风雨量站最大 20 h 暴雨量 319.3 mm，为本次降雨 24 h 最大值，18 站出现建站以来排序前五位洪水，其中 4 站出现建站以来最大洪水。

三是 3 ~ 5 次降雨主要表现为：①降雨基本连续，历时较长，降雨强度相对较小，降雨开始时局部性较强；②降雨基本起于陕北北部，至于陕南，每天大雨强降雨都在东移南压，移动后前一降雨区域降强减弱或停止；③由于本次降雨强度较小，汉江干支流及渭河干支流普遍涨水，但支流超警戒洪水相对较少，干流仅有华县站出现超警戒水位。

从 5 次洪水灾害来看，虽然都是局部灾害，但从受灾程度来看，给人民群众生命财产带来了严重损失，局部地区甚至是毁灭性灾难。8 月 25 日，省政府主要领导做出重要批示：“这一轮降雨人

员伤亡不大，损失降到最低限度，与预报准确、防指调度指挥得当有关，望认真总结今年来的防指工作经验教训，要为明年及今后防汛抗洪工作打好基础。”认真总结近期防洪测报工作中的经验教训，值得我们深刻思考。

思考之一：水文站网布局与功能不相适应。一是在水文站网建设方面，大河控制站数目偏少，一些流域面积较大的河流没有出口控制站；区域代表站密度偏稀，且位置大多位于河流的中下游，小面积区域代表站偏少，且分布不均衡，一些水文站由于水利工程兴建已失去了代表性；虽已建成了基本水情站网，但水情站网密度小，面雨量站控制不够，区域代表性差，城市雨量站较少，对一些突发性暴雨洪水尤其是中小河流（洪水易发区）的暴雨洪水难以监控，旱情监测才刚起步，监测站点稀少、手段落后，不能满足防汛抗旱工作的需要；在水资源科学利用和调度方面，水文站点偏少，特别是在各分水岭、平原区站点偏少，水资源量计算存在许多问题，给水资源科学利用和调度带来许多问题；全省重要饮用水水源地、省界、水功能区等监测站网密度严重不足。二是水文巡测方面，虽然建立了市、县级巡测基地（队），但缺少巡测工作的设施设备、仪器。三是在水环境监测能力方面，省水环境中心急需提升监测能力和服务水平，缺少突发性事件应急监测工具和设备仪器；饮用水安全监测手段落后，重要水源地没有建立自动监测站点。四是在水文水资源服务能力方面，基础信息平台落后，服务面狭窄。

思考之二：水文测报基础设施建设与防汛抗旱工作要求不相适应。一是我省水文基础设施建设标准低，欠账较多，底子薄，水文设施设备老化失修，监测能力和标准低，设施设备运行和养护经费没有保障，大部分测站仍依赖人工观测，影响水文测报的时效和质量，不能适应水文现代化的要求。二是水文设施设备老化失修，测洪能力普遍偏低，现代化水平不高。全省有

50% 以上的水文站仪器实测能力达不到 30 年一遇洪水，有 60% 以上的水文站防洪能力达不到 50 年一遇洪水，不少水文站测验设施被冲毁后得不到及时修复改造，设施设备超期服役现象严重，正常测报工作得不到保证，甚至危及人身安全。巡测设施设备缺乏，水质实验室仪器设备陈旧，应对水事突发性事件的快速反应能力差。

思考之三：水文测报能力与水利现代化发展、社会经济发展不相适应。我省水文信息采集（除国家报汛站外）主要靠人工完成，信息时效性不高（全国水情信息自动采集率为 78.8%，我省只有 25%）。传输主要靠有线电话和数传通信，时效性差，收齐全省雨水情信息需时间较长，保证率低，遇大的暴雨洪水往往通信中断或信号不清。通信设备配备滞后，技术性能较低。部分站没有配备断面测验通信联络与短距离传输水情信息的对讲机。中央报汛站中，还有部分站不具备两种报汛设施。与我省水利现代化发展和社会经济的发展不相适应。

思考之四：水文服务手段与信息化时代要求不相适应。我省水文信息系统建设尚处于起步阶段，软硬件设施设备标准偏低，备份不足。计算机网络系统没有完全建成。国家三级水文数据库尚未建立，水文资料整编存储、检索查询还未实现联网，省水文局水情信息中心计算机局域网络系统规模小、设备性能低，关键设备没有备份，危及系统安全运行，影响水情传递和预报时效，满足不了防洪抗灾的要求。水文服务手段较为落后，特别是综合信息服务方面手段落后，项目单一，技术层次较低，与当代信息化发展水平尚有很大差距，与经济社会发展的总体水平不适应。

思考之五：水文科学实验及基础研究工作与社会对水文的服务能力需求不相适应。我省水文科学实验始终围绕水文测报技术的进步和经济社会发展对水文工作的需要而进行。20 世纪 50 年代，水文科技研究侧重于水文测验和资料整编方法技术的研究。20世纪60年代起，为满足防汛抗旱工作的需要，开展河流特性的预报方法的研究成为水文科技发展的主攻方向。20世纪80年代以来，我省虽然在开展小流域代表站及实验站的工作上取得了一定的成绩，但是，水资源供求矛盾成为经济社会发展面临的突出问题，水资源与水环境监测手段方面的科学实验严重不足，不能满足水文自身和经济社会发展的需要。

三、加快全省水文事业信息化发展，全面提高水文支撑和服务能力

水文事业是国民经济和社会发展的基础性公益事业，是防汛抗旱减灾、水资源开发利用管理、生态环境保护、饮水安全保障、水土流失治理、水工程建设管理以及社会公众服务等经济社会发展的重要基础工作。我省水文事业发展要充分按照服务陕西地方经济发展的要求，坚持“大水文”发展理念，以“立足水利，面向全社会服务”为总要求，加快水文信息化建设步伐，着力为解决陕西洪涝灾害、干旱缺水、水污染和水土流失等问题提供强有力支撑。

（一）调整和完善发展水文站网

对站网不足站点不断补充完善，完善现有站网在水质、水土流失、水生态等方面的监测功能，加强省区界、城市防洪、抗旱服务、中小河流、重要城市供水水源地、主要江河排污口、重点生态用水和水功能区界、地下水超采漏斗区的水文站网建设，初步改变现有站网中的空白区及局部过稀的状况，为防汛抗旱和水资源配置、保护、管理提供技术支撑，同时加强各类代表区水文实验站建设，为探索水文基本规律提供依据。最终达到布局合理，功能完善，内容广泛的站网格局。

（二）更新和改造现有水文设施设备

应用国内先进技术和手段，更新和改造水文测报基础设施设

备，达到水位、雨量实现自记、固态存储和自动转发，提高仪器实测能力和测站自身抗洪能力，全面提升水文水资源监测能力，完善报汛系统建设，实现雨水情报汛自动化，防洪标准和测洪标准全部达到《水文基础设施建设及技术装备标准》的要求。

（三）完善和新建巡测基地，提高应急机动反应能力

扩大水文资料的收集范围，提高工作效率，改善基层水文职工的工作和生活条件，积极推进基层组织形式和生产方式的改革，发展站队结合、水文巡测。巡测队配备具有快速反应、装备齐全的巡测车等交通工具，以满足巡测工作需要，提高应急机动反应能力。力求完成陕西省范围内的水文巡测基地建设，基地建设和配套设施达到水利部《水文站队结合建设标准》《水文基础设施建设和技术装备标准》的规定要求，彻底改变基层职工生产、生活条件，符合巡测条件的测站全部实行巡测。

（四）加强水环境监测能力建设

加快水质监测能力建设，完成陕西省6个水环境监测中心实验室的设施改造与设备配置，建设重点河段、水源地、水库、重点大型灌区取退水口、主要排污口的自动监测设施；建设水质移动实验室，提高对突发水污染事件的快速反应、机动监测能力。完成我省水质监测站网设置和现有中心实验室的改造，省水环境中心建设全部达到《水文基础设施建设及技术装备标准》要求，重点河段、水源地实现自动监测，初步开展水生态监测；最终达到全面开展水生态监测，建成水环境与水生态监测与分析网络，实现监测、分析、评价、服务一体化。

（五）完善和提高水文信息服务体系建设

建成陕西省水文水资源监测中心，围绕构建水文水资源信息共享平台，实现高效率的水文信息传输、处理、存储、加工、检索和服务一体化工作模式，提升水文公众服务能力。重点开展国家三级分布式基本数据库建设和地区级网络系统建设，形成国家、省、市三级数据中心，向经济社会各方面提供更为全面丰富和形象直观的水文信息成果。

（六）提高科技创新能力

组织水文基础研究，解决水文基础理论与水文事业发展不相适应的问题，重点开展水文水资源信息理论与应用技术研究、气候变化和人类活动对水文水资源的影响及其基本规律和现代分析方法研究、水文预测预报技术研究、水资源评价技术研究以及生态环境影响机制和分析评价方法研究，积极推动科技成果转化为生产力。

（杨汉明）

提高水文支撑经济社会发展能力问题的调研与思考

（2010年10月22日）

水文事业是国民经济和社会发展的基础性公益事业，在开发、利用、节约、保护水资源、防灾减灾和促进经济社会发展中有着十分重要的作用。特别是随着经济社会的快速发展和“大水文”观的践行，经济社会发展与建设生态文明等对水文服务能力与要求也越来越高，水文面临的任务越来越繁重。如何发挥水文部门的“耳目”和“尖兵”作用，不断提高经济社会发展的能力，是摆在各级水文部门面前一项严肃的课题。

一、现状与成效

（一）陕西水文现状

陕西省水文水资源勘测局为全额事业单位，下设延安、宝鸡、西安、汉中、安康、商洛6个市级水文局。省局现有领导10名，省局局长、书记为副厅级，其余班子成员为正处级；7个职能处室负责人和市级水文局的局长、书记为副处级。局机关设有14个处（室）。

全局所属基本水文（位）站85处，雨量站556处。设有1个省水环境监测中心、5个市级水环境监测分中心。由《陕西省水文管理条例》授权省水文管理机构具有执法权，设有省水文局水政监察支队。

全局现有在职职工695人，离退休职工314人。在职人员中专业技术干部369人，占在职职工的53.1%，高级工程师60人、正高级职称5人。另有委托雨量观测员556名。

目前，宝鸡、商洛水文局以及罗敷堡、刘家河、志丹、杏河等水文站与地方政府实行共建共管，我局与省江河水库管理局对渭南水文局也实行了双重管理。

（二）发展与成效

近年来，在省水利厅党组的领导和重视下，在部水文局的关心和支持下，我们坚持以科学发展观为指导，在短短的几年时间里，我省水文工作呈现出发展快、变化大、面貌新的局面，水文事业取得了长足的发展。

（1）积极实施项目带动战略，基础设施建设成效显著。坚持抓好计划和前期工作，以科学严谨的计划带动项目的落实和实施。经多方努力，国家防汛抗旱指挥系统一期工程使汉中、宝鸡、西安3个水情分中心及其所属的75个水情站测报设施以及省水情中心设备得到了改造建设；西部水文站危旧站房改造建设工程使我省37处水文站得到了改建；汶川地震7处震损严重水文站得以顺利恢复重建；中小河流（洪水易发区）水文监测一期建设工程的部分建设资金已经落实，正在组织实施中。

（2）以社会需求为目标，不断拓宽服务领域。为使水文更好地服务经济社会的发展，积极进行拓宽服务领域的探索和实践，努力发挥技术支撑作用。在中小河流、山洪易发区预警预报方面积极探索，开展水情预报日常化工作，在渭河、汉江9站开展未来12小时、24小时、36小时流量过程预报工作，取得了良好效果；克服困难，自筹经费，在全省11个市区及各大灌区设立旱情监测点，开展墒情监测与报送工作；积极开展集中式供水水源地监测评价和全省60多个典型排污口和支流口水质监测工作，为各级政府提供科学依据。

（3）加大水文法规调研力度，水文法规建设成效显著。2005

年6月，省十届人大常委会第十九次会议通过了《陕西省水文管理条例》，2009年8月，省水利厅贯彻水文条例出台了《陕西省水文资料使用管理办法》，该办法进一步加强和明确了水文部门的职能，对水文资料使用进一步进行了规范，加强了水文部门的职能，确保了水文资料的严肃性和可靠性。在水文监测环境和水文设施保护方面我们得到了省水利厅和省法制办的大力支持，省水利厅于2010年5月1日起，颁布实施《陕西省水文设施及监测环境保护办法》。其核心是制定了水文设施遭破坏、监测环境受影响时的赔偿补偿内容与标准。

（4）实施开放办水文，水文共建共管取得新进展。在志丹县实行县级水文共建共管、商洛市实行双重管理体制的商洛市水文水资源局后，2009年12月，宝鸡水文局实现了陕西省水利厅与宝鸡市政府共建共管，同时出台了《宝鸡市水文水资源勘测局实行省市共建共管暂行办法》，暂行办法规定宝鸡市政府将宝鸡水文局纳入宝鸡市行政事业单位名录，在项目建设、课题研究等方面给予资金支持，并互派干部实行交叉任职。刘宁副部长、邓坚局长出席了揭牌仪式，在揭牌仪式后的汇报会上刘部长指出：宝鸡市对水文工作的理解和认识非常到位，决心很大，建议部水文局把宝鸡水文局作为一个联系点，重点考察双重管理后水文水资源局的发展方向与方式，总结双重管理以后所取得经验与效果。

（5）加强人员培训，人才专家队伍建设取得新成果。充分发挥副高职称以上技术人才的示范带动作用，拟定研究课题和专题，面向职工、面向测站进行专题讲座、专题辅导，带动全体干部职工整体技术水平普遍提升；经与扬州大学联系，决定从2009起，用三年时间分三批选送90名青年职工在江苏扬州大学进行水文水资源专业进修培训，第一批30名学员已于去年10月份赴扬州大学学习，此次人才培养工程的实施，必将全面改善和提高全省水文系统业务技术人员的层次和水平，为陕西水文发展夯实基础。此外，我局三名同志分别被聘为水利部第四批建设项目水资源论证评审专家和部水文局第二批《中华人民共和国水文年鉴》评定专家。

二、制约因素

陕西省水文工作从纵向比取得了长足的发展，但目前我省水文仍存在着与我省经济快速发展的实际不适应；与我省水资源短缺、干旱缺水、洪涝灾害、水土流失严重、生态环境脆弱的实际不适应；与人民群众对防洪安全、用水安全、水环境安全、水生态安全等新要求不适应的现状。特别是按照“大水文”观来衡量，还存在一些亟待解决的问题。主要是：

（1）干部职工思想观念需要进一步解放与更新，素质有待提高。目前，我们干部职工队伍中，仍有一部分人思想保守，观念陈旧，精神萎靡，开拓进取精神不强；学业务、学科技、学知识的风气不浓，专业领域技术拔尖人才缺乏，干部知识和人才队伍结构不能适应新形势、新任务发展的要求，业务技术水平与服务能力需进一步提高。

（2）资金投入不足，设施设备老化。由于历史的原因，我省水文由于资金不足，直接影响到水文测报设施的建设。表现在：一是设施设备老化，测洪能力低。全省有60%的水文站仪器实测能力达不到20年一遇洪水；抗洪能力不足30年一遇洪水。二是仪器设备陈旧，配置数量不足，各种常规性的仪器设备短缺。三是测验技术落后，水情自动测报率低，仅达到25.8%，远低于全国75.8%的平均水平。正是由于资金投入不足，一些设施设备和仪器现代化水平还很低，也严重制约着我们支撑和服务经济社会发展的能力。

（3）水文职工知识和人才队伍结构与新形势、新任务发展的要求还有差距。职工队伍知识结构、人才分布不尽合理，高学历、高职称的技术人员多分布在省局和各市水文局机关；由于水文行业清贫、艰苦、待遇低等多方面原因，一些重点大学毕业生和优秀学生不愿意来水文行业，过去来的少数优秀人才也已跳槽，使我们职工知识和人才队伍结构与快速经济社会发展的需求矛盾愈加突出。

（4）抢抓机遇意识不强，水文服务面狭窄、手段单一。按照新时期治水思路和经济社会发展的需要，对水文工作提出了更高更新的需求，我们一些干部等望观看，瞻前顾后，往往错失良机；“大水文”发展理念理解落实不力，缺乏水文走向社会和在经济大潮中大显身手的勇气，没有更深地了解经济社会发展对水文的需求，没有开动脑筋在扩展服务领域上下功夫，致使水文服务面狭窄，导致水文在经济社会发展中的参谋、助手和支撑作用没有得到充分发挥。

三、对策与建议

水文是国民经济和社会发展的重要基础。在经济社会发展的关键时期，水文如何提高技术支撑和服务能力，努力把水文事业融入地方政治、文化和经济发展之中，更好地发挥水文应有作用。通过调研，结合全省水文工作实际，我认为，要着重抓好以下几方面。

（一）进一步解放思想，更新观念

解放思想是我们推动水文各项工作前进的坚实基础，在我们水文这个相对分散、偏僻的行业，解放思想尤为重要。坚持用科学发展观和党新时期一系列路线方针政策武装干部职工的思想，认真贯彻落实水利部和厅党组新时期的治水思路和对水文工作提出的新要求，牢固树立“大水文”发展理念，统一思想，更新观念，积极探索，勇于创新，克服消极思想和畏难情绪，调动各方面积极因素，把干部职工的智慧与力量凝聚到推动水文事业发展上来，心往一处想，劲往一处使，静下心来搞建设，一心一意谋发展，为全省水利工作和经济社会发展提供有力支撑。

（二）坚持业务立局思路不动摇，努力提高干部职工素质与能力

水文业务是立局之基，职工素质是强局之本。因此，面对我省水文行业现状和职工队伍实际，要坚持不懈地抓好干部职工学业务、学科技、学知识活动，继续坚持高级工程师人员在中心组辅导讲课活动，推动干部学业务深入开展；创造条件和环境，制定和落实各项激励措施，力争在本专业领域多出人才、多出成果、多创佳绩，激励优秀人才脱颖而出，努力在全局形成一种学习能干光荣和尊重知识、尊重人才的浓厚氛围；要继续加强人才培训和培养工作，切实抓好输送扬州大学学习人员的选拔和教育工作，确保培训质量和效果；省局和各市水文局都要投入精力和资金，下大力气抓好职工培训和人才培养工作，不断提高干部职工的素质与服务经济社会发展的能力。

（三）加强地方政府和水行政主管部门联系，走开放办水文之路

陈雷部长明确指出：做好水文工作是经济社会和水利发展的需要，也是水法和水文条例赋予水行政主管部门的重要职责。各单位主要负责同志要经常听取水文工作汇报，研究部署水文工作，在制定政策、安排资金、配备干部、部署工作等方面充分体现对水文的重视和支持。因此，我们要按照陈雷部长的讲话要求，走开放办水文之路，加强与地方人民政府和水行政主管部门的联系，积极汇报，争取支持。水利部水文局邓坚局长指出：双重管理体制是解决水文融入当地经济社会，保障地方各类涉水事务科学开展的有效途径，各地要结合自身实际，因地制宜，稳步推动地市级和县级水文单位实行以省级水行政主管部门领导为主，同时纳入地方政府序列进行管理的双重管理体制。我们要在深入开展省市水文双重管理基础上，逐步向县城水文站与地方政府双重管理延伸，不断把水文工作融入地方政府政治、文化、经济社会发展之中，切实发挥好水文工作支撑与服务作用。

（四）拓展服务领域，更好地服务经济社会发展

陈雷部长指出：及时了解交通、航运、铁路、农业、环境等部门的水文需求及社会公众在涉水旅游、城市景观、娱乐休闲等方面的水文需求，不断拓宽水文服务领域，提高水文服务水平。按照陈雷部长讲话精神，我们要在做好水文测报整工作的基础上，积极走向社会，走向市场经济，加强与交通、航运、铁路、农业、环境等部门的联系与沟通，充分利用我们水文地域、资料、信息等方面优势，进一步拓展我们的服务领域。

（1）继续完善旱情墒情监测站网，在去年20个旱情墒情监测试验站点的基础上增加到41个，坚持按旬向省防汛办上报监测信息。

（2）在暴雨频发期和频发区增设水文监测站点，准确、及时地测报局部暴雨引发的山洪、泥石流和滑坡等自然灾害，尽可能为当地政府和防汛救灾机构提供第一手信息资料，继续开展中小河流洪水易发区水情预警预报和主要河流未来36小时流量过程预报，着力为重点防洪区、市县城区、水利旅游风景区提供水情信息服务，为提高公众生活质量当好参谋。

（3）按照最严格的水资源管理制度要求，积极开展水资源监测和水环境评价工作，加强各市区供用耗水的监测调查，开展城市水景观的监测工作；继续做好20万人口以上重要城市供水水源地饮水安全监测和主要河流省、市界水质、水量同步监测工作，核定主要河流纳污能力，提出限制排污总量意见；开展主要水域以藻类监测为重点的生态监测工作，为实行最严格的水资源管理制度提供坚强支撑。

（4）为公路、铁路、能源建设提供水文地质及环境影响评价服务。这一方面需求较多，一些民间服务机构早已介入，所用资料数据都是我们水文部门的。因此，我们要主动出击，走向社会，多方联系，参与介入，做好服务。

(5)面对今年严峻多变的气候，要进一步增强责任心和使命感，主动与林管部门和水保部门联系，加强对秦岭山地森林生态和水土生态的监测，为有关部门保护、开发、利用提供决策依据；同时要积极开展城市水文监测试点工作，为城市防汛做好水文服务。

(五)加强汇报，增进理解，争取各级领导关心与支持

水文既是一项传统的专业性工作，又是一项与经济社会发展密切相关的基础性工作。因此，水文事业发展离不开各级领导和社会有关部门的重视与支持。陈雷部长明确指出：各单位主要负责同志要经常听取水文工作汇报，研究部署水文工作，在制定政策、安排资金、配备干部、部署工作等方面充分体现对水文的重视和支持。作为我们自身，要主动出击，主动向地方人民政府汇报水文工作，汇报我们行业优势和目前存在的问题，争取各级领导的重视和关心，为水文事业发展创造良好的外部环境，要在各级领导的重视和关心支持下，着力在水文管理体制、投入机制、能力建设等重点领域和关键环节取得新的突破，促进我省水文事业健康快速全面发展。

四、结论

只要我们水文行业在省水利厅党组的领导下，在部水文局的关心与支持下，认真贯彻落实科学发展观，坚持“大水文”发展理念，加强人才队伍建设，努力建设一支思想素质高、业务技术水平强和作风顽强、开拓创新、克难攻坚的干部队伍；努力增加水文投入，加强水文基础设施更新改造，配备先进的水文设施设备和仪器；各级领导和社会有关部门对水文事业的重视关心支持，我们坚信，水文支撑经济社会发展的能力一定会得到大力的提升。

（杨汉明）

认真调研找差距　解放思想谋发展

——在陕西省水文局大调研活动汇报交流会上的讲话

（2010 年 10 月 28 日）

为认真贯彻全省市县水利局长座谈会精神，配合水利厅在全省水利系统开展以“解放思想，理清思路，加快发展”为主题的大调研活动，找准陕西水文发展中的难点、重点、热点和突破点，寻求解决问题的新思路、新举措和新方法，增强工作的预见性、前瞻性和科学性，更好地服务全省水利中心工作和地方经济发展。省局在全系统开展为期半年多的“解放思想、找差距、促发展”调研活动。

今天，我们利用一天时间，听取了 8 个部门和同志的调研报告汇报交流，各位专家和有关领导又作了精彩的点评和很好的发言。许多调研报告具有很强的前瞻性、创新性和针对性，对我们明年的工作乃至今后水文事业发展肯定有很大的启发和帮助，特别是各位领导和专家的发言更对我们开阔眼界、理清思路、振奋精神有重要的参考和借鉴作用。在此，我对长期以来关心、支持我省水文事业发展的各位领导和专家表示衷心的感谢！

下面，我就这次调研活动的主要收获、存在问题和促进当前工作再讲一些意见。

一、这次调研活动的特点和主要收获

在全省水文系统开展调查研究活动，既是水文科学决策的重要基础，也是转变干部工作作风、提高工作效率的重要途径，对全面贯彻落实科学发展观新要求，积极适应水文发展新形势新变化，妥善应对水文发展新挑战，促进水文事业逐步由传统水文向现代水文、

行业水文向水文行业转变，具有十分重要的意义。经过半年多的努力，有关领导和部门结合自己分管工作和水文工作实际，积极开展，扎实调查，认真思考，深入研究，广泛听取各方意见，针对水文事业发展面临的突出问题，提出了许多建设性的意见。总结这次调研活动，我看主要有三个特点：一是领导重视，深入实际。为了搞好这次调研活动，省局于3月下旬就下发了通知，确定了调研主题和指导思想，提出了明确要求，明确了领导调研重点。通知下发后，领导班子成员高度重视，组织各相关处室，制订调研计划，落实调研工作人员，党委书记郑生民还带领有关人员深入基层局站进行座谈调研，和干部职工面对面的了解情况听取意见，在各位领导的重视下，使这次调研活动有序顺利开展。二是克服困难，合理安排。这次调研活动适逢汛前准备工作和防汛测报任务繁重时期，各项工作头绪多，水文测报任务重，各领导和有关部门都能统筹兼顾，合理安排，既保障了防汛测报工作任务全面完成，又促使了调研活动顺利进行。据统计，参与这次调研活动的领导和干部多达60余人，累计收集调研报告30份。未给明确调研主题和任务的各市局、机关各处室也结合实际开展调研，提交了一批质量较高的调研报告。三是内容广泛，针对性强。这次调研活动同志们都能紧密结合我省水文发展现状和实际，既总结我们已取得的成绩，又深入查找我们工作和发展存在的突出问题；既看到经济发达省份和先进行业的发展优势，又看到我们自身和本部门的薄弱环节；既查找出了问题，又提出了改进措施。调研报告内容涉及提高水文支撑能力、建设学习型机关与队伍、提高职工职业道德水平、水文基础设施建设前期工作、水情信息采集自动化建设、实行最严格的水资源管理制度、旱情监测、纪检监察、水文测验方式改革、水文业务费和水文职工劳动保护等多个方面，这些问题都是水文发展中不容忽视的问题，有很强的针对性。一些领导和干部加班加点，撰写并讨论调研报告，反复修改完善，数易其稿，提高了调研报告的质量。

这次调研活动之初，我们提出要达到的目的是：通过深入调查研究，使广大水文干部职工充分认识当前水文发展现状、面临的机遇和挑战，存在的差距和问题，理清工作思路，谋划水文发展，创新对策，切实增强干部职工的凝聚力、发展力、服务力和创新力，从而积极发挥水文围绕水利中心工作服务地方经济建设职能，促进我省水文事业又好又快发展。今天，我们通过听汇报，座谈交流，为实现当初提出的目的奠定了良好基础。其中，我感觉最重要的收获有三条：一是进一步解放了思想。通过调研，总结了回顾了近年来我省水文事业发展取得的成效，查找了我们发展存在的不足，看到了发展面临的形势和新问题，使大家的思想观念有了新的转变，特别是提高水文支撑能力不仅需要加强基础设施建设、加快信息化建设步伐，而且还要争取上级关心支持以及资金投入、拓宽服务领域、加强人才培训、提高干部职工思想道德素质等，所有这些，使我们的干部思想认识有了很大提高，发展观念有了新的提升。二是促进了工作作风的转变。通过调研，进一步促使了干部深入实际、深入思考、联系群众、调查研究风气的不断好转，无论是机关，还是各市局，同志们都在想方设法谋事、干事，真正把调研与发展有机结合起来，极大地促进了各项目标任务的落实，形成了“静下心来谋发展，一心一意搞建设”的浓厚氛围。三是坚定了水文事业发展的信心。通过调研，进一步解放了思想、理清了发展思路，从而达到了振奋精神、鼓舞斗志、增强干劲的目的，使大家进一步增强了加快水文发展的责任感、使命感和紧迫感。

二、不断促进调查研究工作深入开展

在这次调研活动中，特别是听了今天的汇报交流，我们也看到了一些干部确实下了功夫、动了脑子，写出了质量较高的调研报告，提出了一些有深度、有见解、有参考价值的调研报告，在这里必须给予肯定。但是，我们要实事求是地讲，从多数调研报告交流汇报来看，这次调研活动还存在一些不足，主要表现在以下几方面：一是少数干部和部门对调研活动重要性认识不够。对省局下发的通知和开展调研活动提出的要求思想认识不足，致使调研报告质量不高。二是深入基层、深入实际不够。由于经费和工作繁忙等原因，我们多数同志没有深入基层、深入实际开展调研工作，这样撰写的调研报告缺乏翔实资料和针对性。三是调查研究成分欠缺。调研报告就是要在调查研究方面下功夫，我们多数同志把调研报告混淆于撰写论文，提出的一些观点离实际相差甚远等。

为了进一步在全局干部职工中养成良好的调查研究的工作作风，我们要学习借鉴这次调研活动中表现出来的好作风，改进调研活动中存在的不足和暴露的问题，听取这次各位领导和专家的点评意见，切实增强水文事业发展的责任心和使命感，推动调查研究工作在水文系统深入开展。要坚持深入基层摸实情、出实招、办实事，研究分析关系水文发展的深层次问题，要善于发现、提炼、总结基层一些鲜活经验和创新举措，做到有的放矢，改进工作方法，敢于负责，大胆创新，积极工作，促进发展。

三、以转化调研成果为契机，切实抓好当前各项工作

常言道，调研是谋事之基、成事之道、创新之途。调研的根本目的在于解决问题、推动发展。优秀的调研成果能否转化为促进水文事业发展的强大动力，关键看能否切合实际地解决好制约发展的突出矛盾和问题。所以说，这次调研活动只是开了一个好头，下一步转化、落实的任务还很重。希望大家继续保持高昂的工作态势，良好的工作作风和精神风貌，切实抓好调研成果的转化应用。

一要进一步修改完善好调研报告。这次会后，各领导和各有关部门，充分吸收专家的意见，继续修改完善调研报告，成绩要讲透，问题要分析深透并剖析原因，措施要有操作性。进一步梳理调研成果，区分轻重缓急和难易程度，本着什么问题突出就重点解决什么问题，什么问题条件具备就优先解决什么问题的原则，看哪些措施

应该立马就办，哪些措施需要积极争取，哪些措施还需要研究提出具体的落实意见，努力做到边争取边落实，条件成熟一个落实一个。对优秀的调研报告可以推荐《陕西水利》以及有关报刊进行发表。

二要进一步改进我们的工作作风。开展调研活动是转变工作作风的一项重要举措，要通过这次调研活动的开展，要在全局干部中大兴调查研究之风，密切联系群众之风，促进干部形成一种深入实际，调查研究，勤于思考，勇于创新的良好风气，把调查研究中发现的问题转化为克服困难，增强干劲，谋事干事和推动工作的动力，为水文事业发展提供坚实的干部作风基础。

三要对目标任务进行检查回头望。目前，离年终还有两个月时间，希望各市局、机关各处室，要认真对照年初确定的目标任务，进行检查回头望，各分管领导要认真履行职责，抓住剩下的有限时间，进一步强化责任，改进措施，调动各方面积极因素，确保全年各项目标任务的顺利完成。同时，要积极做好考核的各项准备工作，力争我局今年在水利厅直系统考核中取得好的名次。

四要认真学习十七届五中全会精神。党的十七届五中全会是在我国即将完成“十一五”规划，进入全面建设小康社会的关键时期召开的一次重要会议。全会深刻认识并准确把握国内外形势新变化新特点，审议通过了《中共中央关于制定国民经济和社会发展第十二个五年规划的建议》。当前，我们要把学习贯彻十七届五中全会精神作为一项重要任务，准确把握精神实质，统一思想，振奋精神，把智慧和力量凝聚到落实全会做出的决策部署上来。

同志们，调查研究是一项长期的战略任务，需要各级干部和各市局、机关各处室付出不懈的努力。我们要在厅党组的正确领导和重视下，坚持以科学发展观为指导，牢固树立“大水文”发展理念，开拓创新，锐意进取，为实现我省水文事业又好又快发展做出新的贡献！

（杨汉明）

对陕西水文信息化建设的思考

（2011 年 4 月 20 日）

大力推进国民经济和社会信息化，是覆盖现代化建设全局的战略举措。以信息化带动工业化，发挥后发优势，实现社会生产力的跨越式发展。中共中央十五届五中全会关于国民经济和社会发展“十五”计划建议指出“信息化是当今世界经济和社会发展的大趋势，也是我国产业优化升级和实现工业化、现代化的关键环节，要把推进国民经济和社会信息化放在优先位置”。

水利是国民经济发展的基础产业；水文是水利的基础；信息化是实现水文现代化的基础；水文信息化是传统水文向现代水文、大水文转变的战略举措；只有实现水文现代化，才能实现水利现代化，才能保障国民经济持续稳定的发展。水文信息化是实现水资源合理开发、优化配置、科学管理、高效利用和有效保护的重要措施，是解决洪涝灾害、干旱缺水、水环境污染的重要途径，是实现传统水文向现代水文、大水文转变的重要举措。水文信息化是全面提升水文效率和提高水文行业整体实力的一个决定性的因素。

一、水文信息化的概念

水文信息化，就是充分利用现代信息技术，开发和利用信息资源的水文现代化过程。包括对水文信息进行采集、传输、存储、处理和利用，提高水文信息资源的应用水平和共享程度，从而全面提高水文建设和预测预报的效能和效益。数字水文是水文在计算机中的表现形式，是应用现代信息技术对水文行业进行全面技术提升活动的统称。数字水文主要由水文信息的采集、传输、存储、模拟和决策等子系统组成，融合了大规模的计算机技术、卫星、遥感、地理信息系统、全球定位系统、虚拟实现技术、多媒体技术和大规模存储技术，形成了由海量信息组成的多分辨率、多尺度、多时空的数字图文信息。如何把这些大规模的综合数字图文信息重现出来，提供一个高亮度、高分辨率、多窗口的数字显示平台，是数字水文的关键技术之一。各种先进的技术全面推进着水文行业技术升级，构成了数字水文丰富的内涵。数字水文连接水文行业、水利行业与信息技术，其关键技术有：远程自动化控制、数值模拟、GPS和卫星、遥感技术、数据库技术、通信和计算机网络技术、人工智能管理等。

二、水文信息化的内容

（一）水文信息化建设的网络框架

根据笔者的理解，水文信息化建设的基础首先是全国性的水文网络工程，其次是为全国性网络工程提供水文信息的其他网络源，如长江委、黄委、省水利厅等。网络框架中的管理控制中心是“核心”，其他系统一方面为“核心”提供信息；另一方面接受并执行上一级：“核心”的指令，信息源的任务就是信息采集。

（二）水文信息化建设内容

水文信息化的建设内容可归纳为：信息采集、转换、传输、接收、处理、分析、应用、发布等。信息采集系统主要由监测仪、传感器、卫星、遥感、GPS等仪器设备单独或组合而成。信息转换系统将信息采集系统采集到的各类水文信息，多为不同类型的物理量，转换为电信号或数字信号之后，由传输系统从一地传送到中心，在通过中心的转换系统转换为计算机可以识别的数字。信息传输系统包括有线传输（光纤、电缆、专线、公用电话等）、无线传输（超短波、卫星、GPRS\GSM等）、传输网络系统等。信息接收系统指接收和转换信号（有线和无线）的装置、设备、仪器、计算机等。信息处理系统包括计算机硬件（工作站、服务器、机房等）、软件（操作系统、处理系统、决策支持系统、数据库系统、管理系统、仿真系统、GPS及其他应用软件等）。应用系统包含显示（图形、图像、图表、声音、文字等）、分析、统计、预测预报、水资源评价、计划建设管理等。应用系统是水文信息化建设的主要目标之一。

（三）水文信息化建设采集的主要信息类型

主要信息包括河流水位、流量、泥沙、水质信息，雨情、蒸发、墒情信息，水库出、入库等工情信息，主要江河的视频信息等。

（四）其他水文信息化系统

包括电子政务、办公自动化、人事管理、建设管理等系统。

三、目前全省水文信息化存在的主要问题

（1）水文测站建设标准低。大部分测站只能测中低洪水，具备测30年一遇洪水能力的测站较少，再加上设备陈旧年久失修，自动化程度较低。

（2）现有报汛站点自动化程度只有25%，低于全国78%的水平。

（3）现有信息系统相对独立，信息资源没有得到优效整合，信息资源共享程度低，可利用性差，无法形成一个覆盖全省范围内的水文信息系统平台。

（4）计算机网络性能低、覆盖面不足。省中心和分中心的局域网大部分性能低、可靠性差。已投入运行的实时水情计算机广域网速度较低，且节点少，无法满足水情、雨情、工情、灾情和旱情信息的传输以及业务系统信息传输与处理的需要。

（5）决策支持系统方面，缺乏统一标准，规范性差。应用系统缺乏，水资源、水环境等成体系的应用系统基本尚未形成。

（6）基础数据库的建设没有形成规模。数据库建设是信息化

的基础工作，我省水文数据库的建设现状与实际需求有很大差距。

（7）水文信息资源的整合、共享、分析利用不够。多年来，水文系统收集了大量的、第一手、宝贵的水文资料，但没有完全进入数据库，很多水文资料还靠原始的手工查看、抄录和计算的方法，同时对已有的资料分析利用不够。

（8）经费短缺。由于我省仍属欠发达省份，用于水文基础建设的经费相对较少。

四、对全省水文信息化建设的几点建议

（1）资金投入要保证。水文信息化的建设要有正常的资金投入机制，既要有建设资金，又必须要有正常的系统运行维护资金，以保障系统建设的有序发展和系统的正常运转。

（2）规划和标准要先行。规划和标准是水文信息化的基础，是项目建设的依据。依据水利部水利信息化建设的总体要求，结合我省水文实际和需求，全局通盘考虑，本着统筹规划、整合资源、信息共享、技术先进、超前发展的思路，请专业人员对我省水文信息化进行规划和设计，在今后信息化建设中按此规划逐步实施，避免盲目建设、低水平建设、重复建设，使我省水文信息化建设形成规模化、一体化和信息共享。

（3）健全工作机构，加强队伍建设。推进水文信息化建设，不能沿袭传统的经验和做法，要遵循信息化建设的客观规律，大胆探索，开拓创新，努力建设一套行之有效的、科学的与水文信息化建设相适应的工作模式和运行机制，成立相应的机构（处），对信息化工作进行管理。水文信息化工程的技术含量高，建设难度大，所涉及的领域多，因此必须引进和培养一批掌握先进信息技术、熟悉水文专业知识的高素质人才队伍是实现水文信息化的保障。

（杨汉明）

加强调查研究　破解陕西水文发展难题

（2013 年 9 月 28 日）

群众路线是马克思主义群众观点在实际工作中的贯彻运用，牢固树立群众观点是确保党的群众路线教育实践活动取得实效的最基本要求和第一位任务。通过教育实践活动，结合水文行业特点，我认为，要破解当前制约“业务立局、科技兴局、人才强局，开放办水文”的“大水文”发展建设难题，就要立足实际，加强调查研究，只有这样才能创新陕西水文事业发展。

一、深入开展群众路线教育实践活动，对推动陕西大水文发展意义重大

水文是防汛抗旱的耳目、水资源管理与保护的哨兵、现代水利的基石，水文事业与广大老百姓生活息息相关，在水文系统深入开展群众路线教育实践活动意义深远而重大。

（1）深入开展群众路线教育实践活动，是实现中国梦·陕西篇·水文章的现实需要。我省地跨黄河、长江两大流域，南北区域水资源差异较大，气候变化多端，旱涝交替，山洪灾害频发。要践行中国梦、促进“美丽陕西”的水文章建设，就要进一步夯实水文事业的群众基础，增强水文事业在群众生活中的渗透力，要通过我们的工作，让人民群众认识水文、了解水文、支持水文，为实现中国梦·陕西篇·水文章构筑牢固的群众基础。

（2）深入开展群众路线教育实践活动，是增强水文各级领导班子和干部职工的凝聚力、创造力和战斗力的根本保证。水文测

站大多分布在人烟稀少、条件艰苦的山涧河边，点多、线长、面广。测站是水文的基础，是水文工作的落脚点，职工是水文最大的财富，因此必须始终紧紧依靠职工，广泛听取职工意见，真切感受职工心声，才能凝聚起水文职工的信心和力量，推动水文事业更好更快发展。能否联系群众、团结群众、服务群众、发动群众，不断推进陕西水文事业发展是对全省水文系统党组织凝聚力、战斗力、领导力、执行力的考验，更是对全省水文系统党员党性、政德、官德的检验。

（3）深入开展群众路线教育实践活动，是践行“大水文”和提高水利现代化的根本保障。我省十年九旱，水资源极为紧缺。要践行“大水文”和提高水利现代化，水文部门就要站在服务于全省社会经济发展、满足群众用水需求的角度，理清水文发展思路，不断扩大水文服务面；要了解省情、水情和社会各方用水需求，不断提升服务能力，在精度和深度上下功夫，而这都需要通过开展群众路线教育活动，接地气，跳出水利圈子，扩大认知面，以满足时代发展的新需求。

二、牢固树立群众观点，认真梳理水文发展制约因素

围绕全省水文事业发展大格局，为了搞好群众路线教育活动，陕西省水文局高度重视，牢固树立群众观点，扎实安排部署教育活动。我也带领有关处室负责人深入基层，深入调研制约全省水文发展的突出问题。经过调研、走访和座谈、梳理，主要有以下几方面问题。

（1）水文基础设施落伍，全面服务经济社会能力不足。一是全省现有水文站网大多设立于20世纪六七十年代，所设的站点大多在较大支流或重要河段上，多数中小河流上未布设水文站点或密度较低，对暴雨及山洪灾害监测能力不足。二是省中心现有用房超期服役，工作用房面积严重不足，无法满足中小河流水文监测数据资料整理、存储、处理等对基础设施的要求。三是没有组

建专业的应急监测队伍和配备专门的应急设备，对突发性水事件只能是仓促应战，临时应对，难以满足各级政府对突发事件的精确、快速应对要求。四是全面服务经济社会能力不足。目前规划区内水文监测能力较为薄弱，资源无法有效整合，不能为防洪减灾、水资源管理、生态环境保护、水工程建设管理、国民经济发展提供全面优质服务。

（2）水文预警自动化程度低，难以满足新时期水文工作需要。目前陕西省境内的黄河、渭河、汉江以及重要支流、大型水库研制有洪水预报方案。但通过中小河流水文监测系统建设的156条河流中，有水文测站的河流仅有26条，有预报方案的河流仅有11条，水文资料匮乏，并且都没有建设洪水预警预报系统；部分中小河流虽有预警预报方案和任务，但均主要是依靠地区经验公式预估。特别是中小河流洪水易发区，迫切需要建设中小河流的水情预警预报服务系统。

（3）水文设施运行管护费缺口较大，严重影响全省水文事业发展和队伍稳定。一是一期中小河流水文监测系统已经建成投运，而这些设施的运行费和看护管理费用却没有落实，严重影响到设施设备的安全运行和效益发挥。二是职工收入偏低，与地方公务员工资相比收入差距较大，职工积极性受到影响。三是委托雨量站人员津贴过低，委托雨量观测人员普遍要求帮助解决养老金问题。四是基层水文局、站冬季没有取暖设施，汛期吃饭与测报工作经常发生矛盾。

三、坚持走好群众路线，携手推进陕西水文现代化水平

群众路线是我们党的生命线，也是我们经营和发展水文事业的根本保障。群众路线教育实践活动的根本宗旨就是在解决问题上出实招、下大力、见成效。水文属社会弱势行业，与其他行业相比职工收入较低，这就要求我们坚持走好群众路线，坚持事业

发展我发展，想方设法把职工的利益落在实处，不断破解事业发展中的难题，携手推进陕西水文现代化水平。

（1）坚持以中小河流水文监测系统建设为契机，不断提升水文服务社会经济发展的能力。加快中小河流水文监测系统一期项目的竣工验收，加强二期和三期的项目建设，加大水文基础设施建设力度，以先进的仪器设备、测报技术和现代通信技术、计算机及网络技术为支撑，以提高水文测报自动化水平、改善测验人员的工作条件、减轻劳动强度为目的，在现有水文站网及陕西省2011年度中小河流水文监测系统站网规划的基础上，优化调整和完善中小河流水文站网，提高技术装备水平和应急监测能力，为中小河流防洪减灾、水资源开发利用与保护及中小水库的安全运行提供决策依据。在系统建设中，要确保设施设备先进可靠，测验精度满足规范要求，水雨情信息采集及时准确。项目建成后，中小河流上的水文测站将基本实现自动远距传输，无人值守，将为各级政府及防汛抗旱部门提供更为及时、准确的防洪抗旱决策依据，有效地增强全区防汛抗旱能力。

（2）加快洪水预警预报方案编制工作，不断满足新时期防汛抗洪需要。以历史水文资料、中小河流地形地貌及相关参数为基础，编制156条中小河流水文监测断面的洪水预警预报方案；以实时水雨情、气象等数据的采集、存储和管理为基础，运用先进的水利技术和信息技术，以中小河流水情预警预报业务为核心，充分整合现有硬软件设施设备，建立服务于洪水预报、水情信息查询、水情站网管理、水情综合业务管理、水情预警信息服务、高清视频会商及监控系统的信息化作业平台和决策会商支撑环境，确保中小河流发生洪水时能及时预警，并提高洪水预报的精度和预见期，提升水文的服务能力和服务水平，为陕西省中小河流水资源开发利用与保护、防洪减灾提供决策依据。通过该项目建设，不仅使本次建设的156条中小河流洪水预警预报水平和服务能力得到显著提升，而且能使现有的业务系统通过整合更好发挥作用。

（3）重抓办实事，进一步密切干群关系稳定水文队伍。针对水文职工普遍反映收入偏低问题，将实行多条腿走路，努力压缩“三公”经费，勤俭节约，用省下的经费在政策允许范围内提高职工工资收入；充分发挥水文行业优势，积极参与市场竞争，多措并举，提高职工收入，缩小行业差距和地区差距。针对测站职工冬季取暖问题，我们将继续争取投入，对有条件集中供暖的水文局，分批一次性投入解决接口及辅助供暖设施。增加测站办公经费，保证职工使用电暖气用电费用问题；对汛期测报洪水时测站临时雇用炊事员问题。将从关心职工生活角度出发，积极想办法解决这一突出问题。总之，要通过解决职工实际问题，达到密切干群关系、稳定人心、凝聚力量、促进发展的目地。

（4）狠抓发展大计，进一步牢固干群关系促进事业发展。水文事业发展了，水文职工的生活收入才能得到改善，水文队伍里的干群关系才能牢固。要坚持对水文事业发展高度负责的态度，下大力气解决影响和制约水文发展的现实问题。一是积极争取省财政和主管部门的支持，争取将中小河流水文监测系统运行经费纳入部门预算，从根本上解决经费保障问题。二是积极争取水质监测费用。省局每年将根据工作任务给各局安排一定的水资源专项资金，对于经费不足问题，积极向上级主管部门进行反映，争取将水资源经费纳入财政部门预算，建立稳定的投入机制。三是组织一支懂水文、精通计算机软硬件维修的专业队伍，以保障中小河流水文监测系统的正常运行。四是适当提高雨量站委托人员津贴，按汛期每人每月300元、非汛期每人每月200元标准执行。对要求解决养老金问题，可参照农民水管员的模式，在农民养老金中予以解决。

（杨汉明）

陕西水文测报工作调查分析及解决面临问题对策探讨

（2014 年 11 月 17 日）

当前，随着传统水文向现代水文、测验水文向科技水文的发展转变，水文测报工作中的一些薄弱点和积习问题也日益凸显出来。为破解难题，陕西省水文局在全系统组织开展了“认清形势，开拓思路，改革创新，再上台阶”大讨论活动，我也带领有关人员先后多次深入 6 个基层分局 30 多个水文测站，对目前制约水文发展的测报问题进行了深入调研。

一、全省水文发展基本概况

陕西省水文事业在省委、省政府和省水利厅的关心领导下，特别是中共中央、国务院以一号文件印发《关于加快水利改革发展的决定》后，我们奋力实施全省中小河流水文监测系统建设，形成了包括水位、流量、雨量、泥沙、蒸发、水质等项目齐全，布局比较合理的水文站网体系。全省水文服务已从主要为防汛抗旱和水利工程建设服务，逐步转变为水资源开发、利用、配置、节约、保护和管理等各个环节提供全过程服务；从主要为水利工作服务，逐步转变到为农业、工业、交通、旅游、环保、国防、外交等各个领域及社会公众提供多层次服务；从主要提供实时原始数据服务，逐步转变到加强预测预报和分析评价，更加注重提供水文数据深加工服务。同时，以《中华人民共和国水文条例》《陕西省水文管理条例》为核心的水文法规体系逐步健全，水文管理体制改革不断深化，水文科技创新成果丰硕，水文队伍建设成效突出，水文支撑和服务能力大幅度提升，主要表现在以下七点：

（1）扎实做好水文预报测报工作，成功参与应对2013年陕北局部超百年一遇特大暴雨，渭河、汉江超警戒洪水；积极开展旱墒情监测，加强旱情分析评估，墒情监测站点达41处，为迎战我省53年来最严重冬春连旱提供了优质准确的水文数据支撑；水文资料整编连年达到甲等，成果质量连续保持位居全国前列。水文测报工作受到了各级政府、厅党组的高度肯定，做到了让人民放心、让群众满意。

（2）加快全省水文信息化建设进程，加强规划计划前期编制报审批工作，积极储备建设项目，打造精品中小河流水文监测建设项，1900多处雨量站和114处水位站实现了自动监测。水文（位）站网密度由原来的2336 km^2/站提高到1054 km^2/站，雨量站网密度由原来的366 km^2/站提高到104 km^2/站，增加渭河流域站网密度对比，缩短了与东部省份的差距，走到了西部省区的前列。

（3）积极参与最严格的水资源管理，全面开展水资源、水环境、水生态监测评价工作，监测站点238个，确界我省重点水功能区30余个，对110余个典型排污口及支流口水量水质实施同步监测。水文在我省“用水总量、万元工业增加值用水量、农田灌溉水有效利用系数、重要江河湖泊水功能区水质达标率、水源地饮水安全达标”五项考核目标中实现了话语权。

（4）大力开展“基层组织建设年”“三问三解”“为民务实清廉”“严肃工作纪律转变工作作风”“群众路线教育实践”等一系列专项活动，拨出专项资金30余万元，解决了基层测站和职工吃水难、出行难、洗澡难、看电视难、上网难、办理工伤保险难等方面50多个实际困难和突出问题。

（5）加强职工培训和考核，连续三年选送90名优秀职工到扬州大学为期一年的学习培训；积极与大专院校联系举办中小河流预报研修班、水环境中心分析人员培训班和多人次、多专业轮训学习；开展专业技术岗位聘期考核，实现了技术干部规范管理。2013年，陕西省水文局被水利部授予“全国水利行业技能人才培育突出贡献奖”。

（6）奋力实施“项目带水文”和“开放办水文”战略，发挥水文系统资源、人才、设备、站点等优势，主动参与东庄水库、引汉济渭等我省重大水利工程建设。水文对外服务领域得到有效拓展，职工收入稳步增长，在职人员人均绩效工资年均递涨8%以上，“开放办水文”初显成效。

（7）全面落实党风廉政建设责任制，加强水文基本建设监督监察，推行党务、政务、事务公开。水文对外发展环境进一步改善，社会对水文的认知度进一步提高，基层测站管理得到强化，精神文明建设、行业精神面貌得到进一步提升。2012年陕西省水文局被省委、省政府表彰为“省级先进集体”。

二、当前制约水文测报工作的主要因素

（一）水文服务领域不断拓宽，任务量急剧增加，水文工作面临严峻挑战

一是水文监测站点迅速增加。随着中小河流水文监测系统建设的全面实施，短短的五年时间，我省水文监测点已从2009年的85处增加到目前的197处，全面建成后，还要增加74处。雨量站也从556处增加到1920处。二是墒情监测站点从无到有。为了不断扩大支撑服务面，2009年设立墒情监测站点20个，2010年根据西南大旱的启示将监测站点增加到41个。三是水文报汛站点显著增加。针对中小河流洪水易发区灾害性洪水频发、防御难度大、威胁人员安全概率大的情况，我局在全省开展了中小河流、洪水易发区洪水预警工作。2014年洪水预警预报断面已达100个，省

属报汛站点也由2009年的458个增加到2014年的2033个，水库报汛站由25个增加到694个，报汛任务急剧增加。四是水质监测断面迅速增加。最严格的水资源管理制度颁布实施后，我局水质监测断面由过去的29处增加到现在的238处，其中国家重要水功能区监测断面144处，监测频次也大量增加。

（二）职工队伍青黄不接，基层技术力量薄弱，传统水文测报受到挑战

截至2014年，陕西省水文局在职职工已从2005年的717人降为640人，其中专业技术干部385人，占在职职工的59.8%，高级工程师92人、正高级职称7人，严重缺编。随着近几年，老职工的大量退休，而年青职工却没能得到及时招聘，特别是2011年、2012年连续两年，我省水文单位没有进行统一招考，使得水文职工没有新鲜血液给予补充，技术队伍严重出现青黄不接现象。为了保证工作正常进展，骨干技术力量全部集中到两级机关，这也造成两级机关技术力量雄厚，机构臃肿，达310人，而一线技术力量薄弱，人员严重不足，仅有330人，这也让传统的依靠拼人力的水文测报工作受到严峻挑战。

（三）河道防洪工程的建设，使得水文测验固有的工作模式受到挑战

近年来，随着国家江河水库的治理力度不断加大，特别是中小河流堤防建设，使得一些水文监测站点的监测断面和测验环境发生了变化，传统的水文测验模式受到严重影响。例如受城市景观工程（滚水坝建设）影响的延安、西安、宝鸡、汉中水文局所属水文站，使得传统的测验仪器不能满足工程影响的测验条件，必须改变测验方式、引进新仪器；受河道堤防建设影响的黄陵、丹凤水文站，原有的测验断面发生了改变，必须重新率定断面水位流量关系；受水利工程影响的林家村、张家山、洑头水文站等，改变了原有河道来水条件，需要增设新的测定断面，以确保河道径流测报准确。

（四）事业单位改革，对水文队伍建设提出新的挑战

今年，陕西省事业单位分类改革开始启动，按照省人社厅事业单位分类改革有关精神，通过改革使事业单位按期职能进一步分类理顺，职责进一步明确，人员进一步精简压缩。我局是水利系统事业单位改革的重点，被定性为公益一类单位，人员编制不仅没有新增的希望，而且还要压缩。而随着中小河流水文监测系统的建设完工，陕西省水文（位）站已达197处，按照一个站配备2个人的分配方案，目前330名测站职工也不够分配，这就对水文职工的业务能力、工作效率提出了更高的要求。

三、充分利用现代化管理和技术手段，破解水文测报发展难题

（一）以水文巡测为抓手，加大水文巡测基地建设，改变传统的测验方式

随着传统水利向现代水利、资源水利的转变，现代水文要实现可持续发展，加强水文巡测与基地建设已是大势所趋。目前陕西省已有9个水文勘测队。针对点多面广的站点情况和水文业务急增、人员递减的现实情况，要继续借助中小河流水文监测系统建设的机遇，以按照流域为主适当兼顾行政区划，实行基地管理效率最大化，环境条件优良，满足职工生产生活的基本要求，科学规划全省水文巡测基地建设方案，加大建设力度，促使全省水文勘测队达到15个，逐步形成驻测、巡测、调查、应急监测和遥感监测相结合的水文监测体系，实现水文监测要素自动观测、记录、存储、转发、分析、计算，形成“有人看管、无人值守”的巡测管理模式，为大水文发展战略提供基础支撑。

（二）以新仪器使用为重点，加大新技术的应用，对测报手段进行改革

先进的测报设备是水文事业革命的武器。过去的几十年，

我省水文信息的采集一直是依赖于人工目测、器测，水文测验设施也是基于人工和简单的机械辅助。改革开放以来，随着我国经济快速持续的发展，科学技术特别是信息技术的迅猛发展，给传统的水文测报技术注入了新活力。围绕为我省现代水利发展提供坚实支撑的思路，我们提出了科技兴局、业务立局、人才强局的大水文发展思路，使得一大批的现代水文测报设施和新技术被应用到水文工作中。目前，水位观测自计设施达98套，流量测验ADCP 2套，手持电波流速仪45套，雷达流量计3套，流速测算仪54台，超声波测深仪7套，多普勒流速仪10套，极大地提高了水文自动测报水平，解放了人力，保证了水文测验工作顺利进行。

在目前人员严重不足的情况下，我们只能坚持改变传统的测报方法，继续大量使用新仪器新技术，通过“减员增效”的方式来满足测报需求；加大雷达及超声波、ADCP等测验新设备的投用，扩大手持式流速仪的使用，加强同位素技术的运用，推广自记水位计的应用，增强水文新仪器的配给率和使用量；通过科学求实、循序渐进、突出重点、分步实施、体现效益的原则，让水文新技术新设备在全省水文行业生根开花，大范围使用，以弥补人员不足和解放人力。

（三）以中小河流水文监测系统建设为契机，加强水文测验技术分析与研究，扩大水文资料收集范围

为了保证测验成果的连续性、科学性，在原先审查25项测验成果的基础上，继续加大水文测验基础研究和设备仪器对比试验分析工作，扩大水文资料收集范围。一是对水位、雨量全面实现长期自记、自动传输、固态存储；二是对中小河流水文站，进行水位流量单值化处理，实现流量停、间测；三是对流量、泥沙不能进行单值化处理的站，实现在线监测；四是对于大河站和防汛重要水文站，全面提升测验手段，实现全自动监测。通过以上分析处理，确保水文测验数据科学准确。

（四）以学业培训为推手，优化组合，建立起精兵高效的水文队伍

要超负荷、保质保量地完成水文测报任务，就必须有一支精兵高效的水文干部队伍。因此，必须采取多种措施，加强职工业务能力的提高。一是在进人方面，实行双向定性，确保一线力量能得到补充。对每年招考的学生，签订就业协议保证书，确保其在水文系统起码要工作五年方能调离。新参加工作人员要下基层，促使一线工作人员不断得到补充；二是压缩两级机关人员，避免人浮于事。通过严格控制机关进人、逐年退休的方式，使得两级机关人员缩减，以高效的工作方式，使得一线水文测报力量得到加强；三是在全系统营造起钻业务、学技术、比技能的良好氛围，不断提高职工技能。通过委托培训、自己办培训、参加行业学习的方式，不断提高干部职工的业务技术水平，对通过自学等不断深造的干部职工给予一定奖励，在全局尽快建立起梯级技术队伍。要每年制订职工培训计划，对全局职工，特别是测站一线的职工进行有序有力的业务技术培训，不仅是内部培训，而且还要借助部水文局和水利厅的业务培训，不断提高职工综合业务能力和创新水平；四是加大激励因素，从任用情况、晋升制度、工资制度、奖励制度、处罚制度、参与制度、福利状况七个方面，刺激职工钻业务学技能的主观能动性，为打造出一支特别能吃苦、特别能战斗的水文队伍打好基础。同时，通过组织职工业务技能竞赛等方式，以“比、学、赶、帮、超”的竞赛劲头，不断提升职工的业务实战能力。

（杨汉明）

陕西实施“大水文”理念的实践与思考

（2015年11月27日）

2009年，水利部陈雷部长要求水文工作要牢固树立“大水文”发展理念。2010年全国水文工作会议上，刘宁副部长要求各地积极践行“大水文”发展理念，在根植水利、依托水利的基础上，面向全社会做好服务，让水文真正融入经济社会发展之中，在拓展领域中求发展，在扩大服务中求壮大。目前“大水文”理念已牢牢根植于陕西水文事业方方面面，“大水文”理念经过五年的发展和实践，效果如何？我们进行了调研。

一、陕西水文践行“大水文”理念的工作成效

结合陕西省情、水情特点，我们按照“大水文”发展理念要求，围绕我省水利“水润三秦、水美三秦、水兴三秦”战略，结合水文实际提出“业务立局、科技兴局、人才强局，开放办水文”的工作思路，坚持以水文行业法规、政策、规范和标准为依据，以加强水文水资源监测体系建设为基础，以提高预测预报能力为重点，以推进体制机制改革为动力，以提供全面优质服务为目标，以强化科技创新和队伍建设为保障，加强人才培养，注重能力建设，认真履行职责，提高服务水平，水文站网密度和功能进一步增强，水文服务更加全面和深化，行业水文向社会水文转变，全省水文信息化水平快速提升，“大水文”收获丰硕成果。

第一，水文资金投入历史最多。“十二五”期间，水文基础设施建设累计投入资金近4亿元，较“十一五”增长近6倍，是

陕西水文历史以来投入最多的五年。水文事业经费、固定资产规模大幅增加，事业经费7728.45万元，形成固定资产9709.17万元，较“十一五”末分别增加约82%和53%。

第二，基础设施建设力度最大。“十二五”期间，累计新建和改造各类水文监测站点1958处，仅中小河流水文监测系统建设项目共新建74处改造33处水文站，新建90处、改造2处水位站，新建1139处、改造387处雨量站；新建榆林、咸阳2个地市级巡测基地，改造9个地市巡测基地，新建1个省级应急监测队建设；改建8处水情信息中心站、建设156条中小河流预警预报系统。项目于2012年开工，计划于今年底完工。

第三，水文站网发展更加适应需求。水文（水位）站网密度由原来的366 km^2/站提高到104 km^2/站，增加渭河流域站网密度对比，缩短了与东部省份的差距，走到了西部省区的前列，基本达到了布局合理、功能完善、内容广泛、满足需求的站网格局。

第四，业务基础进一步夯实。启动《陕西省水文手册》修编工作，完成《陕西省水文现代化规划》编制；水文资料整汇编工作圆满完成且连创佳绩，承担汇编刊印的《水文年鉴》第4卷第8册2011年、2012年连续两年该册年鉴总体成果质量位居全国第一；水文资料复审验收，连年90%以上的站资料整编达到甲等；自2012年起，结合省情对全省中小河流洪水易发区及水文监测系统工程建设的水位、雨量站资料进行整汇编，四年累计形成整编成果3295站年。

第五，服务防汛抗旱支撑有力。优化和完善水情站网。全省水情报汛站共202处，是“十一五”的5倍；水情报送时效内传输率99.6%；网络传输率100%，差错率仅为0.12%；建设41处墒情监测站，开展了商情监测服务；开发陕西省水情综合业务系统及陕西省雨量分析系统，在全国率先开展中小河流预警预报工作，预警预报在防汛减灾工作中发挥了不可替代的重要作用，受到各级政府和防汛指挥机构高度肯定。

第六，服务水资源管理能力快速提升。加强服务最严格水资源管理能力建设，下大力气提升水资源、水环境、水生态监测评价质量，“十二五”期间布设监测站点237个，确界我省重点水功能区30余个，对110余个典型排污口及支流口水量水质实施同步监测。水文在我省“用水总量、万元工业增加值用水量、农田灌溉水有效利用系数、重要江河湖泊水功能区水质达标率、水源地饮水安全达标”五项考核目标中实现了话语权。

第七，水文行业改革创新不断深化。按照事业单位分类改革要求结合水文工作实际，完成《省水文局分类改革的意见》的上报。改革水文测验方式，加快推进水文巡测基地水文中心站建设，组建各级水文巡测队，成立省级应急监测队，水文测验单值化分析研究新设备新仪器试验对比分析以及涉水工程影响下的测验方式分析研究等取得可喜成绩。高度重视水文科技创新工作，自2011年开始，每年安排了15万元用于专项科研研究，在新仪器的应用研究、科技理论创新、科技人才培养等方面取得突出成绩，自行设计、自行试验加工，首座跨度为635米的全自动双跨单主索魏家堡水文测流缆道建成并投入试运行，标志着我省缆道工程建设技术获得新突破。2014年，陕西省水文局获得全省水利科技工作先进集体，延安水文局赵水文同志被省科技厅授予“陕西省杰出能工巧匠”荣誉称号。

第八，水文行政法规进一步规范。健全和完善水文政策法规体系，《陕西省水文管理条例》修订完成，上报陕西省水文局权力清单和责任清单，提出了行政审批事项取消后的合理化措施。加强水文执法队伍建设，增加更新执法装备，水文执法手段有效强化，水事纠纷调处机制得到完善，2013年荣获全省水利系统水政工作先进集体，水文对外发展环境进一步改善，社会对水文的认知度进一步提高。

第九，行业管理水平有效加强。建章立制，修订完善《陕西省水文局测验质量考核办法》《陕西省水文局工程项目建设管理办法》《陕西省水文局机关考勤制度》等各项规章制度23件。加强水文重大问题研究，深入基层调查研究，推行党务、政务、事务公开，基层测站实现精细化管理。公开、公正、公平选拔任用科级干部60人，招聘水文职工38人，评审认定各级职称152人。实施人才强局战略，连续3年选送90名优秀职工到扬州大学参加为期1年的学习培训，连年开展了多人次、多专业轮训学习。推行资金预算管理机制，规范资金资产管理，成立了审计稽查科，“三重一大”实现纪检、审计、财务等部门监督检查联动机制。高度重视安全工作，加强生产监管力度，无重特大安全事故发生。“十二五”，我局连续荣获水利厅厅直系统目标考核先进单位，2012年被省委、省政府表彰为“省级先进集体”，2013年，被水利部授予“全国水利行业技能人才培育突出贡献奖”。

第十，全面落实党建和精神文明创建各项任务。深入学习习近平总书记系列重要讲话精神，进一步强化理论武装，增强“三个自信”。坚持党要管党、从严治党，严明党的纪律，严肃党内生活，加强基层党组织建设。认真落实党风廉政建设责任制，落实党委、总支反腐倡廉的主体责任和纪委监督责任，完善惩防体系建设和廉政风险防控工作。坚持不懈纠正“四风”，持之以恒抓好中央八项规定的贯彻落实。深入推进水文化建设和行业精神文明创建，大力开展“基层组织建设年”“三问三解”“为民务实清廉”“严肃工作纪律，转变工作作风”“群众路线教育实践”“三严三实”等一系列专项活动，拨出专项资金30余万元，解决了基层测站和职工吃水难、出行难、洗澡难、看电视难、取暖难、办理工伤保险难等方面十几个实际困难和突出问题。加强新闻宣传和水文文化教育，大力开展形式多样、寓教于乐的文化体育活动，投资新建职工活动中心，举办陕西水文系统职工运动会，丰富和促进了职工文化生活，提升了单位活力，凝聚了事业发展正能量。领导带头，精准扶贫工作扎实有效开展。

第十一，实现了坚持事业发展我发展。积极筹措职工 40% 绩效工资，奋力实施“项目带水文”和“开放办水文”战略，努力拓展水文服务市场，发挥水文系统资源、人才、设备、站点等优势，主动参与东庄水库、引汉济渭等我省重大水利工程建设，2012 年派员赴伊拉克开展萨拉哈丁燃油电站建设开展水文监测及水文气象分析计算工作，水文对外服务领域得到有效拓展，在职职工年收入逐年实现 8% 以上增长，“开放办水文”已初显成效。

主要经验：一是坚持“大水文”发展理念是水文事业发展的根本出路。二是为防汛抗旱提供优质服务是水文事业立身之本，为水资源管理提供技术支撑是水文发展壮大之源。三是坚持“业务立局、科技兴局、人才强局，开放办水文”是我省水文事业的发展思路。四是“加强人才培养，注重能力建设，认真履行职责，提高服务水平”是实现水文事业科学发展的重要保障。五是深化改革创新是水文事业发展的不竭动力。

二、在践行“大水文”理念中全省水文工作遇到的主要问题和对策建议

尽管全省水文工作取得显著的成绩，但我们在调研中仍然发现许多不容忽视的问题，如不及时解决纠正，将制约到水文事业持续健康快速发展，主要集中在：一是受体制机制影响，我省按行政区域设立水文机构进展缓慢，制约我省水文事业发展。二是在中小河流水文监测系统建设中，解决人员编制问题困难和难度还比较大。缺乏专业技术人才，特别是缺乏高素质的网络维护、水文新仪器使用、通信仪器设备管理人才现象普遍存在。三是监测站点剧增，维护运行费未落实到位，亟待解决。四是多数获得工人技术等级证的技术工人，工资多年不能兑现，且部分工人已近退休。

对策建议：

（1）加快推进地市水文机构设立和水文共建共管工作步伐。《陕西省水文管理条例》的颁布实施，从法规的高度理顺了水文管理体制。截至2014年底，河北、辽宁、浙江、河南、贵州、西藏、宁夏、新疆等14省（区）已实现按照地市行政区划设置地市水文局。江苏、福建、山东、湖北、湖南、广西、重庆、青海等省（区）全面实现县级水文机构设置。然而我省相关工作进展还比较缓慢，建议先期在榆林、铜川、咸阳、渭南4市设立水文机构，通过水文共建共管方式逐步推进县级水文机构的设立，以发挥水文为当地社会经济发展和防汛抗旱、水资源开发利用的功能与作用。

（2）采取有效措施，解决招人难、留人难问题。自2011年起，我局仅2013年通过公开招聘进入36人。我局编制713人，截至2014年底，实际人数655人，净减人员58人。随着中小河流水文监测项目开工建设，水文站点大幅增加，水文站由过去的80处增加到154处，水位站由过去的5处增加到114处，雨量站由过去的556处增加到1933处，水质站由过去的29处增加到237处，基层水文单位人员严重短缺。同时，我省大部分水文站地处偏僻，近年招聘的人员不安心基层工作，先后有10余人调走或考到其他单位，基层测站存在招人难、留人难的问题。建议：①自2015年起，连续3年，保证我局通过事业单位公开招聘30人/年。此后，可按照20～30人/年招聘进人。②省市两级机关招聘工作人员与水文站分开招聘：一是省市级机关参加省级事业单位招聘，要求较高专业学历；二是水文站招聘工作人员，与卫生、教育系统给乡镇卫生所、学校招人的程序一样，学历条件可以放宽到高中文化水平，户籍在水文站当地。

（3）加快落实水文自动监测站点维护运行费问题。“十二五”期间，我省水文信息化建设取得了快速发展，水文自动监测站点为全省江河治理和病险水库除险加固、山洪地质灾害防御和综合治理提供了不可短缺的数据支持，在防汛工作中发挥了巨大作用。水文自动监测站点绝大部分在偏远、艰苦山区，站点布设分散，道路崎岖，人烟稀少，易遇到突发性自然灾害或人为因素造成的数据传输中断或设备损毁，日常养护工作困难重重，设备运行、养护、检测经费一直未得到落实，应根据水利部《水文业务经费定额标准》及早核算，并纳入财政预算，年年核发，避免因设备故障，造成监测盲区数据空白和固定资产的无谓损失。

（4）尊重事实，解决水文系统工勤岗位人员等级资格聘用，工资兑现问题。工勤岗位已经取得中级工、高级工、技师技术等级资格人员难以聘用、工资难以兑现问题，在全省水文系统内矛盾比较突出，职工反映最强烈。2008年事业单位实行岗位管理时，我局工勤岗位人员约占50%，远远高于确定的18%。经过转岗、退休等方法，所占比例降至33%，但工勤技能岗位设岗数量、结构和目前我局工勤人员实际情况矛盾十分突出，我局已有近150名工人取得中级工、高级工、技师技术等级资格，但由于无空缺岗位，除少数符合条件人员转聘到专业技术岗位或管理岗位以外，到2014年底，仍有未聘用中级工23人、未聘用高级工97人、未聘用技师17人，也因此无法兑现工资，严重影响工人的工作积极性，影响我局各项工作的开展。

产生这个问题的主要原因是：根据我局所属事业单位类型、业务发展需求、我省人事政策等因素，确定我局岗位设置以专业技术岗位为主体岗位，占单位岗位总量的70%，管理岗位占岗位总量的12%，工勤技能岗位占岗位总量的18%，按照我局初次设岗时的编制数723人计算，工勤技能岗位设置数量仅有130个，占时有工人总数326人的40%，设置岗位数量与现有人数相差196人，而且设置的130个工人岗位中二、三级技术岗位仅分别为7人和33人。2008年我局初次聘用以后，各级工勤技能岗位都已经大量超员。

应重新理解我省岗位设置管理政策中"对现有正式工作人员承认现状，超过结构比例部分，通过自然减员的方式逐渐消化"的原则。"承认现状"不能理解为只承认现有技术工人数量和技术等级结构，应当在承认现有技术工人数量的同时给予他们在技术等级、工资待遇方面的晋升空间，使他们在被自然减员逐渐消化之前，能够通过努力工作和学习，提高自己的技术等级、工资待遇，这样既能够保证单位各项工作更好地开展，也符合人性化管理的要求，并且不妨碍技术工人数量和结构比例向单位岗位设置方案过渡。

三、“十三五”我省贯彻“大水文”理念的目标

“大水文”理念是对新时期水文工作的基本定位，发展仍然是第一要务，我们将努力破解发展难题，厚植发展优势，牢固树立并切实贯彻创新、协调、开放、共享的发展理念，坚定不移深化“大水文”发展理念，全力为“水润陕西、水美陕西、水兴陕西”做出新的贡献。

目标任务：完善6大水文站网体系、6项监测能力体系、5大系统建设和10处水文基地、32个水文巡测队、11个水文应急机动队建设。建成与全省水利及经济社会发展相协调的保障型、技术型、服务型的陕西现代水文。逐步实现水文职工生活城市化、水文监测自动化、突发应急监测快速化、水文信息服务现代化的目标。

（1）现代化水文监测网络基本建成。基本建成水情、水资源、水质、墒情、水土保持、城市水文等六大监测网络。形成站网布局合理、功能完善、密度适当、项目齐全、点面结合的现代水文监测站网体系。

（2）水文基础设施建设全面达标。对各类水文站进行标准化改造建设，加快10处水文基地、32个水文巡测队、11个水文应急监测队、水环境监测中心的建设，使各类水文基础设施全部达到国家规定的建设标准。

（3）水文要素自动监测能力全面提升。实现雨量、水位自动采集和传输，实现专用站和逐步实现重要测站流量实时在线自动监测；提高泥沙、蒸发、墒情测验仪器与分析设备的自动化水平：

逐步建立旱情自动监测系统；建设实验室监测和移动监测、自动监测相结合的水质监测系统。最终实现水文要素监测长期自记、数字存储、自动传输和处理。

（4）测验方式有较大改革。以水文巡测为基础，实现驻测、巡测、自动监测和水文调查相结合的管理模式。对已经积累较长系列资料且具有较好水位流量关系以及新建为防汛和水资源服务的测站，应按“无人值守，有人看管”的模式，采用相应的方法实现流量在线监测，加快水文基地建设步伐，解决职工后顾之忧，实现水文职工生活城市化，提高生活水平。通过建设省级应急机动监测队，10个市（区）组建市级应急机动监测队和水文巡测队，使全省水文机动监测和巡测、监测能力得到全面提升。

（5）水文信息服务水平大幅度提高。运用现代信息技术，建成整体性能接近或达到国际先进水平的水文信息服务系统。建设安全、高效的通信计算机网络系统，建成各类水文基础数据库和水文基础信息空间数据库，建立完善中小河流水文监测预警预报体系、开发水文水资源预测预报系统等，满足行业及社会对水文业务的应用需求，建成水文信息交换管理系统，构建水文信息共享平台，切实提高水文综合信息服务能力。

（6）水文管理体制和运行机制改革取得突破。建立符合全省实际，具有陕西特色的水文政策法规制度、技术标准、现代化指标体系，健全水文体制双重管理、共建共管和内部竞争激励、良性循环的运行管理机制，形成以公共财政为主，多渠道开放办水文，稳定增长的水文投入机制，改革水文测报方式，创新基层管理组织形式。

（7）行业能力建设取得重要进展。水文科技创新水平明显提升，科研开发应用能力显著提高；水文人才队伍不断壮大，整体素质和能力全面提高；水文新技术、新方法、新仪器广泛运用，水文信息化与现代化建设快速推进。

（杨汉明）

深化陕西水文体制机制改革创新的思考与对策

（2016 年 11 月 16 日）

2016 年 5 月，全国水文体制机制改革创新工作座谈会在重庆市璧山区召开，会议要求：全国各水文单位要抓住当前发展机遇，结合自身实际，勇于探索实践，努力破解制约水文发展的体制机制难题，全面推进水文管理体制机制改革创新。今年事业单位分类改革，省水文局明确为公益一类事业单位，体制改革创新事关事业长远发展，运行机制事关事业发展活力，带着这一问题，我们组织力量进行了调研。

一、我省水文管理体制改革成就和存在问题

我省水文管理体制改革起步较早，最初起到了示范引领作用。

（1）法规率先出台。2005 年 7 月，《陕西省水文管理条例》实施，仅次于河北、河南两省，从法律层面上理顺了我省水文管理体制，完善了水文投入机制，将水文工作纳入了法制化、规范化发展轨道，为水文事业的健康稳定发展提供了法制保障，也为水文更好地服务水利和经济社会发展奠定了法律基础，在全国水文系统起到了引领示范作用。

（2）干部实现高配。2008 年省机构编制委员会《关于省水文水资源勘测局领导高配问题的批复》（陕编发〔2008〕3 号）和省编办《关于省水文水资源勘测局机构编制问题的批复》（陕编办发〔2008〕22 号）明确省水文局局长、书记高配为副厅级，

6个市级水文局局长高配为副处级。2009年12月16日，省局6名副处级干部升为正处级，6名科级干部提拔为副处级。

（3）双重管理体制有效推进。地方水文工作双重管理体制改革取得重大进展，全省榆林、宝鸡、商洛3个市和志丹、华阴2个县的水文工作实行了双重管理体制。安康市的石泉、安康水文站已与长江委成为共建共管站；省水文局与省江河水库管理局就其所辖三门峡库区水文局实现共建共管，挂牌成立了陕西省渭南水文局；延安市志丹县所在地的刘家河、志丹、杏河3处水文站已和当地政府实行共建共管，成立了志丹县水文局。商洛市人民政府和陕西省水利厅对陕西省商洛水文水资源勘测局实行共建共管，2008年6月13日举行了商洛市水文水资源局挂牌仪式，这是我省首家实行共建共管的水文局。2009年7月陕西省水利厅与榆林市人民政府签署了《关于对榆林市水文工作实行共建共管的实施意见》。2009年12月宝鸡水文局实现了陕西省水利厅与宝鸡市人民政府共建共管，同时出台了《宝鸡市水文水资源勘测局实行省市共建共管暂行办法》，宝鸡市政府将宝鸡水文局纳入宝鸡市行政事业单位名录，在项目建设、课题研究等方面给予重点支持，并互派干部实行双重任职。宝鸡市水文水资源勘测局的成立，得到了水利部刘宁副部长的高度重视，为省市共建宝鸡市水文水资源勘测局成立授牌，指示将其作为部水文局共建联系点给予支持和推广。2015年6月，省水文局与韩城市水务局水资办成立韩城市水文局并就共建共管达成协议。

存在问题：我省水文工作实行省垂直管理，除汉中、安康、商洛按行政区域设立了水文局外，延安水文局管辖延安和榆林2个市，西安水文局管辖西安、铜川、渭南和咸阳（部分）4个市，宝鸡水文局管辖宝鸡、咸阳（部分）和西安（部分）3个市。实践中，跨行政区域设置水文机构具体有五个方面弊端：

一是不利于地方政府对水文工作的指导。《陕西省水文管理条例》规定“市、县（区）人民政府及其水行政主管部门应当支持和协助派驻在当地的水文机构开展工作”，而现行跨行政区域设置水文机构的体制限制了市级人民政府对水文的管理。

二是不利于全面落实最严格的水资源管理制度的执行。这一制度的核心是建立水资源管理三条红线：即水资源开发利用红线、用水效率红线和水功能区限制纳污红线。这三条红线的落实责任是各级人民政府，按行政区域设立水文机构后，水文部门能为地方政府更好地执行三条红线提供准确科学的依据。

三是不利于水文服务地方经济发展。随着水文职能的延伸、业务范围的不断扩大、服务功能的增强，水文已融入地方经济发展和社会生活的方方面面，水文部门的作用无可替代，但由于行政区域的限制，使得水文在参与为地方服务时存在较大困难。

四是不利于水文工作的可持续发展。水文事业是国民经济和社会发展的基础性公益事业，水文服务在地方，建制靠省上，水文的发展离不开地方政府的指导与支持。我省榆林、铜川、咸阳、渭南没有水文机构，这些市的水文工作由其他市的水文局代管，这些地方的水文工作存在的问题得不到地方政府的支持，限制了水文的可持续发展。

五是不利于干部成长。长期以来水文干部级别偏低、职位偏少、流动缓慢，基层局班子年龄偏大、结构不合理，许多优秀人才晋升周期长或者晋升无望，严重挫伤了干部职工的工作积极性。

二、我省水文体制机制改革创新的迫切性和必要性

水利的立足之基在于水，做好水的文章，首先是要把水的问题搞清楚，这就需要丰富全面及时准确的水文信息。水文通过监测分析，系统研究水的变化规律，向社会提供洪水、旱情、水生态、水环境监测分析信息，为防汛抗旱、水资源管理、水生态保护及经济社会发展提供着重要的支撑，水文事业发展的好坏，关系着

能否有效支撑水利科学发展，关系着我省经济社会发展的好坏。

随着经济社会的发展和新时期治水思路的转变，社会对水文的需求不断增加，水文工作的任务不断变化，我省现行水文体制机制与其承担的任务和发挥的作用还不相适应，水文体制建设总体上仍然进展缓慢并且很不平衡，严重影响了水文在经济社会发展中基础性作用的发挥，制约了水文事业健康快速发展。

第一是各级法律法规和上级精神的明确要求。国务院令第496号颁布的《中华人民共和国水文条例》第四条规定：省、自治区、直辖市人民政府水行政主管部门主管本行政区域内的水文工作，其直属的水文机构接受上级业务主管部门的指导，并在当地人民政府的领导下具体负责组织实施管理工作；陕西省人大常委会第36号公告颁布的《陕西省水文管理条例》第五条规定：市、县（区）人民政府应当安排适当资金，支持水文事业为当地经济建设和社会发展服务；陕西省人大常委会第54号公告颁布的《陕西省实施〈中华人民共和国水法〉办法》第四条规定：设区的市、县（市、区）人民政府水行政主管部门按照规定的权限，负责本行政区域内水资源的统一管理和监督工作；陕西省人民政府2008年第130号令发布的《渭河水量调度办法》第十八条规定：渭河水量调度实行水文断面流量控制。第十九条规定：渭河水量调度控制断面流量以国家和省水文机构监测数据为准。陈雷部长在2009年全国水文工作会议讲话中强调：目前地市行政区域还没有设立水文机构的，要尽快设立水文机构。2011年，省委、省政府《贯彻〈中共中央　国务院关于加快水利改革发展的决定〉的实施意见》第二十七条要求“按行政区域增设水文水资源监测与管理机构”，应尽快设立水文机构。

第二是经济社会和水利改革发展对水文提出的新要求。水文工作必须充分融入经济社会发展之中，才能具有鲜活的生命力，才能发挥独特的作用。这就需要我们不断解放思想观念，紧紧围绕经济社会需求和水利中心工作，加快推进体制机制改革创新，不断激发水文工作活力，主动适应新形势新要求。

第三是水文事业自身可持续发展的新需要。随着水文部门服务领域的不断拓展，水文部门人少事多、缺编的问题越来越突出，传统水文的体制机制已越来越不适应事业发展的需要，迫切需要运用创新的思维，整合各方力量，形成合力，发挥出水文工作最佳效能。作用有三：一是能最大限度发挥传统水文技术管理队伍的主力军作用；二是能最大限度发挥区县一级地方专业队伍的作用；三是能最大限度发挥公共社会资源的作用，形成水文行业的社会力量。

三、深化我省水文体制机制改革创新的思考与对策

目前，河北、辽宁、浙江、河南、贵州、西藏、宁夏、新疆等14省（区）已实现按照地市行政区划设置地市水文局。江苏、福建、山东、湖北、湖南、广西、重庆、青海等省（区）全面实现县级水文机构设置。山东省在全省构建“省、市、县、乡、村”五位一体的水文管理服务模式，走到了全国水文的前列。实践证明，双重管理体制是解决水文融入当地经济社会，保障地方各类涉水事务科学开展的有效途径。水文双重管理体制的推进，有效加强了水文部门与当地政府的联系，水文更好地融入了地方，服务于地方经济社会发展，获得了地方政府对水文部门资金项目的支持。

第一，推进水文机构双重管理。一是积极做好《陕西省水文管理条例》宣传，加密与地方政府和水行政部门的沟通汇报，首先争取当地政府政策性文件支持。二是加快完善按照行政区划设置地市级水文机构。在咸阳、榆林巡测基地的基础上成立咸阳（杨凌区内河流较少，其水文工作由咸阳水文局代管）、榆林水文局，机构规格副处级。三是设立水文机构的同时，同步实现水文机构双重管理。四是推广韩城水文局双重管理模式，推进县级水文单

位双重管理，实现县以下水文水利一体化、水文单位纳入地方政府序列的双重管理体制。

第二，创新水文运行机制。深化用人用工方式改革，解决水文任务繁重、人少缺编问题。在保证水文监测成果质量前提下，积极探索和推进水文监测辅助性、一般性业务向社会购买服务。及时总结经验，规范购买服务内容，加强对购买服务队伍的技术培训，建立健全考核和良性运行机制，加强监督检查和指导，保障服务工作的成果质量，实现“重点站网管理规范化、仪器设备设施管理专业化、站网日常运行维护管理物业化转变”。

第三，加快水文测验方式改革。按照水文改革发展要求，我省提出“创新引领，巡测优先，驻巡结合，测报自动，应急补充，科学规范”的水文监测改革思路。一是加快水文站网测验方式研判工作，完成水文巡测方案编制，加强省级应急监测队演练和日常运维工作；二是加快传统水文测验仪器设备的更新改造，最大范围普及新仪器新设备的推广和运用，全面推广应用自动采集、传输、存储、处理的先进技术，实现水文监测自动化。三是强化水资源管理、饮水安全和水生态环境保护服务，加快水质水量监测信息化、水生态监测信息化等问题的研究探讨，直接快速面向社会和公众服务；四是在做好防汛抗旱和水质监测服务的基础上，加强对水文信息资源的开发利用和深加工，提高水文服务的科技含量和技术水平。

第四，着力打造水文文化新平台。水文文化是水文行业生生不息薪火相传的宝贵物质和精神财富，是水文事业发展的根基。一是始终坚持用先进行业文化作为事业发展的支撑，加快陕西水文博物馆建设，普及水文知识，扩大水文影响，创建陕西水文品牌。在努力发掘，科学整理，精心维护传统文化的基础上，积极探索水文文化建设的新思路、新载体、新经验和新方法，不断创造创新、挖掘拓展、总结提炼出不同时期的水文文化内涵。二是建立和完善制度，完善职称评定评分办法、人员考核办法、科级干部管理办法、年度考核办法等规章制度，加强执行制度的监督检查。三是坚持“人才强局”战略，加强人才培养，持之以恒打造政治过硬、善于管理、勇于担当的水文管理干部队伍和善于钻研、业务精湛、技术高超、服务能力强的水文专业技术队伍。

（杨汉明）

陕西水文落实“五新”战略任务的认识和思考

（2017 年 9 月）

按照省第十三次党代会“五新”战略任务要求和省水利厅党组关于开展坚持不懈推动改革发展持之以恒促进作风转变主题实践基层专题行动总体部署，我们组织力量，用时半年，深入 7 个地市水文局、41 处基层水文站，就如何贯彻上级要求，统筹施策、精准发力，走出一条遵循客观规律、具有陕西水文特色的发展之路进行了调查研究。

一、我省水文事业取得的成效

陕西水文在“大水文”和“治水兴陕”的指引下，奋力实施“业务立局、科技兴局、人才强局，开放办水文”发展战略，水文在防汛指挥决策中的作用越来越关键、在水资源管理中的作用越来越突出、在生态环境建设中的作用越来越明显，在支撑经济社会发展中发挥了重要作用。

（一）站网发展适应需求

截至 2016 年底，陕西境内有水文站 157 处，水位站 114 处，人工墒情站 41 处，雨量站 1920 处，墒情监测站 74 处（41 个人工站、33 个自动监测站），报汛水情站 2082 站，2 个地市级巡测基地，建设 156 条中小河流预警预报系统。水文（位）站网密度由原来的 2336 km^2/ 站提高到 759.4 km^2/ 站，雨量站网密度由原来的 366 km^2/ 站提高到 104 km^2/ 站，增加渭河流域站网密度对比，绝大多数站点实现了“有人看管，无人值守”，缩短了与东部省份的差距，走到了西部省区的前列。“十三五”储备9大项21个子项目，投资约5亿元，加上2013 ~ 2020年大江大河水文监测系统建设和水资源监测能力建设项目，全省水文站网可实现布局合理，功能完善，内容广泛、满足需求的站网格局。

（二）有为支撑防汛抗旱

编制了15条干支流主要控制水文站、33处重点水库断面、70套正式洪水预报方案，集成了30个预报站50余套预报方案，完成了22个动态链接库。在“10·7”汉江大洪水、“10·7”丹凤竹林关千年一遇泥石流、“15·6”佛坪局地暴雨洪水等雨洪灾情发生的关键时期，及时滚动发布预测预警预报和实时水雨情信息，为各级防汛指挥部门的科学决策提供了可靠依据。在屡次暴雨洪水中，水情报送时效内传输率达99.6%，网络传输率100%，差错率仅为0.12%。在西安市等地区开展城市水文试点工作，启动城市水文基础理论与应用研究。对全省墒情监测站全天候监测，及时收集田间持水量、容重、土壤质地等墒情信息，快速进行旱情分析。今年绥德“7·26”洪水测报事迹在中央电视台《焦点访谈》栏目播出，省委书记娄勤俭批示：“绥德水文站的四位同志临危不惧，忠于职守，为群众避险转移发挥了重要作用，应充分报道宣传，传递正能量。”

（三）深化水资源信息服务

在全省境内设立了1个省水环境监测中心、6个水环境监测分中心、263个水环境监测断面，全省确界国家级省级重点水功能区148个，监测项目50余项，监测典型排污口多达110个。全面监测分析全省地表水、饮用水、地下水、大气降水、废污水等项目。在全省11个市“用水总量、万元工业增加值用水量、农田灌溉水有效利用系数、重要江河湖泊水功能区水质达标率、水源地饮水安全达标”五项考核目标中发挥行业作用。在应对多起突发性水污染事件中，全程开展水文查勘监测，快速分析评价，为事件的有效处置赢得了主动，降低了损失，发挥了重要作用，特别是参与“甘肃西和县陇星锑业尾矿库泄露造成的嘉陵江西汉水环境污染事件”处置中受到张道宏副省长及国家环保部门等主要领导的肯定和赞扬。

（四）推进测验方式改革

改革水文测验方式，加快推进水文巡测基地、水文中心站建设，组建各级水文巡测队，成立省级应急监测队，水文测验单值化分析研究、新设备新仪器试验对比分析以及涉水工程影响下的测验方式分析研究等取得可喜成绩。水文测验项目扩展到降水、蒸发、水位、流量（流速）、泥沙（含沙量、颗分）、墒情、冰情等，测验配置了手持式电波流速仪、雷达流量计、自动化测流缆道 ADCP、遥控船、无人机测流系统等水文先进设备仪器，应急监测配置了监测车辆和监测设备仪器。水质监测项目扩展到地表水、饮用水、地下水、大气降水、废污水五大种类的 50 余项。监测配置了原子油分光仪、马尔文激光粒度分析仪等现代测验仪器。新仪器和新设备大量的应用，大大降低了职工的劳动强度，提高了工作效率。

（五）努力提高科技水平

以科技兴局为引擎，用科技创新来助推科技兴局向水文信息化、现代化纵深拓展，每年安排了 15 万元用于专项科研研究，8 个项目获得国家知识产权局颁发的专利证书，其中: 发明专利 1 项、实用新型专利 7 项，目前正在申报实用型专利 2 项。各市水文局基本实现河道水情视频远程实时监控管理，部分站实现通过手机掌握河道水情瞬时数据。自行设计、自行试验加工，首座跨度为 635 m 的全自动双跨单主索魏家堡水文测流缆道建成并投入试运行，标志着我省缆道工程建设技术获得新突破。朱园水文站栈桥轨道测流设施试验成功，并实现光伏发电。雨量传感器现场检定装置及技术示范基地在汉中挂牌成立。2014 年，省水文局获得全省水利科技工作先进集体，延安局赵水文同志被省科技厅授予“陕西省杰出能工巧匠”荣誉称号。

（六）服务三秦经济发展

在有力保证相关工程建设的安全性和可行性过程中，水文服务能力快速提升。主动为丹江口水库等单位提供水情预报和实时报汛服务，对沪陕高速等国家重要工程开展防洪影响评价；对延长石油等重点企业开展水资源论证；对我省境内较大河流、水库、湖泊开展枯水、丰水、平水三种状态下的水质监测和进行上万处农村饮用水源地水质分析评价等，截至目前，开展防洪影响评价 40 余项，水资源论证 60 余项，水文分析计算 50 余项，地形测量 20 余项。编制完成防洪预案 30 册；对商洛、榆林、延安等市县进行山洪灾害调查评价，完成水土保持方案 20 余册。同时，水文资料、水文技术还在陕西引汉济渭、东庄水库、渭河治理等重大水利工程中发挥了重要的技术支撑作用。

经过坚持不懈的努力，长期制约水文事业发展的人员短缺、设施设备运行维护费等问题得到上级重视，得以解决；水文职工野外津贴纳入省级财政预算，并发放到位，这些工作均走到了全国的前列。省水文局连续多年荣获水利厅厅直系统目标考核先进单位，被省委、省政府表彰为“省级先进集体”，被水利部授予“全国水利行业技能人才培育突出贡献奖”。获得“全国水情工作先进单位”“全国防汛抗旱先进集体”等荣誉 20 多项，个人授奖 30 人次。

二、加快落实水文“五新”战略的重大意义

我们在调研过程中也发现，我省水文在经历了一个中高速建设发展阶段后，许多老大难问题虽得以解决，但新的问题也接踵而至。当前，我省水文正处在由传统水文向现代水文、行业水文向社会水文转变的关键时期，水文自身改革发展也面临着各种各

样的新情况新问题，迫切需要重新定位，顶层设计，统筹施策，精准发力，以“五新”要求，谋划一条遵循客观规律、具有陕西水文特色的发展之路尤为重要。

（一）经济社会发展对水文提出新要求

党中央确立了“创新、协调、绿色、开放、共享”五大发展理念和“节水优先、空间均衡、系统治理、两手发力”新时期水利工作方针。省委、省政府提出同步够格全面建成小康社会，加快富民强省步伐，建设富裕和谐美丽陕西和“关中留水、陕南防水、陕北引水”区域治水方略。省水利厅党组要求扎实追赶超越，系统治水兴水，推动改革发展、促进作风转变，掀起新一轮事关陕西发展命脉的水利建设高潮。这些都与水文息息相关。随着我省新型工业化、信息化、城镇化、农业现代化的同步发展和社会文明进步，社会对水信息的需求大幅增加，同时也对水文工作提出了新的更高要求。迫切需要水文必须进一步解放思想，紧紧围绕经济社会发展新需求，积极推进改革创新，全面提升社会公共服务水平和支撑能力。

（二）全球气候变化对水文提出新挑战

近年来，受全球气候变化和人类活动影响，流域和区域下垫面条件发生改变，极端天气事件明显增多，洪涝干旱灾害发生的强度和频率明显增强。我省局部地区强暴雨洪水、极端高温干旱等事件呈突发、多发、并发趋势，对经济社会发展和生态环境系统产生重大影响，水文监测和预测预报难度加大，水文工作面临更难更新的挑战，迫切需要水文不断加强水文特征与水循环演变规律的基础研究，加强对水文水资源和水生态水环境的影响研究，加强水文应急监测和预测预报能力建设，提升水旱灾害综合防御科学水平和支撑能力。

（三）我省水文自身改革发展面临新问题

问题有：我省经济发展步入新常态，水文在经历了一个中高速建设发展阶段后，面临资金投入减缓和运行维护加重的压力，需要加快转变工作思路、建立长效运行管理机制；水文测站大量增加、现代化仪器设备广泛应用，对水文队伍的数量和质量提出了更高要求，水文人员如何适应事业发展成为当务之急；大水文发展要求水文拓展业务领域、提升服务能力，加快适应地方经济社会各项涉水工作的需要；水文改革创新水平偏低。“创新引领，巡测优先，驻巡结合，测报自动，应急补充，科学规范”的监测管理体系尚未实现；推进水文机构双重管理还困难重重；水文专业技术人才短缺，部分领导干部身上缺乏开拓创新、敢于担当的魄力等现象仍现实存在，高技术人员研究业务发展能力有待提高，水文行风作风建设还需持续加强。

三、水文落实“五新”战略任务的思考

省第十三次党代会号召全省决胜全面小康，奋力追赶超越，全面落实“五新”战略，要求我们以新目标开启新征程，以新使命召唤新作为。

（一）深化水文改革，培育水文发展新动能

动能强劲，才能行稳致远。①加快推进水文测验方式改革。在巩固现有水文站点、站网，打造功能齐全、自动化程度高、监测精度高、时效性强的标兵水文站网的基础上，加快形成“创新引领，巡测优先，驻巡结合，测报自动，应急补充，科学规范”的监测管理体系，加快传统水文测验仪器设备的更新改造和自动监测仪器设备的试验对比分析工作，加大先进水文监测技术和水文仪器设备推广应用的力度，全面推广应用自动采集、传输、存储、处理的先进技术，实现水文监测自动化、信息化、智能化。②加快水文体制创新。牢牢把握水生态文明建设、水资源双控管理、全面推行河长制等新的任务和要求，明确水文工作定位，找准工作切入点，打开工作突破口，加快按行政区划设置地市级水文机

构，推广韩城水文局双重管理模式，推进县级水文机构双重管理，实现县以下水文水利一体化、水文单位纳入地方政府序列的双重管理体制。③加快水文管理创新。坚持向管理创新要生产力，加快实现向重点站网管理规范化、仪器设备设施管理专业化、站网日常运行维护管理物业化转变，主动出击，因地制宜、采取向社会购买服务等多种方式保障水文监测活动的正常开展。

（二）着眼顶层设计，构筑水文发展新高地

占据高地，才能赢得主动。应用现代科学技术，依靠思维创新、体制创新、机制创新和科技创新，逐步建立与完善自动化的水文信息采集系统，畅通快捷的水文信息传输系统，信息存储完整、服务手段先进的水文综合数据库与信息服务系统，满足不同需求的业务应用系统，提高管理水平的办公自动化系统，形成站网优化、技术先进、精兵高效、信息及时、预报准确、运行可靠、管理科学、服务全面的水文现代化服务和管理运行体系。具体做到：完善6大水文站网体系、6项监测能力体系、5大系统建设和10处水文基地、32个水文巡测队、11个水文应急机动队建设。建成与全省水利及经济社会发展相协调的保障型、技术型、服务型的陕西现代水文。逐步实现水文职工生活城市化、水文监测自动化、突发应急监测快速化、水文信息服务现代化的目标。

（三）强化水文服务，激发水文新活力

富有活力，才能释放潜能。提高测报质量与精度，延长预报预见期，为防汛抗旱决策提供科学、准确的水文技术支撑；提高水质、水量、水功能区、重点排污口、水源地监测频次和管理系统软件开发、信息化工作水平，为水资源管理打造信息服务管理综合平台；提高“大水文”发展服务水平，由单一数据服务向通过深加工形成技术成果服务转变。以社会需求为服务导向，发挥人才、技术、数据成果优势，改善水文系统干部职工生产生活条件；提高墒情测报工作，强化旱情信息的综合分析评估工作，加快自动墒情站点建设进度，为科学有效应对旱情提供水文数据支撑；提高城市水文基础理论与应用研究水平，加快城市水文工作步伐，努力在美丽乡镇、海绵城市建设中发挥作用。

（四）着力惠及民生，共建和谐美好新生活

生活幸福，才能彰显追求。营造宜居环境，加快水文基地建设步伐，提高一线职工生活水平，解决一线职工后顾之忧，实现测站职工工作在一线、生活在城市的目标。解决难点问题，优化单位岗位设置，着重解决工勤岗位已经取得中级工、高级工、技师技术等级资格人员难以聘用、工资难以兑现问题。弘扬社会主义道德观，切实提高干部职工的思想道德和科学文化素质，促进职工队伍全面发展；切实提高陕西水文的文化品位，满足职工群众日益提高的物质文化需要；切实开展丰富多彩的群众性文化活动，形成更加昂扬向上的精神风貌；切实加强制度体系建设，强化规范管理、优质服务意识。持续实施职工野外津贴、二次医疗保险等惠民工程，提升水文人幸福指数。

（五）加强行风建设，彰显水文队伍新形象

形象良好，才能凝聚合力。①深化全面从严治党。坚持从主体、监督入手，层级传导全面从严治党政治责任从严从细、到岗到人。严肃党内政治生活，以领导机关、领导干部特别是主要负责人为重点切实加强党内监督，建立健全党的组织全面监督、纪检专责监督、部门职级监督、基层日常监督、党员民主监督的监督体系，推进管党治党更严更紧更硬。加强党员管理，开展“对标定位、晋级争星”活动，推行党员管理积分制，环环相扣加强思想政治建设，步步深入管理党员干部，营造风清气正、干事创业的政治生态。②开展主题实践行动。推进“两学一做”常态化制度化，开展坚持不懈推动改革发展持之以恒促进作风转变主题实践专题行动，确定主意、突出主题、明确主线、彰显主体，使基层问题少、组织好、人才多、能力强，深入持续建设既有党的纪律、法规制度又有专业素养、和谐温暖水文大家庭。树立典型，大力弘扬以马锋、高舒同志为代表的水文人临危不惧的敬业态度，忠于职守的职业道德，团结协作的集体精神和英勇顽强的高尚情操。③强化执纪监督问责。落实党风廉政建设主体责任和“一岗双责”“一案双查”，完善防控措施，构建水文行业廉政风险防控体系。推进党风行风融一体、廉政勤政相结合建设，贯彻执行中央八项规定精神，严格个人重大事项申报。坚持把纪律挺在前面，注重运用“四种形态”，对苗头性倾向性的问题及时进行约谈函询、诫勉谈话，抓早抓小，防微杜渐。④加强领导班子建设。组织开展领导班子和领导干部综合研判工作，进一步提升班子整体效能。坚持“业务立局、科技兴局、人才强局，开放办水文”和“加强人才培养，注重能力建设，认真履行职责，提高服务水平”发展思路，结合实际用好鼓励激励、容错纠错、能上能下“三项机制”，正向支持干部职工想做事、敢干事、创造性能成事。建立高层人才引进、专业人才培养、后备干部储备机制。⑤切实加强水文行业标识统一与规范工作。抓紧建立系统规范的水文视觉形象；加强水文文物保护，做到既有继承发扬，又有创新发展。

（杨汉明）

开放办水文

KAIFANGBANSHUIWEN

宝鸡市水文水资源勘测
局揭牌仪式

引汉济渭工程水库坝址水文监测项

全省中小河流水文监测系统建设工作会议

红碱淖湖区水下地形测量项目成果审查会

陕西省中小河流（洪水易发区）水文
监测一期建设工程雨量站设备开标会议

2018年东庄水库
施工期水情服务方案
洪水预报
2018年引汉济渭工程水情服务方案
洪水预报

陕西省水利厅文件
陕西省水利厅
关于印发《陕西省水文设施及监测环境保护办法》的通知
陕西省水利厅文件
陕西省水利厅
关于印发《陕西省水文资料使用管理办法》的通知

陕西省山洪灾害防治县级非工程措施建设
2011年度汇总实施方案图集
2011年度汇总实施方案

坚持“大水文”发展理念
不断开拓水文服务领域

（2010 年 5 月 21 日）

2009 年，陕西省水文局在厅党组的正确领导和部水文局的大力支持下，认真落实科学发展观，紧紧围绕全省水利中心工作，坚持“大水文”发展理念，以“业务立局、科技兴局、人才强局，开放办水文”为工作思路，以“加强人才培养，注重能力建设，认真履行职责，提高服务水平”为保障措施，克服困难，开拓创新，水文事业发展呈现出勃勃生机的大好局面。

一、水文各项工作取得了新的发展成就

一是积极实施项目带动战略，基础设施建设成效显著。坚持抓好计划和前期工作，以科学严谨的计划带动项目的落实和实施。经多方努力，国家防汛抗旱指挥系统一期工程使汉中、宝鸡、西安 3 个水情分中心和其所属的 75 个水情站测报设施以及省水情中心设备得到了改造建设；西部水文站危旧站房改造建设工程使我省 37 处水文站得到了改建；汶川地震 7 处震损严重水文站得以顺利恢复重建；中小河流（洪水易发区）水文监测一期建设工程的部分建设资金已经落实，正在组织实施中。

二是以社会需求为目标，不断拓宽服务领域。为使水文更好地服务经济社会的发展，积极进行拓宽服务领域的探索和实践，努力发挥技术支撑作用。在中小河流、山洪易发区预警预报方面积极探索，开展水情预报日常化工作，在渭河、汉江 9 站开展未

来12小时、24小时、36小时流量过程预报工作，取得了良好效果；克服困难，自筹经费，在全省11个市区及各大灌区设立旱情监测点，开展墒情监测与报送工作；积极开展集中式供水水源地监测评价和全省60多个典型排污口和支流口水质监测工作，为各级政府提供科学依据。

三是争取上级关心和支持，水文法规建设成效显著。2005年6月，省十届人大常委会第十九次会议通过了《陕西省水文管理条例》，2009年8月，省水利厅贯彻水文条例出台了《陕西省水文资料使用管理办法》，该办法进一步加强和明确了水文部门的职能，对水文资料使用进一步进行了规范，加强了水文部门的职能，确保了水文资料的严肃性和可靠性。在水文监测环境和水文设施保护方面我们得到了省水利厅和省法制办的大力支持，省水利厅于2010年5月1日起，颁布实施《陕西省水文设施及监测环境保护办法》。其核心是制定了水文设施遭破坏、监测环境受影响时的赔偿补偿内容与标准。

四是实施开放办水文，水文共建共管取得新进展。在志丹县实行县级水文共建共管、商洛市实行双重管理体制的商洛市水文水资源局后，2009年12月宝鸡水文局实现了陕西省水利厅与宝鸡市政府共建共管，同时出台了《宝鸡市水文水资源勘测局实行省市共建共管暂行办法》，暂行办法规定宝鸡市政府将宝鸡水文局纳入宝鸡市行政事业单位名录，在项目建设、课题研究等方面给予资金支持，并互派干部实行交叉任职。刘宁副部长、邓坚局长出席了揭牌仪式，在揭牌仪式后的汇报会上刘部长指出：宝鸡市对水文工作的理解和认识非常到位，决心很大，建议部水文局把宝鸡水文局作为一个联系点，重点考察双重管理后水文水资源局的发展方向与方式，总结双重管理以后所取得经验与效果。

五是加强人员培训，人才专家队伍建设取得新成果。充分发挥副高职称以上技术人才的示范带动作用，拟定研究课题和专题，面向职工、面向测站进行专题讲座、专题辅导，带动全体干部职工整体技术水平普遍提升；经与扬州大学联系，决定从2009年起，用三年时间分三批选送90名青年职工在江苏扬州大学进行水文水资源专业进修培训，第一批30名学员已于去年10月赴扬州大学学习，此次人才培养工程的实施，必将全面改善和提高全省水文系统业务技术人员的层次和水平，为陕西水文发展夯实基础。此外，我局3名同志分别被聘为水利部第四批建设项目水资源论证评审专家和部水文局第二批《中华人民共和国水文年鉴》评定专家。

总结其中的经验：一是坚持了“大水文”发展理念，不断创新新的工作方式和开拓新的工作领域。二是坚持了“业务立局、科技兴局、人才强局，开放办水文”工作思路，为水文事业发展提供坚实基础。三是班子团结，队伍稳定，单位和谐，水文发展活力进一步增强。四是加强宣传，争取支持，各级领导和有关部门关心和支持力度明显加大。五是全局干部职工迎难而上、积极进取、艰苦奋斗的奉献精神。以上这些经验，是我们在发展实践中积累的精神财富，也是今后我们推进水文事业发展必须继承和发扬的。

二、目前水文事业发展面临的困难和问题

陕西水文工作从纵向比取得了长足的发展，但目前全省水文仍存在着与陕西经济快速发展的实际不适应，与全省水资源短缺、干旱缺水、洪涝灾害、水土流失严重、生态环境脆弱的实际不适应，与人民群众对防洪安全、用水安全、水环境安全、水生态安全等新要求不适应的现状。特别是按照“大水文”观来衡量，还存在一些亟待解决的问题。主要是：

一是干部职工思想观念需要进一步解放与更新，素质有待提高。目前，我们干部职工队伍中，仍有一部分人思想保守，观念陈旧，精神萎靡，开拓进取精神不强；学业务、学科技、学知识

的风气不浓，专业领域技术拔尖人才缺乏，干部知识和人才队伍结构不能适应新形势、新任务发展的要求，业务技术水平与服务能力需进一步提高。

二是资金投入不足，设施设备老化。由于历史的原因，全省水文由于资金不足，直接影响到水文测报设施的建设。表现在：一是设施设备老化，测洪能力低。全省有60%的水文站仪器实测能力达不到20年一遇洪水；抗洪能力不足30年一遇洪水。二是仪器设备陈旧，配置数量不足，各种常规性的仪器设备短缺。三是测验技术落后，水情自动测报率低，仅达到25.8%，远低于全国75.8%的平均水平。正是由于资金投入不足，我们一些设施设备和仪器现代化水平还很低，也严重制约着我们支撑和服务经济社会发展的能力。

三是水文职工知识和人才队伍结构与新形势、新任务发展的要求还有差距。职工队伍知识结构、人才分布不尽合理，高学历、高职称的技术人员多分布在省局和各市水文局机关；由于水文行业清贫、艰苦、待遇低等多方面原因，一些重点大学毕业生和优秀学生不愿意来水文行业，过去来的少数优秀人才也已跳槽，使我们职工知识和人才队伍结构与快速经济社会发展的需求矛盾愈加突出。

四是抢抓机遇意识不强，水文服务面狭窄、手段单一。按照新时期治水思路和经济社会发展的需要，对水文工作提出了更高更新的需求，我们一些干部等望观看，瞻前顾后，往往丧失良机；“大水文”发展理念理解落实不力，缺乏水文走向社会和在经济大潮中大显身手的勇气，没有更深地了解经济社会发展对水文的需求，没有开动脑筋在扩展服务领域上下功夫，致使水文服务面狭窄，导致水文在经济社会发展中的参谋、助手和支撑作用没有得到充分发挥。

这些问题需要我们在今后的工作中进一步加强和改进。

三、坚持“大水文”发展理念，不断开拓水文服务领域

水利厅党组书记、厅长王锋在4月28日来我局调研检查水文工作时指出:“水文工作是水利工作的重要基础,水文是水利的‘耳目’和‘哨兵’，要做好水利工作，首先要做好水文工作。”这是厅长对我们水文工作的高度概括和赞誉。因此，我们要认真贯彻落实王厅长的讲话精神，转变作风，强化措施，真抓实干，推动我省水文各项工作再上新台阶。为此，要着重抓好以下几方面:

一是进一步解放思想，更新观念。解放思想是我们推动水文各项工作前进的坚实基础,在我们水文这个相对分散、偏僻的行业,解放思想尤为重要。坚持用科学发展观和党新时期一系列路线方针政策武装干部职工的思想，认真贯彻落实水利部和厅党组新时期的治水思路和对水文工作提出的新要求，牢固树立“大水文”发展理念，统一思想，更新观念，积极探索，勇于创新，克服消极思想和畏难情绪，调动各方面积极因素，把干部职工的智慧与力量凝聚到推动水文事业发展上来，心往一处想，劲往一处使，静下心来搞建设，一心一意谋发展，为全省水利工作和经济社会发展提供有力支撑奠定坚实思想基础。

二是坚持业务立局思路不动摇，努力提高干部职工素质与能力。水文业务是立局之基，职工素质是强局之本。因此，面对我省水文行业现状和职工队伍实际，要坚持不懈地抓好干部职工学业务、学科技、学知识活动，继续坚持高级工程师人员在中心组辅导讲课活动，推动干部学业务深入开展；创造条件和环境，制定和落实各项激励措施，力争在本专业领域多出人才、多出成果、多创佳绩，激励优秀人才脱颖而出，努力在全局形成一种学习能干光荣和尊重知识、尊重人才的浓厚氛围；要继续加强人才培训和培养工作，切实抓好输送扬州大学学习人员的选拔和教育工作，确保培训质量和效果；省局和各市水文局都要投入精力和资金，

下大力气抓好职工培训和人才培养工作，不断提高干部职工的素质与服务经济社会发展的能力。

三是加强地方政府和水行政主管部门联系，走开放办水文之路。陈雷部长明确指出：“做好水文工作是经济社会和水利发展的需要，也是水法和水文条例赋予水行政主管部门的重要职责。各单位主要负责同志要经常听取水文工作汇报，研究部署水文工作，在制定政策、安排资金、配备干部、部署工作等方面充分体现对水文的重视和支持。”因此，我们要按照陈雷部长的讲话要求，走开放办水文之路，加强与地方人民政府和水行政主管部门的联系，积极汇报，争取支持。水利部水文局邓坚局长指出：“双重管理体制是解决水文融入当地经济社会，保障地方各类涉水事务科学开展的有效途径，各地要结合自身实际，因地制宜，稳步推动地市级和县级水文单位实行以省级水行政主管部门领导为主，同时纳入地方政府序列进行管理的双重管理体制。”我们要在深入开展省市水文双重管理基础上，逐步向县城水文站与地方政府双重管理延伸，不断把水文工作融入地方政府政治、文化、经济社会发展之中，切实发挥好水文工作支撑与服务作用。

四是拓展服务领域，更好地服务经济社会发展。陈雷部长指出：“及时了解交通、航运、铁路、农业、环境等部门的水文需求及社会公众在涉水旅游、城市景观、娱乐休闲等方面的水文需求，不断拓宽水文服务领域，提高水文服务水平。”按照陈雷部长讲话精神，我们要在做好水文测报工作基础上，积极走向社会，走向市场经济，加强与交通、航运、铁路、农业、环境等部门的联系与沟通，充分利用我们水文地域、资料、信息等方面优势，进一步拓展我们的服务领域。一是继续完善旱情墒情监测站网，在去年 20 个旱情墒情监测试验站点的基础上增加到 41 个，坚持按旬向省防汛办上报监测信息。二是在暴雨频发期和频发区增设水文监测站点，准确、及时测报局部暴雨引发的山洪、泥石流和滑坡等自然灾害，尽可能为当地政府和防汛救灾机构提供第一手信息资料，继续开展中小河流洪水易发区水情预警预报和主要河流未来36小时流量过程预报，着力为重点防洪区、市县城区、水利旅游风景区提供水情信息服务，为提高公众生活质量当好参谋。三是按照最严格的水资源管理制度要求，积极开展水资源监测和水环境评价工作，加强各市区供用耗水的监测调查，开展城市水景观的监测工作；继续做好20万人口以上重要城市供水水源地饮水安全监测和主要河流省、市界水质、水量同步监测工作，核定主要河流纳污能力，提出限制排污总量意见；开展主要水域以藻类监测为重点的生态监测工作，为实行最严格的水资源管理制度提供坚强支撑。四是为公路、铁路、能源建设提供水文地质及环境影响评价服务。这一方面需求较多，一些民间服务机构早已介入，所用资料数据都是我们水文部门的。因此，我们要主动出击，走向社会，多方联系，参与介入，做好服务。五是面对今年严峻多变的气候，要进一步增强责任心和使命感，主动与林管部门和水保部门联系，加强对秦岭山地森林生态和水土生态的监测，为有关部门保护、开发、利用提供决策依据；同时要积极开展城市水文监测试点工作，为城市防汛做好水文服务。

五是加强汇报，增进理解，争取各级领导关心与支持。水文既是一项传统的专业性工作，又是一项与经济社会发展密切相关的基础性工作。因此，水文事业发展离不开各级领导和社会有关部门的重视与支持。陈雷部长明确指出："各单位主要负责同志要经常听取水文工作汇报，研究部署水文工作，在制定政策、安排资金、配备干部、部署工作等方面充分体现对水文的重视和支持。"作为我们自身，要主动出击，主动向地方人民政府汇报水文工作，汇报我们的行业优势和目前存在的问题，争取各级领导的重视和关心，为水文事业发展创造良好的外部环境，要在各级领导的重视和关心支持下，着力在水文管理体制、投入机制、能力建设等重点领域和关键环节取得新的突破，促进我省水文事业健康快速全面发展。

我们坚信，在水利厅党组的领导下，在部水文局的关心与支持下，认真贯彻落实科学发展观，坚持"大水文"发展理念，加强人才队伍建设，努力建设一支思想素质高、业务技术水平强和作风顽强、开拓创新、克难攻坚的水文职工队伍；努力增加水文投入，加强水文基础设施更新改造，提高水文支撑和服务能力；各级领导和社会有关部门对水文事业的重视关心支持，水文服务领域将会得到进一步拓宽，水文工作在经济社会发展中的地位与作用更加重要。

（杨汉明）

会议讲话

HUIYIJIANGHUA

全省水文工作会议
全省水文工作会议

省水文局庆祝中国共产党成立95周年暨
“两学一做”学习教育党课

全省水文工作会议
陕西·西安

省水文局规划计划暨建设管理工作会议

坚持"大水文"理念　一心一意谋发展

——在年终总结考核大会上的讲话

（2011 年 1 月 18 日）

2010 年，我们在厅党组的正确领导和关心下，坚持"大水文"发展理念，坚持"业务立局、科技兴局、人才强局，开放办水文"的指导方针，团结拼搏，迎难而上，开拓创新，扎实工作，全局呈现出"静下心来谋发展，一心一意搞建设；全力以赴抢测报，兢兢业业求实效"的良好局面，较好地完成了各项工作任务。

一、各项工作取得新的成效

（一）团结拼搏，水文测报工作受到各级领导高度肯定

受连续强降雨影响，去年全省共有 62 条河流 91 站出现洪峰 647 次，31 条河流 35 站出现超警戒洪峰 66 次，8 条河流 9 站出现超保证洪峰 12 次，多条河流出现百年一遇以上较大洪水。面对汹涌洪水，我们紧急启动 2 时、8 时、14 时、20 时雨水情定时会商机制，通宵达旦收集、传递和汇总雨水情信息，认真分析研究主雨区江河水情发展变化趋势，预测预报江河水库洪水，及时向上级有关领导和防汛部门通报有关重要水情信息，完整施测了入汛以来 6 次暴雨洪水过程，为各级领导和防汛部门决策提供了科学依据。7 月 18 日 22 时，我局高滩站出现超历史实测最大洪水，该镇居民在全部撤离后唯有水文站的工作人员仍在坚守岗位，面对巨大的洪水设法避险顽强工作，准确施测到自 1989 年建站以来 6090 m^3/s 的超保证流量（5500 m^3/s）洪峰。武关站在电力、通

信中断和测报工作十分困难的情况下，职工步行穿越泥石流多发的五千米路段送出水情电报。桂花园站站长龙金生组织施测了超百年一遇洪峰的同时，借用摩托车往返7次，到下游6 km以外有手机信号处报告了重要水情。景村站职工任养群在停电的情况下，冒着生命危险，在齐腰深的水里，坚持观测，测得宝贵的水文资料。

我们加强水文测报、水情预报的信息报送和宣传工作，及时报道干部职工不畏艰险、顾全大局、顽强拼搏抢测洪水和精确预报、避免人民群众生命财产损失的感人事迹。由此，水文测报工作得到了各级领导的充分肯定和亲切关怀。7月28日，国家防汛抗旱总指挥部办公室副主任田以堂，处长万海斌、徐林柱，在省水利厅副厅长张玉忠、安康市副市长张全明等省市领导的陪同下，到安康水文局检查指导防汛测报工作，亲切慰问奋战在汉江“7·18”暴雨洪水测报一线的水文职工。9月19日，水利部水文局邓坚局长等领导听取了我局专题汇报后，对我局在今年水文防汛测报工作中所做出的成绩给予了高度肯定与赞扬，邓坚局长指出，陕西今年洪水灾情很重，位居全国前列，水文测报工作有序、及时、准确、有创新，很好地发挥了尖兵和耳目作用。8月18日，在防汛的关键时期，王锋厅长批示：近一个月来紧张严峻的防汛形势，给水文测报工作带来考验，水文局工作很努力，在一线的广大水文职工不分昼夜工作，冒着危险测报洪水，及时发布预报信息，社会反响很好，工作成效显著。同时，他在汉中水文局视察水文工作时一次性表态给陕西水文局350万元，极大地鼓舞了全局干部职工的士气。7月28日、8月20日，张玉忠副厅长分别带领省防办等部门领导到安康局和省局检查慰问水文工作，代表王锋厅长宣读了省防总的慰问信。7月23日、28日，厅党组成员、省纪委驻厅纪检组长廉径南带领有关部门领导冒着酷暑，步行15 km看望慰问基层水文职工。厅工委还为改善基层水文职工的生活条件，给测站赠送了12台电冰箱并计划给每个水文站配送。商洛市委书记魏增军在全市抗洪救灾创先争优表彰大会上指出，2010年的防汛形势非常紧张，关键时刻水文、气象、国土等部门认真监测，及时发布预警信息，发挥了重要作用；安康市委书记在表彰大会上对安康局水文工作给予了充分肯定并指出，在安康“7·18”防汛抗洪的关键时刻，气象、水文部门提供了准确及时的雨水情信息，为市委、市政府科学决策提供了重要依据，为安康城区、旬阳、白河县城和沿江乡镇组织群众撤离赢得了宝贵时间。在水文测报的紧张时期，宝鸡市王拴虎副市长、水利局常崇信局长等领导深入水文一线，看望职工，解决困难，给予水文工作以肯定和支持。

（二）强化措施，水环境监测和水资源评价工作成效突出

完成四个城市四个重点供水水源地水质旬报工作，定期发布《重要水源地水质旬报》30余期，在全省范围内开展20万人口以上重要城市供水水源地饮水安全监测，基本掌握了我省重要地表水水源地的水质状况，为水务部门保障饮水安全提供了依据。核定57条河流纳污能力和提出限排意见，为纳污红线控制提供依据。开展了我省主要河流省、市界水质监测。完成《长江/黄河流域21世纪地表水功能区水资源质量变化调查评价报告》并报水利厅和水利部，受到黄委、长江委及水利部的表扬。加强应急预警监测，做到反应快捷，修订了《陕西省水文局突发性水污染事件应急预案》。按要求及时上报每月本省内水污染事件；参与处置了北洛河、渭河等一系列油泥等污染事件。完成2009年度水资源公报、简报的编制工作。完成《陕西省行业用水定额》修编工作。河湖普查工作深入有序开展，初步形成了我省较完整的“河湖名录”；其中“对象清查内业核对”工作完成情况列在全国试点省前列。完成“宝鸡、渭南两市用水现状和需求调查分析”研究工作，提出了渭河水量调度期地表水耗水量成果。省水环境监测中心荣获水利部全国水利技术监督工作先进集体和长江流域质量控制先进集体。

（三）严格考评，水文资料质量与数据公信度明显提高

全面完成了2009年度的水文资料复审、验收和流域汇编工作。共提交各类成果936站年，其中水位97站年、流量92站年，泥沙64站年、泥颗18站年、水温21站年、蒸发52站年、冰情2站年、降水590站年。按照水文资料复审考评办法，对80处水文（位）站进行量化考评，评比出资料整编甲等站78站，甲等率达97.5%。完成了2009年度原始资料、整编资料和文件的整理、归档、入库工作。完成水文年鉴流域汇编刊印工作。

（四）狠抓前期，各项规划计划工作成效显著

按照科学严谨、适度超前原则，全面完成《陕西省水文基础设施“十二五”建设规划》《陕西省水文站改造建设规划》《陕西省旱情监测与服务系统建设实施方案》编制；《陕西省水文事业发展规划》通过省水利厅的审查并上报省政府；《全国、陕西省中小河流治理和中小型水库除险加固、山洪地质灾害防治、洪水易发地区生态环境综合治理以及防汛非工程措施建设规划》等专项规划顺利编制完成。《陕西省水文信息化建设规划》大纲通过省局科技委的审查，此项工作走在全国同行的前列。

（五）加强管理，站网改造和基础设施建设进展顺利

坚持项目建设“四制”制度，加强水文基础设施建设项目管理，制定下发了《陕西省水文水资源建设项目验收办法》，进一步修改完善了《陕西省水文水资源建设项目管理办法》；全面完成黄陵、神木、安康等19处水文站危旧房改造建设任务、陕西省中小河流（洪水易发区）水文监测一期工程180处雨量站和9处水位站自动采集传输建设任务；按时完成了武侯、略阳、林家村等7处水文站“5·12”地震灾后重建任务；按照厅下达特大防汛补助经费200万元，自筹资金60万元，对安康、柳林、竹林关、千阳等20处水文站的水毁项目进行了修复建设，投资200多万元购置了ADCP、全站仪、测深仪、GPS等先进的监测仪器和设备。

（六）夯实基础，服务支撑能力不断提升

我们进一步完善墒情监测站网，新增墒情监测站点21处，使我省墒情监测站点总数达到41处，初步满足了全省各市（区）土壤墒情监测需求，完成了2010年墒情测报任务。完成全省水文站洪水频率分析计算工作。启动了全省暴雨频率分析计算工作，目前已完成技术大纲的编制。完成《陕西水文数据库建设规划及前期升级改造实施方案》，并通过了局科技委审定；数据库硬件配置和环境改造已经完成，应用软件开发工作正在进行。在去年开展洪水易发区预警预报和主要河流未来36小时预报深受地方政府好评的基础上，进一步完善预案，预测预报质量明显提高；在汉江流域设立专用水位站2处，为引汉济渭提供了翔实的水文数据。

（七）积极努力，水文法规建设取得新突破

《陕西省水文设施及监测环境保护办法》于2010年5月1日起正式施行，依据此办法，查处了高滩水文站水文设施被修建高速公路损毁事件，并得到了有效赔偿，全年水事案件查处率100%。进一步完善和规范了《陕西省水文资料使用管理办法》的审查程序，在网络上公告了《水文资料审查申请书》以及《陕西省水文局行政许可事项流程》，从细节上明确了水文资料审查的程序及要求。同时针对3个涉水工程建设水资源论证项目进行了资料审查，确保了所使用的水文资料可靠完整。11月12日，召开了全局水政工作会议，对进一步做好水行政许可工作和贯彻落实《陕西省水文资料使用审查办法》《陕西省水文设施监测环境保护办法》进行了认真安排，水政工作得到进一步加强。

（八）深化改革，水文服务地位与影响力不断提升

根据经济社会发展对水文工作提出的更高要求和水文事业发展的需要，为进一步理顺市（地）水文机构设置，在省水利厅的关怀和支持下，我局积极推进按照地市行政区划设立榆林市水文局。2010年7月21日，陕西省水利厅和榆林市人民政府就设立榆林水文局并实行共建共管签署实施意见。榆林水文局基地位置已初步确定，榆林市政府2010年资金已落实，红石峡水文站实行共建共管后2011年可以正式观测。我局积极主动向上级有关部门汇报，反映情况，积极申请所属六个直属局升格为正处级建制，目前已由省水利厅上报省编办。

（九）扩源节流，资金保障能力进一步增强

加强同上级有关部门和金融等机构的联系，汇报情况和问题，寻求政策支持和资金帮助，使筹资渠道不断增加，融资规模持续扩大，事业经费、报汛费、水资源费等投入增加明显，水文设施设备维修养护经费、机关变压器增容改造资金、办公楼集中供热改造资金等问题得到突破性解决。据初步统计，落实事业经费760.74万元，水文专项资金1062.8万元，基本建设资金326万元。关心职工生活，把与职工生活紧密相关的工作做好是我们一贯的做法和重点。为保证和加快住宅楼建设，解决职工资金困难，积极同西安市住房公积金管理中心联系，为79名职工办理公积金贷款1416.0万元；周密安排及时准确地完成了住宅楼二期资金收缴工作，计收房款150人1482.66万元，两项合计共收取住宅楼建设资金2898.66万元。及时完成了提高职工住房公积金单位缴存部分135.24万元资金的争取、测算和拨付工作。为全局212名职工申领住房公积金补贴452.79万元，促进了水文职工改善住房条件新期待的实现。经向省财政、社保部门多次反映，争取落实医疗保险资金179.92万元，使汉中、商洛、延安、安康等局反映强烈的医疗参保资金问题得到解决，解除了职工的后顾之忧。节支增效工作措施多样，收效明显。政府采购工作大步推进，实施政府集中采购金额130万元，采购质量和效益大幅提高；审计工作及时跟进，时效性明显增强，完成了对西水、神木、武侯镇等18处建设项目的内审和宝鸡局原局长离任审计工作，促进了投资规模向资产规模的转化；开展了对全局遗属人员的核查建档工作，尽力实现信息准确，发放及时，邮寄到位，确保遗属人员生活。我们在财务管理方面所做的努力和探索，受到上级有关部门的好评，王建军同志被评为“全国水利财务工作先进个人”并受到表彰。

（十）凝聚力量，党建和精神文明建设内容丰富成果丰硕

坚持理论学习，干部职工的思想认识不断提高，思想观念进一步解放，谋事业、抓落实、干实事蔚然成风，组织26名处级干部参加了省委组织部举办的自主选学，干部学习后收获很大。积极在全局党员中开展创先争优活动，在关键时刻和困难面前，党员领导干部能够靠前指挥、率先垂范；共产党员能够冲锋在前，勇挑重担；充分发挥了基层党组织的战斗堡垒作用、领导干部的模范带头作用和共产党员的先锋模范作用。深入扎实开展文明单位创建活动，安头、马道、安塞、青泥湾水文站创建厅级文明单位顺利通过验收；秦渡镇、安头和长枪铺3个水文站跨入省局文明单位行列。召开了我局纪念建党89周年大会，厅党组成员、副厅长洪小康莅临会议并做了重要讲话。参加了省水利厅建党89周年“秦水颂”文艺会演。组织全局党员干部职工向地震灾区青海玉树进行捐款，共捐款47820元；为我省遭受洪灾的部分地区进行捐款11170元。离退职工参加了省中老年实用知识竞赛并荣获先进集体和个人优秀奖。开展了为机关80周岁以上离退休老人送生日蛋糕和鲜花的尊老敬老活动受到广泛好评。局团委组织了交纳爱心团费活动，给每名团员青年送上了一本励志书，组织机关近30名团员青年参加了庆“五四”趣味运动会。在厅直系统“引汉济渭杯”羽毛球、乒乓球比赛中我局代表团取得了比较好的成绩。给全体干部职工和离退休职工进行了体检。组织省局机关各处室负责人、各基层主要负责人和在去年测报暴雨洪水中表现突出的基层职工共47人赴华东及上海世博会参观学习。

（十一）落实责任，党风廉政建设工作深入开展

一是各级能够进一步落实党风廉政责任制，党政领导班子主要负责同志能够按照“一岗双责”的基本要求，对分管业务工作和党风廉政建设负双重责任，全面落实“五个一”工作内容。制定下发了2010年党风廉政建设工作要点和反腐倡廉责任分工一览表，将全年的各项任务进行具体分解，确保目标任务落到实处。二是认真开展反腐倡廉宣传教育活动，利用中心组、党员会学习了《廉政准则》主要内容，积极组织各级党员领导干部共计73人参加厅组织的学习贯彻《廉政准则》知识答题活动，提高了党员干部廉洁自律的自觉性。三是加强反腐倡廉制度建设，出台了《陕西省水文局党员干部反腐倡廉学习教育制度》《陕西省水文局水文水资源建设项目监督监察制度》，加强了党员干部教育，进一步规范了领导干部的从政行为。商洛局能积极探索反腐倡廉制度建设的有效途径，加强制度创新，出台了《党支部“三会一课”制度》等多项制度，并在实际工作中认真执行，保障了全局工作稳步开展。四是加强水文工程建设项目的监管和资金使用情况的监督检查。按照工程建设和招标投标的有关规定，认真履行监察职责，做好水文工程招标投标及质量验收的监督检查工作，确保水文建设项目高效、安全、廉洁运行。五是认真开好党员领导干部民主生活会。按照水利厅党组的要求，充分准备，开展了征求意见和谈心，共征集6个方面18条意见和建议，会后进行了细化分解和落实。六是进一步做好信访办案工作，能妥善处理群众来信来访，对反映的问题及时受理，并给予妥善答复。全年我局无重大违规违纪问题。

（十二）完善制度，行业管理逐步进入规范化

坚持以严格的制度和公平的考核办法带动水文各项工作健康发展，全年先后制定下发了《陕西省水文局汛前检查工作细则》《陕西省水文测验质量管理及考评办法》《陕西省水文局其他应收款管理暂行规定》《关于加强专项建设资金报账制管理工作的通知》以及《陕西省水文测验设施、设备仪器管理办法》和《陕西省水文资料复审考评办法》等相关规定办法。上述办法的制定出台和有效实施，对于全面、客观、公正、合理地评定各测站、各市局的水文测验及日常管理工作的质量起到有力地推动作用。

（十三）转制开拓，经营创收工作呈现崭新局面

我们在做好水文测报本职工作的同时，紧紧依托水文行业优势，在立足水利的同时，进一步拓展了水文服务范围，成立注册了陕西省水文科技工程有限公司。先后完成了《西安—商洛天然气管道防洪评价》《汉中—安康天然气管道防洪评价》《陕西有色榆林循环经济产业园水保方案》《高凌鹿苑大道渭河特大桥项目防洪评价》《陕西彬长矿业有限公司小庄及大佛寺矿井及选煤二期项目水资源论证》等的编制工作。全年共承揽技术咨询项目20个，经营创收完成产值1900万元，“万元站”达到32个。职工奖金福利平均增长8%以上。一年来，经营开发处的同志为了承揽技术咨询服务项目，面对各种不利因素，克服困难，走市场、争项目，为扩大收入、提高职工福利待遇付出了艰辛努力。

在取得以上成效的基础上，汉中局在建设项目多、投资规模大的情况下，科学谋划，统筹兼顾，精心安排，克服时间紧、任务重等各种困难，较好地完成了今年基础设施建设任务；采取得力措施积极做好省界水质监测工作，成果可靠、上报及时，为省环境监测中心获得长江流域水环境监测中心成果质量先进单位做出了重要贡献。宝鸡局能够围绕省局提出的“业务立局、科技兴局、人才强局，开放办水文”的工作思路，高度重视职工培训和基础研究工作，多年被冷落的试验分析研究工作得到重视并取得一定成果；共建共管工作深入推进，参与服务面更加广泛，争取投资与支持力度明显加大。商洛局加强汇报，争取支持，商洛市人民政府办公室出台下发了《关于加强水文工作的通知》，为水文事业发展迎来了良好机遇，也走在了全省各地市前列；积极修订完善《商洛水文局测站考核办法》等8个办法，促进了商洛水文工作管理的科学化、规范化。安康局在面对强降雨、洪水频发和测报任务繁重的情况下，团结一致，不畏艰险，科学研判，精心预报，全面完成了去年的水文测报任务，充分发挥了水文工作的“参谋”和“耳目”作用，为安康市乃至全省的防汛抗洪工作做出了重要贡献，受到有关领导好评。西安局干部职工团结拼搏，成功施测了黑河、咀河出现的较大洪水，急防汛测报工作所急，想人民群众安危所想，面对严峻汛情，及时向亭口水库工程建设指挥部以及亭口镇政府通报汛情，亭口镇政府立即组织低洼地带的群众3368人转移，亭口水库工程指挥部100多名职工及工程设备全部撤离，避免了重大人员伤亡和人民群众的财产损失；积极开展了“为发展献一策，为管理献一计”等合理化建议征集活动，针对职工反映的问题和建议，修订和完善各类管理办法20多个，逐步实现了规范化管理；同时，哨兵式ADCP现代化设备在秦渡镇水文站第一个安装试验。延安局在水环境监测分中心和巡测基地建设任务繁重的情况下，克服各种困难和阻力，做耐心细致的思想工作，确保了各项工作的顺利开展和单位的和谐稳定；在应对北洛河“5·26”水污染事件中，上下快速反应，信息报告及时，给上级的工作赢得了主动。水利厅王峰厅长在省水利厅突发水污染事件应急指挥领导小组办公室上报的《关于洛川交口河石油污染有关情况的汇报》材料上批示：“反应及时，工作认真，处理得当。”

一年来，水文局虽然做了大量工作，取得了一些成绩，但客观地讲也存在一些问题和不足：一是水情自动测报率低，仅达到25.8%，远低于全国75.8%的平均水平，致使水情时程信息采集密度受限，时效性差；二是水环境监测能力偏低。省水环境中心急需提升监测能力和服务水平，缺少突发性事件应急监测工具和设备仪器；饮用水安全监测手段落后，重要水源地没有建立自动监测站点。三是水文设施设备和仪器老化失修，常规测验设备、仪器不足，存在安全生产隐患，测洪能力普遍偏低，现代化水平不高。

四是干部职工素质有待进一步提高，工作责任心和能力需进一步增强，抓落实和扑下身子干实事的作风需不断改进。

二、几点启示

回顾总结2010年的工作，我们之所以能够取得新的成效，主要有以下几点启示。

一是坚持“大水文”发展理念是推动水文事业发展的根本出路。坚持“大水文”观，就是进一步拓宽水文服务领域，使水文工作适应经济社会快速发展的要求，发挥水文“参谋”和“哨兵”作用，使水文更好地服务经济社会发展。因此，我们进一步完善中小河流洪水易发区和风景旅游区预警工作以及主要河流流量过程预报，充实完善旱情墒情监测站网，开展“宝鸡、渭南两市用水现状和需求调查分析”研究工作，设立专用站为工程建设服务等，都是坚持“大水文”理念的结果，通过以上工作卓有成效的开展，水文服务领域不断延伸，水文社会影响不断扩大，水文支撑能力不断提升，水文服务功能不断强化。

二是坚持“业务立局、科技兴局、人才强局，开放办水文”是促进水文事业发展的重要举措。水文单位是专业性较强的业务技术单位，必须要有过硬的业务技术、现代化的科技手段、高素质的人才队伍做保障，同时要走开放办水文的路子。否则，水文事业就不能健康快速发展，只能是停滞不前。去年，我们举办各类业务知识培训、新仪器新设备知识讲座，开展优秀论文评选活动并向水利学会推荐优秀论文15篇，在《陕西水利》杂志开辟“水文”专版，全年刊登论文11篇，多年遗忘的试验研究活动在宝鸡等水文局引起重视并取得一定成果；坚持三年每年选送30名优秀职工到扬州大学学习培训、优秀干部挂职交流以及推荐23名青年职工参加报考河海大学和西安理工大学的工程硕士学位班；加强与地方政府共建共管、设立榆林水文局，等等，都是我们坚持走“业务立局、科技兴局、人才强局，开放办水文”思路开展的重要工作，这些工作的顺利开展，极大地促进了水文事业快速稳定发展。

三是加强汇报，争取支持，是实现水文事业快速发展的重要保障。水文要发展，离不开上级领导的关心、理解和支持。因此，我们主动汇报工作，使上级领导对我们的现状和工作有一个全面的了解，以争取更大的支持，为水文事业发展赢得更大的发展空间。2010年，我省遭遇了近年来少有的强降雨过程，洪水频发，全局干部职工精诚团结、抢测快报，为防汛减灾做出了重要贡献。我们抓住有利时机，及时赴京向部水文局汇报我省汛情和水文测报情况，积极与省防办举行座谈，交流总结今年水文测报工作。通过两次汇报，部水文局邓坚局长、省水利厅张玉忠副厅长分别听取汇报后，对我省今年水文测报工作和减少洪灾损失给予了高度肯定，同时也对我们加快水毁修复以及推动水文自动信息建设争取了更大的支持。

四是团结拼搏，敬业奉献是完成各项工作任务的精神力量。水文是一个艰苦行业，也是一个清贫的行业。多年来，水文职工形成了一种艰苦奋斗、任劳任怨、团结拼搏、敬业奉献的优良传统，在关键时刻能够冲得上、顶得住、支得牢，这是我们抢测洪水和完成各项目标任务的重要法宝。今年我们在极其困难的情况下，顺利施测并精心预报了6轮降雨洪水过程，较好地完成全年目标任务，就是靠的这种精神。与此同时，也涌现出了像朱前斌、毛成本、张普、张立新、李军社、龙金生、任养群等一批顾全大局、不畏艰险、尽职尽责的防汛抗旱先进个人和安康水文局、商洛局水情科、省局水情处、武候镇、柳林、安康水文站等团结协作、顽强拼搏、准测快报的先进集体；水环境监测工作在手段落后、能力偏低的情况下，加强质量管理，获得水利部表彰。

三、明确思路，确定重点，积极谋划明年各项工作

2011年，是“十二五”开局之年，做好全年的工作对于“十二五”

开好局、起好步意义十分重大。在新的一年，我们总的要求是：以科学发展观为统领，以提升水文服务能力为先导，坚持“大水文”发展理念，抢抓机遇求发展，凝聚力量促和谐；以人为本增福利，齐心协力保稳定，迎难而上，开拓创新，顽强拼搏，逐步使水文站网布局更趋科学合理，水文信息化建设进一步加快，社会化服务功能进一步增强，水情预警预报质量进一步提高，城市水文服务逐步开展，水文职工生产、生活条件和收入明显改善与提高，人才队伍建设进一步加强，水文领军人物逐步凸显，水文服务经济社会话语权更加牢固，全面促进我省水文事业健康快速发展。

（一）2011 年发展思路

认真学习贯彻党的十七届五中全会和省委十一届七次全会精神，深入贯彻落实科学发展观，拓宽和延伸“大水文”发展理念，坚持“业务立局、科技兴局、人才强局，开放办水文”的指导方针和“加强人才培养，注重能力建设，认真履行职责，提高服务水平”的工作思路，抓住党中央、国务院出台“关于加快水利改革发展的决定”和省委、省政府确定 2011 年为全省水利建设年以及我省根治渭河的大好机遇，积极发展水文，加强水文基础设施建设，推进水文信息化进程，以水文信息化带动水文现代化，为防汛、抗旱、水资源开发利用、水环境生态保护提供优质服务和坚强支撑，为经济社会发展和社会和谐稳定做出新的贡献。

（二）重点目标任务

（1）进一步加强水文前期工作，以扎实的前期工作促进项目的审批落实，以项目争取资金，加快水文基础设施建设步伐。按照部水文局、省水利厅的要求，进一步完善落实水文基础设施建设“十二五”规划后续工作；完成中小河流水文监测一期 71 站、延安水环境监测中心和延安巡测基地建设任务和榆林红石峡水文站共建任务；启动榆林水文基地、商洛水文巡测基地、黄河流域行政区界水量监测站布设一期、渭河水量调度系统刘家河建设工程和景村水文站、省水文仪检中心、汉中水文局两站缆道改造建设工作。

（2）不断加强水情信息采集、传输自动化建设步伐，充分发挥水文信息在防汛抗旱中的“参谋”和“耳目”作用，为各级领导决策提供科学依据。实施省级143处水情站自动测报、国家防汛抗旱指挥系统二期水情分中心、中小河流洪水易发区等项目建设，优化补充常年水情站网，提高水情信息密度，逐步实现信息采集传输的自动化；坚持以中小河流洪水易发区水情预警预报为突破，全面推进水文站、市县城区、水利旅游风景区水情预警预报的开展；积极推进洪水预报方案编制和预报系统开发，编印《陕西省水情工作手册》，努力加强技术支撑平台建设。

（3）要按照建立水资源管理“三条红线”的具体要求和水资源监测的具体目标，科学调整站网，加大行政区界水质水量监测，加大水资源监测频次，提高监测质量，注重水量、水质同步监测，为实行最严格的水资源管理制度提供坚强支撑。全面开展市级水资源公报编制工作；按照国家河湖普查时间节点要求，完成全省河湖普查外业测量及河流特征复核工作和全省河湖图的提取与制作等；划定陕西省重要水功能区限制纳污红线，积极开展渭河干流水生态环境监测，为各级水行政主管部门“三条红线”的制定、监督与考核、奖惩等提供科学依据。

（4）加强基础研究工作，在水文资料深加工方面加大力度，不断提高水文服务支撑能力。开展全省暴雨频率计算工作，深化对河流上下游径流量平衡问题和水文站受涉水工程影响下的测验方式的试验分析研究，开发组建《全省水文测验设施设备信息管理系统》，开展无资料地区河流固定选址勘测和洪水调查，继续抓好全省墒情站土壤田间持水量试验分析工作。加强对重点工程建设领域的水文资料审查及技术服务，变被动为主动，使水文服务参与到工程建设前期和建设过程之中，有效发挥水文在工程建设中“参谋”和科学决策的作用。

四、切实做好当前以下几项工作

2011年春节即将来临，当前要重点做好以下几项工作。

一是切实制定好2011年的发展思路和重点目标任务。各局要按照省局2011年的发展思路和重点目标任务，在总结去年工作的基础上，发扬成绩，寻找差距，结合各自实际，确定出各局新的一年思路和目标任务，调动一切积极因素，采取切实可行的措施，为2011年各项工作开好头、起好步奠定坚实基础，推动全局“十二五”工作有一个良好的开端。

二是做好春节期间的廉洁自律和厉行节约工作。最近中央纪委监察部发出通知，要求各级领导干部要牢固树立廉洁从政意识，以身作则、严于律己，严格执行《中国共产党党员领导干部廉洁从政若干准则》，要以理想信念教育和党性党风党纪教育为重点，紧密结合传统节日的特点，有针对性地开展示范教育、警示教育、岗位廉政教育，推进廉政文化建设，形成崇尚廉洁、以贪为耻的良好风尚。我们水文系统两级领导干部要大力发扬艰苦奋斗、勤俭节约的优良传统，认真落实中央有关厉行节约的各项规定，牢固树立宗旨意识，树立群众观点，从自身做起、率先垂范，自觉抵御各种不良风气，筑牢廉洁奉公和拒腐防变的思想道德防线。

三是做好春节期间的老干部和困难职工慰问工作。帮助生活困难职工欢度春节是我们党的传统，各市局要摸清本单位困难职工的情况，对那些过节有困难的职工要积极开展送温暖、献爱心活动，帮助他们解决燃眉之急。还要对老干部、劳模进行慰问，了解他们的身体、学习和生活情况，尽可能解决他们存在的实际困难，以体现组织的关怀和温暖，确保全体水文职工过一个欢乐、祥和的节日。

四是做好节日和冬季安全工作。从现在到春节收假正是不安全事故多发期，各局各处室要认真执行省局下发的《关于切实做好元旦春节期间安全生产工作的通知》，从落实科学发展观、构建社会主义和谐社会的高度，切实重视安全生产工作，时刻绷紧安全生产这根弦，加强安全值班和巡查，进一步落实各项安全责任制、安全防范措施和事故应急处理预案。每个测站都要安排正式职工轮流值班，加强防火、防盗、防煤气中毒预防工作，各局要安排好放假期间的代班和值班工作，保证信息传递畅通。

五是认真做好枯水季节水文测验工作。枯水季节虽然水文测验工作任务小，但必须要给予重视，要加强对职工的职业道德教育，坚守工作岗位，按时观测，确保水文资料的连续性和真实性。特别对有冰情观测的测站，还要及时掌握基本断面的冰情发展变化情况，遇有特殊冰情要及时向防汛指挥部门报告。同时，各局、各站要随时掌握断面、测站附近突发水污染事件，力争做到早发现、早上报，迅速监测，充分发挥“耳目”和“哨兵”作用，为各级领导采取应对措施提供科学依据。

同志们，过去的一年是全局广大干部职工经历6轮洪水洗礼，经受严峻考验的一年，也是广大干部职工团结拼搏，艰苦奋斗，取得丰硕成果的一年，正是大家的辛勤工作和不懈奋斗，才有今天我们发展的强劲势头和祥和稳定的大好局面。在此，我代表省局党政领导班子向全局广大干部职工表示衷心的感谢！

新年伊始，让我们在厅党组的坚强领导下，在全局干部职工的共同努力下，团结协作，开拓创新，全面开创水文工作新局面，为迎接建党90周年和取得“十二五”规划的开门红，做出新的更大的贡献！最后，值此春节来临之际，我代表省局党政领导班子向全局干部职工拜个早年！祝大家在新的一年里：身体健康，工作顺利，阖家幸福，万事如意！

谢谢大家！

（杨汉明）

发挥耳目尖兵作用　彰显水文职工本色

——在水文测报预报工作总结表彰暨中小河流水文监测系统建设与水毁修复动员会上的讲话

（2011年10月21日）

在汛期即将结束，后两个月各项任务十分繁重的情况下，我们召开这次水文测报预报工作总结表彰暨中小河流水文监测系统建设与水毁修复动员会，对于进一步发扬成绩、激励先进、全面提高测报预报工作水平，推进中小河流水文监测系统建设工作顺利开展有着十分重要的意义，同时对推动全年各项目标任务和水毁修复工作顺利完成，有积极的促进作用。在此，我代表局领导班子向张玉忠副厅长以及省防办、厅人事教育处对水文工作给予关心支持表示衷心的感谢！对在今年水文测报预报工作取得优异成绩受表彰的先进集体和先进个人表示热烈的祝贺！

下面，我谈几点意见。

一、不畏艰险，勇战洪水，充分发挥水文在防汛抗旱工作中的“耳目”“尖兵”和基础支撑作用

今年入汛以来，全省先后经历了15次大范围降水过程。汛期省境内设站河流有55条82站出现洪峰846次，其中29条河流36站出现超警戒流量洪峰111次，3条河流3站出现超保证流量洪峰，洪峰次数和超警洪峰次数均为10年之最。特别是9月以来，陕北南部、关中及陕南先后出现三次大范围秋淋降水过程，造成汉江、渭河出现超警戒洪水，渭河下游出现1981年以来的最大洪水过程，

华县站洪峰流量比“03·8”超出 1720 m^3/s，临潼站出现 1961 年建站以来最高水位。降水强度之高、洪水量级之大多年少有。

面对严峻汛情，我局广大干部职工以对党和人民高度负责的精神，按照厅党组部署，全力以赴投入今年防汛水文测报工作中，两级班子成员坚持 24 小时值班带班制度，尽职尽责，深入一线，靠前指挥；基层测站职工坚守工作岗位，克服各种困难，顶风雨、斗恶浪，不畏艰险，抢测洪水，抢测了一个个完整的水峰过程，发出了一份份准确的水雨情信息；各级水情人员夜以继日，通宵达旦收集分析水雨情信息，科学研判，准确、及时做出并传递水情预报，为各级领导和防汛部门抗洪抢险科学决策提供了准确的决策依据，在战胜今年汉江、渭河最大洪水斗争中发挥了重要作用。通过今年多次的洪水洗礼和严峻考验，充分证明我局干部职工在关键时刻冲得上、顶得住，是一支能吃苦、能战斗，能打硬仗的队伍，发挥了水文情报预报在防汛抗旱中的“耳目”“尖兵”和基础支撑作用。

二、科学研判，准确预报，水文情报预报工作受到各级领导的高度肯定和新闻媒体的关注

6 月 20 ~ 22 日，我省出现入汛以来最强的一次降水过程，汉江支流白石河白岩水文站仅 3.5 小时水位上涨了 4.02 m，洪峰流量 1880 m^3/s，为 1959 年建站以来实测第二大洪水。当时气象部门已经解除蓝色预警，而安康水文局和白岩水文站的职工并没有因此而松懈，依然坚守岗位，尽职尽责，在强降水出现时，迅速启动中小河流、山洪易发区水情预警预报工作，提前 2 小时预报白石河白岩水文站将在 23 日 4 时前后出现 1400 ~ 1700 m^3/s 的洪水过程，并及时向省防办、安康市防办和白河县防办发出了白石河洪水预警，白河县迅速组织沿岸 5 个乡镇、1000 余住户、4000 多名群众安全转移，使这次洪水没有一人因洪水伤亡。这次的成功

水文测报和预警，为防汛部门调度指挥和正确决策提供了重要科学决策依据，为避免人民群众生命财产遭受更大损失做出了重要贡献，受到了省防总的通报表扬。

在七下八上的防汛关键时刻，省水利厅张玉忠副厅长与省防办常务副主任郑公社冒雨深入我局水情中心看望慰问职工，了解全省水雨情和水文测报情况，代表王锋厅长对坚守在防汛测报第一线的全体水文职工表示亲切的慰问和衷心的感谢；对我局先后战胜 6 次暴雨洪水所做的工作给予了充分的肯定。

为了进一步宣传水文工作和水文职工坚守岗位、抢测洪水的拼搏精神，我局有关领导和处室负责同志做客省电台《秦风热线》节目以“永不消退的水文情”为主题集中一个小时与全省听众朋友互动并回答介绍了我省水文测报工作的任务和职责，现场采访和连线了常年驻守在一线、扎实工作的水文职工。通过宣传，使广大听众比较全面地了解了我省水文测报工作的基本情况，使老百姓认识到水文工作与他们生活密切关系，同时对于全社会进一步重视、关心和支持我省水文事业更好发展必将起到良好的宣传和促进作用。

在 9 月份渭河、汉江强秋淋暴雨洪水过程中，及时准确预测了渭河汉江前两次洪水过程各主要站洪峰及过程流量。在渭河、汉江洪水量级最大的第三次秋汛洪水过程中，根据新的情况及时制作滚动预报和修正预报，提前近 35 小时预报华县站 20 日 8 时出现最高水位 341.90 m，相应流量 3400 m^3/s，20 日 11 时依据洪水过程及华县站断面变化情况，修正洪峰水位在 342.45 ~ 342.70 m 之间，实际 20 日 20 时 18 分出现洪峰水位 342.70 m，相应流量 5260 m^3/s；18 日 15 时依据实时水雨情及石门水库下泄流量变化，预报 20 时安康水库入库流量 18000 m^3/s，实际 18400 m^3/s、预报精度 97.8%。准确的预报为各级防汛指挥决策提供了科学依据。安康市人民政府依据我局提供的信息于 19 日 8 时发布城区一号撤离令，撤退群众6177人、流动人口1132人，确保洪峰来临之前把群众转移至安全地带。

在渭河出现第三次洪峰前夕，9月17日晚，省电视台记者冒雨深入秦岭山里的涝峪口水文站采访奋战在一线的水文职工，并及时在18日的《陕西新闻联播》中播出新闻特写——“夜探山中‘看水人’”，极大地鼓舞了全省水文干部职工的士气。国庆节期间，中央电视台记者深入我局所属的张家山水文站采访节日期间坚守岗位的水文站职工。详细了解了水文站的整个工作过程及水文职工艰苦的工作环境。记者被水文职工在艰苦的环境中测报数据、与家人聚少分多、舍小家顾大家以及长年累月坚守工作岗位，默默无闻奉献的敬业精神所感动。

整个汛期，我局广大干部职工用自己的辛勤汗水和艰辛努力，为我省防汛抗旱工作做出的成绩，得到了上级有关部门表彰和领导的高度称赞。9月28日，渭南市委、市政府召开了全市抗洪抢险总结表彰大会，对在迎战渭河秋淋洪水工作中做出突出贡献的单位和个人进行了表彰和奖励，我局水情信息处被授予“2011年抗洪抢险先进集体”荣誉称号，沈桂环、刘长礼两位同志被评为“抗洪抢险先进个人”，并进行了表彰。10月8日，省水利厅党组专门发出通知，对在今年防汛抗洪抢险工作中做出突出成绩的陕西省水文水资源勘测局等4个处（室）及单位给予通报表扬。这次受到我局表彰的5个先进集体和14名先进个人，也是今年全局干部职工团结拼搏、抢测洪水涌现出的典型代表。希望受表彰的先进集体和个人珍惜荣誉，发扬成绩，再接再厉，继续发扬抗洪精神，为夺取全省防汛抗洪斗争的全面胜利做出新的贡献！

三、高度重视，认真实施，推动中小河流水文监测系统建设和水文设施水毁修复工作稳步开展

由于今年降水量大，洪水频发，给水文测报设施造成了一定

灾害损失。灾情发生后，基层测站职工克服各种困难，采用临时措施坚持测报工作，使测报工作不受大的影响。截至目前，暴雨洪水致使省内 40 条河流 47 处水文（水位）站、18 处雨量站的测报设施遭受不同程度毁坏，损毁较为严重的有安康局的白岩、恒口水文站，西安局的陈河水文站，商洛局的柴坪、灵口水文站等。直接经济损失达 265.82 万元，计划共需修复资金约 372.09 万元。

在水毁修复资金没有到位的情况下，我局不等不靠，设法积极采取措施筹措应急修复资金，迅速下拨有关地市水文局，及时恢复应急测报设施，确保了汛期测报工作的顺利进行。目前，汛期将要结束，中小河流水文监测系统建设任务已经落实部署，任务艰巨，时间紧迫，水毁修复的任务也很繁重，我们一定要抓住汛后的有利时机，振奋精神，全面动员，精心安排，组织力量，迅速在全局开展中小河流水文监测系统建设和水文设施水毁修复工作。为此，当前，要做好以下几项工作：

一是充分认识中小河流水文监测系统建设的重大意义，推进这项关乎民生工程工作扎实稳步进行。昨天，我们召开了中小河流水文监测系统建设工作会，安排了任务，明确了要求，张厅长也做了重要讲话，希望我局各级干部切实抓好贯彻落实工作。中小河流水文监测系统建设，不仅关系到区域防洪安全，还涉及生态环境保护和水资源可持续利用；既是一项中央高度重视、惠泽民生的德政工程，也是社会广泛关注，群众十分关切的民生工程。也是完善防洪减灾体系的需要，是完善水文站网功能和拓宽水文服务领域的需要。因此，我局各级干部和广大职工要以对国家和人民高度负责的精神，加强领导、落实责任、精心组织、认真实施，努力按期保质完成 2012 年中小河流水文监测系统建设中改造 33 个水文站、8 个水情信息中心站、2 个水位站、368 个雨量站，新建 90 个水位站、1158 个雨量站、1 个省级水文应急监测队，总投资 1.4 亿元的建设任务。

二是积极汇报，争取支持，积极落实水毁修复资金。今年水文设施遭受损坏面之广、受灾程度之大是近年来少有的。面对艰巨的水毁修复任务，一定要积极向上级汇报，加强联系与沟通，争取落实水毁修复资金，在资金保障的前提下，确保水毁修复工作顺利开展。

三是及早安排，自己动手，全面开展水文设施大检修大整治活动。大汛过后，各局要迅速对所有观测场地、道路、设施进行一次全面大检修大整治活动，发扬水文职工不怕苦、不怕累和艰苦朴素的优良传统，对不需要花钱或者花费很少的项目，自己动手，发动职工对已毁坏的观测道路和场地进行整修维护；对一些常规仪器和设备，进行检修养护，确保仪器设备处于良好运行状态和安全使用。

四是加快进度，保证质量，推进水毁修复工作扎实进行。水毁修复资金一旦到位下拨后，各局要高度重视，组织力量，严格管理，考察选用有经验、有信誉、有资质的建设工程公司承担和施工，加强施工监理，增强责任意识和质量意识，保证工程质量。抢时间，抓进度，力争明年大汛前完成所有水毁修复任务。

五是加强监督，节俭办事，确保工程安全、资金安全、干部安全。昨天监察室通报了各市水文局 2010—2011 年以来水文工程建设稽查中暴露的问题，希望各市水文局要引起高度重视，总结经验，吸取教训，严格审批手续，加强监督检查，加强资金管理，做到专款专用，要精打细算，节俭办事，廉洁办事，确保工程安全、资金安全、干部安全。

同志们，成绩鼓舞人心，表彰催人奋进。让我们在水利厅党组的坚强领导下，认真学习贯彻党的十七届六中全会和全省水利工作会议精神，奋发努力，再鼓干劲，为全面完成中小河流水文监测系统建设和水文设施水毁修复任务而努力奋斗！

（杨汉明）

一号文件是曙光　抢抓机遇促发展

——在年终总结考核大会上的讲话

（2012 年 1 月 5 日）

紧张繁忙的 2011 年已经过去，为了全面总结 2011 年各项工作，明确 2012 年新的发展思路和重点目标任务，为进一步搞好 2012 年各项工作奠定良好基础，我们决定召开这次全局工作总结考评会。这次总结考评会，厅领导十分重视，张玉忠副厅长莅临会议后面还要做重要讲话。在此，我代表水文局党政领导班子向水利厅领导以及厅有关处室对水文工作关心支持表示衷心的感谢！向一年来坚守岗位，勤奋工作，为我省水文事业发展以及防汛抗旱工作做出重要贡献的全局干部职工表示亲切的问候和崇高的敬意！

2011 年，在省水利厅党组的正确领导下，认真学习深刻领会中央一号文件和省委、省政府贯彻《中共中央　国务院关于加快水利改革发展的决定》的实施意见精神，坚持“大水文”发展理念，秉持“业务立局、科技兴局、人才强局，开放办水文”的工作思路，以提供全方位、深层次、专业化的优质服务为目标，加强领导班子建设，狠抓党风廉政建设工作，加快水文基础设施建设步伐，大力实施和推进人才强局战略，提升水文预测预报能力和应急监测水平，推进水文管理体制改革创新，充分发挥了基础和支撑作用，水文事业呈现发展加快、管理加强、支撑有力的良好发展态势。

下面，我谈几点意见。

一、各项工作取得新的成效

2011年，我局认真贯彻落实中央一号文件和中央、省水利工作会议精神，抢抓我省渭河治理、引汉济渭、东庄水库前期工程和中小河流水文监测系统建设的大好机遇，牢固树立“看不到机遇是蠢人，抓不住机遇是庸人，用不好机遇是罪人”的意识，增强信心聚力量，抢抓机遇促发展，年度各项重点工作顺利开展并取得了显著成效。

（一）水文测报工作受到各级领导高度肯定

2011年，我省先后经历了15次大范围降水过程。汛期省境内设站河流有55条82站出现洪峰846次，其中29条河流36站出现超警戒流量洪峰111次，3条河流3站出现超保证流量洪峰，洪峰次数和超警洪峰次数均为10年之最。特别是9月以来，陕北南部、关中及陕南先后出现三次大范围秋淋降水过程，造成汉江、渭河出现超警戒洪水，渭河下游出现1981年以来的最大洪水过程，华县站洪峰流量比“03·8”超出1720 m^3/s，临潼站出现1961年建站以来最高水位。降水强度之高、洪水量级之大多年少有。

面对严峻汛情，我局广大干部职工以对党和人民高度负责的精神，急防汛测报工作之所急，想人民群众安危之所想，在关键时刻发扬水文职工特别能吃苦、特别能战斗的优良传统，顾全大局，不畏艰险，顶风雨、战恶浪，准测快报，科学研判，为各级领导和防汛指挥部门科学决策提供了及时可靠的水文信息，为确保人民群众生命财产安全做出了重要贡献。据统计，汛期共接收处理水情报文27万余份，通过广域网向国家防总、黄委、长江委、省（市）防办等服务单位转发报文约42.7万份。20分钟传输率为98.3%，30分钟传输率为99.8%；网络传输率达99.9%；差错率为0.005%，总差错率（含迟报）为0.22%。特别是6月20～22日陕南强降水，我局提前2个小时准确预警预报，为白河县迅速组织沿岸5个乡镇、

1000余户、4000余名受威胁群众的安全转移争取了宝贵撤离时间，受到了省防总的通报嘉奖。水文测报工作也得到了厅党组的充分肯定，王锋厅长、张玉忠副厅长多次在会议上对水文测报工作给予了高度评价，省水利厅党组专门发出通知，对在今年防汛抗洪抢险工作中做出突出成绩的省水文水资源勘测局等4个处（室）及单位给予通报表扬。我局水情信息处被渭南市授予“2011年抗洪抢险先进集体”。

（二）水文基础设施建设成绩斐然

抓住延安水文巡测基地、延安水环境监测分中心改造建设的机遇，筹措整合资金，统一规划，实施了延安水文水资源局机关改建项目，从根本上解决了延安水文局办公、生产、生活条件落后被动的局面；坚持以人为本，调整建设思路，强化工程管理，完成了中小河流洪水易发区水文监测一期251处雨量站、9处水位站建设，陕西省省级水情站自动测报143处站点建设任务，水文信息自动采集率大幅度提升。在测站改造建设中，首次在秦渡镇水文站安装运用了ADCP低水流量计，在升仙村水文站安装了雷达流量计，达到了无人值守、实时在线、远程传输、长期存储水位、水温、流量的目的。

（三）中小河流水文监测系统建设全面启动实施

坚持以规划促进项目的审批，以项目争取资金。组织专业技术骨干编制了《陕西省中小河流治理和中小水库除险加固、山洪地质灾害防御和综合治理总规划非工程措施部分——水文建设规划》并挤进了全国大盘子，我省落实中小河流水文监测系统建设三年总投资4.0361亿元。编制了《2011年中小河流水文监测系统实施方案》，通过了省水利厅、省发改委的审批，到位资金1.4151亿元，其中中央投资9343万元、地方配套4717万元，超过“十五”“十一五”建设项目投资的总和。为规范建设程序，确保工程质量和资金使用效果，全面提升建设管理水平，制定完善了《陕西省中小河流水文监测系统建设管理实施办法》等4个办法，为确保我省中小河流水文监测系统建设顺利实施奠定了坚实基础。

（四）水文基础测验工作进一步夯实

一是全省80处水文站中测验质量甲等站79站，乙等站1站，甲等率超过90%。二是对2010年度全省水文资料进行了复审验收，共取得各类整编成果944站年，其中水位97站年、流量92站年、泥沙64站年、泥颗28站年、水温20站年、蒸发52站年、冰情1站年、降水590站年，甲等率超过90%。三是主持完成了《水文年鉴》第4卷第8册汇编刊印工作，协助完成了四卷3、4、6、7、8册和六卷9、14、15册汇编刊印工作，年鉴汇编刊印工作全面完成。四是完成2010年原始资料和整编成果资料归档、入库任务。五是完成2010年水文整编成果的转换及装载入库，完成日蒸发表、实测大断面表和月年平均颗粒级配表的数据录入及装载进入数据库服务器工作。六是启动全省水文测验设施设备信息管理系统工作，全部仪器、设备、设施登记台账统计调查清楚，形成完整的电子文档。七是完成了省水文数据库前期升级改造工作，基本实现数据查询检索功能。

（五）水资源评价水环境监测能力稳步提升

一是河湖普查工作深入有序开展，全国河湖普查试点工作陕西境内河湖清查工作圆满结束，完成全省河湖名录清查、水系结构复核、外业勘查等工作；二是围绕省委、省政府关于全面整治渭河的要求，完成《陕西省渭河流域地表水水量水质监测规划》《宝鸡市社会经济用水现状及需求分析》《渭南市社会经济用水现状分析》，为渭河水量调度提供了科学依据；三是强化城市供水水源地饮水安全监测，完成全省主要河流纳污能力核定和“21世纪前十年陕西省长江、黄河流域地表水功能水资源质量调查评价”，为上级有关部门加强河流治理和水资源科学利用提供了翔实资料。

（六）水文科技含量不断增加

推广应用了中国洪水预报系统平台，极大地提高了洪水作业预报的时效性和预报精度，水情信息网络传输率达到99%，投资400多万元的先进仪器设备下发配置使用。向水利厅上报科研项目11项，其中《典型暴雨洪水分析与现行水文手册实用性对比研究》项目列入2011年省水利科技项目，下达科研经费20万元，为近年首次。积极参与厅第六届陕西水利优秀科技论文评选，7篇论文分别获得一等奖1名、二等奖2名、三等奖4名，省局荣获优秀组织奖。

（七）全力打造适应“大水文”发展要求的专业人才队伍

水文要发展，人才是关键。为了打造一支高素质的水文职工队伍，全年分期举办了土壤墒情监测、水情报汛、水文资料整编、水资源公报编制规程、公文写作处理、水文基建财务管理暨规划与建管、宣传等10多个专题培训班，参加学习培训累计达600人次，培训班密度之强、培训人数之多创历年之最；6月23名专业技术人员，前往南京水利水文自动化研究所进行了为期一周的水文新仪器应用与维修培训；第二批扬州大学30名学员7月学成结业，第三批30名学员10月赴扬州大学进行为期一年的学习，8名职工经过考试被河海大学和西安理工大学录为在职研究生学习；“全省水文职工技能竞赛”成功举办，一批年轻化、专业化的优秀人才脱颖而出。

（八）不断加强水文法规建设，依法行政工作稳步推进

受水利部水文局委托，我局承担了起草制定《水文资料使用审查管理办法》的任务，接受任务后，我省十分重视，精心安排，积极工作，认真调研，以《陕西省水文资料使用管理办法》为基础，起草了《水文资料使用审查管理办法》初稿，组织省政府法制办、省水利厅有关专家对初稿进行了审查，并进行了细致严密的修改和完善。目前，《水文资料使用审查管理办法（送审稿）》已上报水利部水文局，受到了水利部水文局的表扬。为了加强我省水文站网管理，充分发挥水文站网的功能和作用，更好地履行法律法规授予我们的行政许可职能，调研起草制定了《陕西省水文站网管理办法》。目前该办法已上报省厅政法处审查。同时，按照省水利厅安排，我们认真完成了陕西省水行政处罚自由裁量指导标准涉及水文工作的内容，共计10个大项，从四个不同违法程度分别制定了详尽客观的处罚标准，为推进依法行政工作打下了良好基础。

（九）开源节流，积极做好财务和经营创收工作

加强同上级有关部门和金融等机构的联系，汇报情况和问题，寻求政策支持和资金帮助，使筹资渠道不断增加，融资规模持续扩大，事业经费、报汛费、水资源费等投入增加明显。一是全年落实事业经费1917.65万元，增幅152.08%；专项资金1260万元，增幅18.55%；落实基本建设资金9822万元。二是制定下发《陕西省公务卡管理暂行办法》《三公经费管理办法》《仪器设备采购管理办法》，初步建立和完善防止“小金库”的管理体制，将各项财务收支纳入部门预算统一核算，严格财政性资金的使用和管理，为彻底解决“小金库”问题提供有力的制度保障。三是大力开展会计基础合格单位创建活动，强化“三公”经费管理，全面推进公务卡改革和扩大公务卡适用范围，减少了现金支付结算，减轻了财务管理工作量，提高了资金的风险防范意识和资金支出的透明度。四是依托行业优势，大力开展经营创收工作。全年承揽了《陕西省天然气总公司靖西三线、关中环线防洪评价项目》《山洪灾害县级非工程措施设计》《中小河流洪水易发区水文监测一期工程初设》等合同项目，合同总金额突破2000万元。坚持横向协作的经营原则，经营管理实现了项目经理管理制，经营性人才基本实现高、中、低三级搭配，项目储备进一步增强，服务水利工程创收明显得到提高，职工收入有望增加 8% 以上。

（十）大力开展“大调研”“大下访”活动，班子执政能力建设不断增强

扎实开展“大调研”“大下访”活动，认真分析、仔细研究、紧密结合我省水文实际，在全省水文系统开展了“转观念、找问题、促发展”为主题的调研和“大下访”活动，提出了“要切实解决一批事关职工利益的现实问题、要认真围绕职工关注的问题开展调查研究、要保持与职工的密切联系，确保反馈渠道通畅”的工作要求，梳理出 14 个方面的具体目标任务，按领导职责进行逐项分解，落实到人，跟踪督导，向水利厅提交调研报告 7 份。

（十一）党建和精神文明建设扎实开展

2011 年，我们围绕中国共产党成立 90 周年，把加强党的建设作为建设学习型、思考性和创新型领导班子的重要工作来抓，继续在广大党员中深入开展创先争优活动，按照党员的岗位和职责，切实做好党员承诺制，开展丰富多彩、形式多样的庆祝活动，加强对党员党性和宗旨意识教育，努力做好党的建设各项日常工作。

一是党建工作成效明显。完成了西安局党支部、安康局党总支换届改选，成立了西安水文局党总支；召开了 2011 年度领导干部民主生活会；我局商洛水文局党总支荣获厅直系统先进基层党组织，周永章、李桃英同志荣获优秀共产党员，李百全同志荣获优秀党务工作者的荣誉称号；举办了庆祝建党九十周年征文活动和水文书画摄影展。

二是坚持政治理论学习，提高干部职工理论水平。2011 年，认真组织开展了以十七大和贯彻落实中、省一号文件精神为主的政治理论学习。坚持中心组学习制度，发挥中心组学习的示范带头作用。全年共组织中心组学习 10 次，先后学习了胡锦涛总书记在党的十七届五中、六全会上的重要讲话，《中共中央　国务院关于加快水利改革发展的决定》，十一届全国人大四次会议和全国政协十一届四次会议精神，《中共陕西省委、省人民政府关于贯彻〈中共中央　国务院关于加快水利改革发展的决定〉实施意见》、胡锦涛总书记“七一”重要讲话和省委书记赵乐际在全省庆祝建党90周年大会上的讲话等重要内容。还结合实际，及时下发中心组学习通知与计划，做到学习制度规范，学习记录、笔记健全。通过学习，干部职工的思想认识深了，抢抓机遇的能力强了，干事创业的劲头更足了，成效明显。

三是积极主动开展活动，促进单位和谐发展。我局组织局领导成员、机关党员干部、离退休党支部委员以及西安水文局党员领导干部观看了电影《第一书记》；组织干部职工代表现场聆听了汶川特大地震抗震救灾和恢复重建先进事迹报告会，大家深受感动和启发；组织参加了省水利厅直系统“石头河杯”游泳、羽毛球、乒乓球比赛并取得了较好成绩。加强和重视共青团工作，省局团委进行了选举换届，团委组织团员青年进行拓展训练并成功举办了“振奋精神、把握机遇、建功立业”演讲比赛活动，进一步激发了团员青年的朝气与活力和干事创业的热情，共青团工作呈现出新的局面，受到厅团委的好评。

四是开展文明单位创建，推进行业管理上水平。按照省水利厅文明单位创建管理办法的规定，我局积极向省水利厅上报了六个水文站创建厅级文明单位的申请和申报材料并扎实开展文明单位创建活动；年底前，厅文明办对创建厅级文明单位的6个测站进行了实地验收，对我局文明单位创建工作给予了充分肯定。在创建职工之家活动中，商洛水文局工会被中国农林水工会评为“模范职工小家”。

五是宣传工作有声有色，水文社会影响力不断增强。为了进一步宣传水文工作和水文职工坚守岗位、抢测洪水的拼搏精神，陕西省广播电台《秦风热线》两次聚焦水文工作。在渭河出现第三次洪峰前夕，9月17日晚，省电视台记者冒雨深入秦岭山里的涝峪口水文站采访奋战在一线的水文职工，并及时在18日的《陕西新闻联播》中播出新闻特写——“夜探山中‘看水人’”，极大地鼓舞了全省水文干部职工的士气。国庆节期间，中央电视台记者深入我局所属的张家山水文站采访节日期间坚守岗位的水文站职工。详细了解了水文站的整个工作过程及水文职工艰苦的工作环境。记者被水文职工在艰苦的环境中测报数据、与家人聚少分多、舍小家顾大家以及长年累月坚守工作岗位，默默无闻奉献的敬业精神所感动。通过大力宣传，使广大听众和观众比较全面地了解了我省水文测报工作的基本情况，使老百姓认识到水文工作与他们生活密切关系，同时对于全社会进一步了解水文、重视水文，关心和支持我省水文事业更好发展必将起到良好的宣传和促进作用。

六是上下联动，扶贫帮扶工作扎实开展。年初制订了2011年帮扶工作计划，部署安排扶贫工作；跟踪了解已经完成的帮扶项目，完善后续管理工作；深入对口扶贫点慰问贫困户，给10户困难群众送去了慰问金和慰问品；落实饮水工程管道冬季平安越冬问题，帮助饮水工程后续管护方案制订，帮助村委会制定相关办法，达到了规范管理和正确养护；对700亩改造后的农田土质和产量进行分析，帮助村民提高农田改造后的种植品种和产量。

（十二）强化党风廉政建设，加强重大事项监察监督，确保了干部安全、工程安全、资金安全

第一时间传达学习全省水利系统党风廉政建设工作会议精神，安排部署了全局党风廉政建设工作，制定并签订了《2011年度党风廉政建设及反腐败工作目标责任书》，制定下发《陕西省水文局2011年党风廉政建设及反腐败工作要点》和《陕西省水文局2011年反腐倡廉责任分工一览表》，及时调整党风廉政建设责任制领导小组，各市局配备了专职的纪检监察委员。加强对水文工程建设项目的监管和资金使用情况的监督检查。结合省水利厅对项目稽查工作的安排部署，我局制订了《2011年水文建设项目稽查工作实施方案》，成立了项目稽查领导小组和工作机构，明确了项目稽查工作的职责范围、内容、程序和方式，全年完成对所属6局建设项目稽查工作。10月20日，组织召开了水文工程建设项目稽查通报会，会上纪委通报了对基层局项目稽查的情况，对今后我局水文工程建设工作顺利开展必将产生警示与推动作用。

（十三）加强节能减排工作，努力创建节约型机关

按照水利厅“关于开展节能宣传工作的通知”精神，我局高度重视，召开会议组织职工学习有关文件，专题研究和安排部署节能与创建节约型机关建设工作，不断增强干部职工做好节能减排和创建节约型机关活动的重要性和紧迫性，省局与各市水文局均在醒目位置张贴节水、节电标语，院内悬挂宣传条幅，积极营造节能减排、人人皆知，节约水电、人人有责的浓厚氛围。为更好地促进节约型机关建设工作，加强对节能减排工作的领导，成立了由省局领导任组长、各处室负责人为成员的节约型机关建设领导小组，设立了节能工作办公室，负责检查落实节能减排和创建节约型机关建设工作，印发了“省水文局2011年节约型机关建设工作责任分工一览表”，各项指标任务分解到各部门，责任落实到个人，省局与各市水文局分别签订了“建设节约型机关目标责任书”，由于领导重视，措施得力，有力地促进了节能减排和节约型机关建设活动深入有序开展，从抽查西安、商洛水文局节能减排工作来看和初步统计，我局在节约办公经费、用电、用水、用气以及控制公务车油耗等方面取得了可喜的成绩，较好地完成了省水利厅下达的节能指标任务。

（十四）加强与兄弟省水文部门联系交流，水文部门之间友谊不断加深

2011年，世界园艺博览会在西安成功举办，兄弟省水文同行纷纷前来我省参观考察，我们坚持“热情接待，节俭大方，周到服务”

的原则，顺利完成了40多批、240余人的接待任务。通过来访，进一步加强了与兄弟省水文部门的交流，增进了友谊，扩大了陕西水文的影响，我局的热情接待也受到了兄弟省水文同行的赞誉。

（十五）高度重视安全生产工作，确保单位和谐稳定

我们始终把安全生产工作作为全年一项重要工作和促发展、保稳定的大事来抓。一是进一步明确了我局安全生产领导小组成员和职责，建立健全了一把手负总责、分管领导具体抓、其他领导和有关职能处室配合抓的分级负责的安全网络体系。二是根据上级有关文件精神和要求，及时上报了全局各个季度隐患排查材料，向各市水文局和机关各处室下发了10余个相关安全生产文件，第一时间将上级的安全生产部署和要求落到实处。三是制定下发了相关安全生产规章制度和应急预案，坚持用制度促进安全生产工作顺利进行。四是进一步落实安全生产责任制和相关措施，规范管理，做好各个时期以及重大节日的安全生产检查，同时能够突出重点，深入开展安全隐患排查工作，紧密结合汛前准备、水文测报、工程施工测站安全管理、车辆安全管理等方面作为重点进行细致排查，对检查中发现的问题做到了及时处理，最大限度地将安全隐患消除的萌芽状态，确保了全年我局未发生不安全事件。

总结2011年工作，各市水文局还有以下亮点。

安康水文局在去年严峻汛情面前，克服困难，准测快报，在关键时刻及时向防汛部门发出准确预报，安康市人民政府依据水文信息果断指示防汛指挥部门向汉滨区防汛办下达安康城区撤离一号命令，为确保人民群众生命财产安全做出了重要贡献，受到安康市人民政府领导的好评；高度重视水文宣传工作，在安康日报等新闻媒体发表稿件12篇，多方位、强有力的宣传，提高了水文行业在社会上的知名度和影响力。商洛水文局充分发挥技术力量和水文资料优势，积极拓宽服务领域，主动出击承揽项目，支撑商洛经济建设，水文地位和影响不断提升；实行了站、科长聘任制，为我局下一步加强站、科长管理奠定了基础；增强敏锐性，积极开展突发水污染监测工作，在商洛市区两次突发事件中，迅速启动重大水污染监测应急预案，快速行动，及时布设监测断面，分段、分频次取样分析，迅速将分析结果向有关部门上报，发挥了水文“耳目”和“尖兵”作用。汉中水文局结合实际积极开展了以“讲政治、树正气、谋发展、抓落实”为主题的干部职工作风整顿教育活动，干部职工思想认识空前统一，精神面貌焕然一新，队伍稳定单位和谐；在开展节约型机关建设活动中，领导重视，措施有力，各项节约指标成效显著。西安水文局为保障世园会期间园区水质和有关工程安全，高度重视，精测细报，在特殊水情的关键时期每小时向世园会生态局测报雨、水、沙情，为世园会安全成功举办做出了重要贡献；高度重视我局首台引进安装在秦渡镇水文站的新仪器H-ADCP流速剖面仪试验分析研究工作，建立了H-ADCP实测流速与断面平均流速的相关关系，取得了流速对比分析及比测率定报告。延安水文局狠抓职工业务培训，利用非汛期有利时机，对青年职工进行新仪器、新设备使用和综合业务能力培训，职工业务技术水平与能力大大提高；按照《陕西省水文管理条例》赋予的职责和权利，积极主动向当地政府和有关部门汇报，加强与水利部门联系与沟通，争取理解和支持，妥善处理了安塞县人行景观桥工程、辽河二建天然气管道穿越张村驿水文站断面、志丹水文站橡胶坝建设影响水文测验事件，水文权益得到了有效保护。宝鸡水文局高度重视，多措并举，积极开展试验分析研究工作，局领导和业务部门积极指导试验分析工作，取得了良好效果；积极贯彻省局提出的“人才强局”战略，开展了多种形式的专业知识培训活动，职工业务技术水平大幅提升，在全局职工技能竞赛活动中该局甘丹同志一人取得三个第一的好成绩，同时组建缆道安装队伍，不拘一格使用人才，在使用中发现人才，在项目中锻炼人才，为人才脱颖而出创造条件。

二、主要问题和不足

在认真总结各项工作和自身建设取得成绩的同时，我们也清醒地看到还存在着许多制约和影响发展水文事业的问题和不足，主要体现在：一是基层水文机构职级偏低，省局机关部分处室负责人高配还未到位。由于机构偏低，不利于我们与地方政府之间的沟通与联系，不利于发挥水文服务地方经济发展的作用，在维护自身权益上造成了障碍。二是按照我省中小河流水文监测系统建设要求，特别是解决新建水文站土地征用、人员编制问题困难和难度还比较大。三是近年来，随着我省经济社会的快速发展，水文设施屡遭损坏、毁坏，城市景观、公路、铁路等建设侵占水文测验河段事件时有发生，乱倒、乱采、乱建的“三乱”现象屡禁不止的问题还比较严重，直接影响了水文工作的正常开展。四是干部职工工作作风有待进一步转变。在我们一些干部职工中还存在着责任心不强、作风漂浮的不良现象，缺乏敢于负责、敢于承担的勇气，一些同志不善于学习、不思进取，精神萎靡，与目前水利发展的大好形势要求格格不入。五是抓创收工作的积极性需要进一步增强，创收机制有待进一步理顺，部门之间收入不平衡，职工收入特别是基层职工收入还比较偏低。以上问题，需要引起今后我们高度重视。

三、明确思路，确定重点，积极谋划2012年各项工作

2012年，是实施“十二五”规划承上启下的重要一年，也是深入贯彻中央一号文件，实现水文大发展、大变化的一年。做好今年的各项水文工作，对于全面推进中小河流水文监测系统工程建设顺利实施，为党的十八大胜利召开创造良好的和谐稳定环境具有十分重要的意义。为此，在新的一年，我们要认真贯彻党的

十七大和十七届五中、六中全会精神，深入贯彻落实科学发展观，振奋精神，抢抓机遇，全力做好水文测报工作，在全局努力营造“一心一意谋发展，聚精会神搞建设”的大好局面。

（一）发展思路

认真学习贯彻党的十七届六中全会精神，以科学发展观为指导，走“大水文”发展之路，继续坚持“业务立局、科技兴局、人才强局，开放办水文”和“加强人才培养，注重能力建设，认真履行职责，提高服务水平”的工作思路，紧紧抓住省委、省政府把水利作为治陕富民的主要工作的大好机遇，增强信心，开拓创新，以实施中小河流水文系统工程建设为契机，加大新仪器、新设备的推广使用力度，加快水文基础设施和水文信息化建设步伐，为防汛抗旱、水资源开发利用、节约保护以及重点水利工程提供坚强的服务支撑，努力打造一支“基础牢，素质高，能力强，讲政治，守纪律，能吃苦，能战斗，能奉献”水文干部职工队伍，为经济社会发展和社会和谐稳定做出新的贡献。

（二）重点任务

一是全面实施中小河流水文监测系统建设工程。坚持以部水文局指导意见为依据，结合我省水文实际，以人为本，科学谋划，探索新路，因地制宜，努力实现陕西水文中小河流水文监测、传输、预报的信息化、现代化的工作思路。高度重视，科学管理，积极实施中小河流水文监测系统中改造33个水文站、8个水情信息中心站、2个水位站、368个雨量站，新建90个水位站、1158个雨量站、1个省级水文应急监测队，总投资1.4亿元的建设任务。

二是加强水文测报和旱情墒情监测工作。要始终把搞好水文测报工作作为我们的主业，采取得力措施，提高水文预报精度，增长预见期，提高水情信息采集、传输自动化能力，在超常规大洪水面前保证“测得到、报得出，报得准确，报得及时”，充分发挥水文信息在防汛抗旱中的“耳目”“尖兵”和基础支撑作用，为各级领导和防汛抗旱部门决策提供科学依据。

三是积极推进按行政区域设立水文机构工作。积极贯彻水利厅党组会议纪要精神，深化水文体制改革，稳步实施按行政区域设立水文机构工作，加快榆林设立水文局和共建共管步伐；加强协调与沟通，争取理解和支持，积极启动铜川、咸阳两市设立水文局并共建共管工作。

四是进一步做好水资源评价和水质监测工作。全面开展省、市两级水资源公报编制工作，划定陕西省水功能区限制纳污红线，积极参与渭河干流生态环境监测，为各级水行政主管部门实行最严格的水资源管理制度和强化水功能区达标管理提供科学依据；完成全省河湖普查工作任务。

五是扎实做好中小河流洪水易发区水情预警预报工作。强化措施，完善预案，增加投入，改善设施设备条件，不断提高水文站、市县城区、水利旅游风景区水情预警预报工作的水平，为保障人民群众生命和财产安全提供信息服务。

六是加快水文基地建设进度。完成延安水环境监测中心和延安巡测基地建设任务；启动商州水文巡测基地建设，积极实施渭河水量调度系统刘家河和景村水文站低水水文测验设施改造和省水文仪检中心改造建设工程。

七是加快引进和推广新仪器新设备应用步伐。加强试验分析研究工作，争取资金投入，对有条件的测站加大引进和推广新仪器新设备应用力度，减轻职工工作强度，逐步向有人看管、无人值守过度；加快实施典型暴雨洪水分析与现行水文手册实用性对比研究工作。

八是下大力气，千方百计搞好创收工作。坚持事业发展我发展的目标，把增加职工收入作为保稳定、建和谐、促发展的重要任务，积极承揽技术咨询服务项目，扩大收入渠道，改革不合理的创收、收入分配机制，职工收入在 2011 年基础上再增加 8%，不断改善职工的工作和生活条件。

四、切实做好当前以下几项工作

2012年春节即将来临，当前要重点做好以下几项工作：

一是切实制定好2012年的发展思路和重点目标任务。各局要按照省局2012年的发展思路和重点目标任务，在总结去年工作的基础上，发扬成绩，寻找差距，结合各自实际，制定出各局新的一年思路和目标任务，调动一切积极因素，采取切实可行的措施，为2012年各项工作开好头、起好步奠定坚实基础，推动全局各项工作再上新台阶。

二是做好春节期间的廉洁自律和厉行节约工作。春节将至，为了切实搞好春节期间党风廉政建设和干部廉洁自律工作，要求我局各级干部要牢固树立廉洁从政意识，以身作则、严以律己，严格执行《中国共产党党员领导干部廉洁从政若干准则》，要以理想信念教育和党性党风党纪教育为重点，紧密结合传统节日的特点，有针对性地开展示范教育、警示教育、岗位廉政教育，推进廉政文化建设，形成崇尚廉洁、以贪为耻的良好风尚。我们水文系统两级领导干部要大力发扬艰苦奋斗、勤俭节约的优良传统，认真落实中央有关厉行节约的各项规定，牢固树立宗旨意识，树立群众观点，从自身做起、率先垂范，自觉抵御各种不良风气，筑牢廉洁奉公和拒腐防变的思想道德防线。

三是做好春节期间的老干部和困难职工及困难党员慰问工作。扶贫帮困是我们党的优良传统，根据各市局上报困难职工的情况，局务会议已经进行了研究，对那些过节有困难的职工要积极开展送温暖、献爱心活动，帮助他们解决燃眉之急。还要对老干部、劳模进行慰问，了解他们的身体、学习和生活情况，尽可能解决他们存在的实际困难，以体现组织的关怀和温暖，确保全体水文职工过一个欢乐、祥和的节日。

四是做好节日和冬季安全工作。从现在到春节放假正是不安全事故多发期，各局、各处室要认真执行省局下发的《关于切实做好元旦春节期间安全生产工作的通知》，从落实科学发展观、构建社会主义和谐社会的高度，切实重视安全生产工作，时刻绷紧安全生产这根弦，加强安全值班和巡查，进一步落实各项安全责任制、安全防范措施和事故应急处理预案。每个测站都要安排正式职工轮流值班，加强放火、防盗、防煤气中毒预防工作，各局要安排好放假期间的代班和值班工作，保证信息传递畅通。

五是认真做好枯水季节水文测验工作。枯水季节虽然水文测验工作任务小，但必须给予重视，要加强对职工的职业道德教育，坚守工作岗位，按时观测，确保水文资料的连续性和真实性。特别对有冰情观测的测站，还要及时掌握基本断面的冰情发展变化情况，遇有特殊冰情要及时向防汛指挥部门报告。同时，各局、各站要随时掌握断面、测站附近突发水污染情况，力争做到早发现、早上报，迅速监测，充分发挥“耳目”和“尖兵”作用，为各级领导采取应对措施提供科学依据。

新年伊始，让我们在厅党组的坚强领导下，在全局干部职工的共同努力下，团结协作，开拓创新，全面开创水文工作新局面，为迎接党的十八大胜利召开，做出新的更大的贡献！

最后，值此春节来临之际，我代表省局党政领导班子向全局干部职工拜个早年！祝大家在新的一年里：身体健康，工作顺利，阖家幸福，万事如意！

谢谢大家！

（杨汉明）

实现“三个转移” 规范财务管理 为水文事业健康发展当好家理好财

——在全省水文财务审计工作视频会上的讲话

（2012 年 8 月 3 日）

在全省防汛形势依然严峻，全省水利财务审计工作会议刚刚结束之际，省局决定召开这次财务审计工作视频会议。主要目的是传达全省水利财务审计工作会议精神，安排部署我局下一步财务审计工作，推动我局财务审计及财务管理工作再上新台阶。

下面，我结合全省水利财务审计工作会议精神就我局当前财务审计工作讲几点意见，希望同志们一并贯彻落实。

一、充分肯定我局财务审计工作取得的成绩

近年来，我局财务部门围绕水文改革发展的中心，坚持“大水文”发展理念，秉持“业务立局、科技兴局、人才强局，开放办水文”的工作思路，严格执行《会计法》《事业单位会计制度》等财经法规，依法理财，规范管理，履行职责，扎实工作，各项工作取得了显著成效。一是以制度建设为抓手，不断强化和完善财务制度体系。先后制定修订了陕西省水文局《其他应收款管理办法》《公务卡管理暂行办法》《三公经费管理办法》《仪器设备采购管理办法》《中小河流建设资金管理办法》等一系列财务管理办法，为规范财务审计工作提供了制度保障。二是创新了基本建设资金管理机制，推行了建设资金报账制。变事后监督为事中监督，严把资金出口，以工程进度控制资金进度，实现了对建

设项目资金使用的全过程监督，工程进度、资金拨付速度明显加快，实现了“四个安全”。三是会计基础工作的规范化水平不断提高。我局高度重视、精心组织，持续开展会计基础规范化达标活动，对会计机构进行了统一设置和规范，严把财务人员从业关口，建立和完善了内控管理制度，会计工作质量明显提高，被财政厅评为会计基础规范化优秀单位。四是强化继续教育，构建了一专多能的人才队伍。针对我省中小河流监测系统建设，举办了以“基本建设资金管理”和《会计法》为主要内容的学习班，全面提升财务人员的业务水平。

在今年全省水利系统财务审计工作会议上我局被省厅评为财务审计工作先进集体并在大会上做了交流发言，王建军总会计师荣获全国水利系统财务工作先进个人荣誉称号，崔有余、杨碧波两位同志荣获陕西省水利系统财务审计工作先进个人荣誉称号。这些成绩的取得是厅党组正确领导和厅财务处大力支持的结果，也是我局广大财务人员团结拼搏和辛勤工作的结果。在此，我代表局党政班子对获得财务审计工作先进个人的同志表示衷心的祝贺，对奋战在水文财务审计战线的广大财务人员，表示敬意和感谢！

二、以基建财务管理为重点，保障工程资金安全

当前我省水文事业迎来难得的发展机遇期，大投入、大发展，投资力度前所未有。特别是中小河流水文监测系统建设，今年要完成投资1.4亿多元，投资大、时间紧、任务重、责任大，目前正进入全面建设的关键时期。面对新形势、新机遇，财务审计工作面临新的更大的挑战，对财务审计工作提出了新的更高的要求。如何抓住水文发展的大好机遇，如何管好用好这些来之不易的资金，是摆在我们财务工作面前的迫切问题，也是对我们财务管理水平的严峻考验。去年省局对近两年来的危房改造、水毁修复、

灾后重建及中小河流治理等项目进行了项目稽查，从稽查的情况来看，大额现金支出、超限额预付工程款，结算不及时，手续不健全，合同执行不严格、监理工作不到位、招标投标管理不规范、结余资金使用等仍然存在问题，这些问题必须引起我们的高度重视，在今后的工作中坚决克服，杜绝违规现象的发生。

各市水文局要按照省厅对水利财务审计工作的总体部署，财务管理重点实现“三个转移”“四个确保”即从经费财务管理向基建财务管理转移，从重视省级财务管理向重视市县财务管理转移，从被动财务管理向主动服务转移，确保工程安全、资金安全、干部安全和生产安全。一是严格遵守基本建设有关制度，认真贯彻工程管理的“四制”要求，从源头规范项目建设行为。二是强化保证金、履约保函等管理举措，实施有效监督和风险防范，在中小河流建设项目中，履约保证金、保函要全面覆盖，要推行基本户出具履约保证金制。三是要严格执行《建设工程价款结算暂行管理办法》和《现金管理条例》《合同法》等法律法规，及时结算，杜绝大额现金结算。在支付中严格按合同、支出预算、工程量进行结算，坚决杜绝随意改变结算单位结算账户的做法。四是坚持专项资金报账制，提高资金拨付速度。及时报账，及时拨款，做到项目建设和资金进度相协调，加快项目建设进度。五是要按照资金性质，切实做到专户存储，专款专用，专户核算，不得随意挪用和挤占项目资金。六是及时编制竣工决算。项目完工后，各市水文局要及时清理债权债务，组织财务人员决算编制工作，申请财务决算审计，财务审计部门要坚决贯彻验收必审、不审不验的要求，及时开展项目审计，使投资尽快转化为资产。

财务审计部门要充分发挥监督职能，加大资金监管力度，一是完善资金管理体制。水利厅刚刚印发了《陕西省水利厅关于加强全省水利建设资金监督管理的意见》，我局也结合实际制定了

《陕西省水文水资源勘测局中小河流基本建设资金管理办法》，各单位要认真执行省厅和省局制定的各项基本建设资金管理办法，并结合自己的实际制定相应的管理办法。二是强化监督检查。要按照分级监督管理的原则，明确责任。各市水文局大力开展自查工作，财务审计部门要采取定期或不定期抽查、重点检查和专项检查的方式，加大对项目资金的监管力度。三是密切配合，加大项目稽查力度。财务审计、计划建设、纪检部门按照职能分工，相互配合，密切协作，大力开展项目稽查工作，做到资金监管关口前移、重心下移，形成多层次、多角度、多环节的监督格局，对资金的运行全过程进行跟踪监督，保障资金规范化管理运行，确保四个安全。四是充分发挥审计职能。内部审计的目的是为了规范管理。财务审计工作要不断加大力度，突出重点，提升质量。坚持以真实性为基础、合法性为重点、效益性为核心开展工作。要督促和指导项目竣工决算的编制，及时开展项目竣工决算审计，要加强对审计意见整改落实情况的跟踪反馈，确保项目资金安全有效。

三、进一步强化“三公”经费管理

“三公”经费是社会关注的热点，也是近年来省财政审计关注的重点。各市水文局要高度重视，要严格按照“总额控制”的原则，严格按照省局批复的“三公”经费预算执行。要本着厉行节约的原则，严格控制“三公”经费支出，确保“三公”经费在上年的基础上有所降低。实行因公出国报批制，严格控制出国人数和批次；各市水文局要进一步完善接待管理办法，明确公务接待范围、接待标准，完善审批手续；公务用车要严格执行“定点保险、定点维修、定点加油”制度，大力推行单车费用核算制度。

“三公”经费公开是财政改革的必然要求，各市水文局要有充分的思想准备，要拿出具体的措施。健全相关制度和办法，要按照财政改革的要求，对“三公”经费单独分项核算，要严格控制“三公”经费支出，健全相关报销签字手续，严格将“三公”经费控制在预算以内，要积极做好“三公”经费公开工作，不断提高财务管理透明度，促进我局财务精细化管理。

四、加强财务管理，提升规范化水平

财务审计工作要围绕省局的工作中心，充分发挥核算监督职能，创新管理模式，加强监管，保障资金安全。坚持以德为先，依法理财，规范管理，突出重点，主动服务，提升科学化精细化管理水平，为水文事业发展提供有力支撑。

第一，要进一步规范财务收支管理。要按照《会计法》的要求，实现财务收支的统一管理，杜绝资金体外循环和“小金库”、公款私存等违规现象的发生，巩固“小金库”治理的成果；要大力推行公务卡结算，要按照现金支付不得大于20%的要求，大力减少现金支付，提高开卡率，逐步扩大公务卡使用范围，增强公务活动使用公务卡的自觉性，公务消费尽量使用公务卡，减少现金支付结算，增加公务支出的透明度。

第二，要进一步全面加强会计基础工作。2012年我局被财政厅评为会计基础工作规范化优秀单位，但是从检查通报的情况来看，核算不规范、监督不到位问题依然存在。希望引起各市水文局的高度重视，要按照《会计法》和《会计基础工作规范》的要求，从机构设置、人员配备、会计核算、会计监督、电算化软硬件的配备，会计资料的保管归档等方面全面加强，促进我局会计基础工作再上新台阶。

第三，要进一步提高预算管理水平，提高部门预算进度。目前，时间已经过半，各项预算资金已经陆续到位。各市水文局要把预算管理放在部门财务管理的重要位置，高度重视预算执行进度工作，做到时间过半、任务过半、资金过半。要严格执行省局下达的部门预算，建立完善本单位预算管理体系，提高预算的执行进度，增强预算的约束性，维护预算的严肃性；履行节约，严控“三公”经费支出，不断挖掘预算执行潜力，及时上报部门预算执行进度。省局要加强对预算执行的监督检查力度，对预算执行管理中存在的问题，及时总结经验，不断提高我局预算管理水平。

第四，要进一步加强政府采购管理。今年省财政厅出台了《行政事业单位资产配置管理办法》，为资产更新配置提供了依据。目前，这一文件已经印发传达，希望大家在今后的采购配置中严格遵守。各市水文局要强化政府采购管理，对纳入政府采购的物资商品，必须应采尽采，严禁不办理政府采购审批手续、先买后采、超标采购行为的发生。

第五，要进一步加强制度建设。制度是财务管理的基础，是规范财务行为的依据。近年来，水利投资大幅增加。省水利厅、财政厅陆续出台了一批财务管理的制度和办法。各单位要认真学习，严格执行，同时结合水文事业发展的新形势，制定本单位的具体财务管理办法。实现用制度管人、用制度管事、用制度管钱的目的。

第六，要进一步加强财务审计队伍建设。王锋厅长在全省水利系财务审计工作会议上指出：“要加强财务审计队伍自身建设，以优良的职业操守为水利事业发展当好家管好钱”，各单位要高度重视财务队伍建设，把王锋厅长的讲话和我局“人才强局战略”落到实处，不断扩大培训力度，努力打造一支优秀的财务队伍。特别是针对中小河流水文监测系统的全面建设，要有针对性地加强基本建设财务管理培训，提高财务审计人员的业务能力和理财水平，为水文事业发展提供有力支撑。

同志们，财务审计工作使命光荣，责任重大。我们一定要牢固树立“大水文”发展理念，深入贯彻落实全省水利财务审计工作会议精神，紧紧围绕省局中心工作，开拓奋进，扎实工作，规范管理，依法理财，努力开创全省水文财务审计工作的新局面，为促进全省水文事业健康快速发展做出新的贡献！

（杨汉明）